Inhaltsverzeichnis

A Wahrscheinlichkeitsrechnung

B Statistik

Bildquellenverzeichnis

Titelfoto: Annemarie Tebbenjohanns
Buresch, Hermann: 152.1
Alle Zeichnungen: Techn.-Graph. Abteilung Westermann

Vorwort

Wahrscheinlichkeitsrechnung und Statistik gehören zu denjenigen Gebieten der Mathematik, an denen die Verbindung von realer Welt und ihrer mathematischen Beschreibung besonders deutlich wird. Autor, Herausgeberin und Verlag haben sich bemüht, diese Verbindung zwischen mathematischem Modell und zu beschreibender Wirklichkeit besonders zu betonen. Dies kann nicht durch eine reine Rezeptsammlung geleistet werden. Eine sinnvolle Anwendung setzt einen gewissen Einblick in den mathematischen Aufbau voraus.
Die große Anzahl der Beispiele und Aufgaben soll dazu beitragen, die Begriffsbildungen und ihre Anwendungen soweit deutlich zu machen, daß auch Probleme der Praxis ohne realitätsferne Elementarisierung gelöst werden können.
Das vorliegende Lehrbuch kann sowohl für den Grund- als auch für den Leistungskurs benutzt werden. Diese Konzeption wurde gewählt, weil die Lehrpläne für den Grund- und Leistungskurs in den verschiedenen Bundesländern voneinander abweichen. So ist es z. B. möglich, daß in einem Bundesland ein bestimmtes Stoffgebiet für den Grundkurs, in einem anderen Bundesland jedoch nur für den Leistungskurs vorgeschrieben ist. Die vorgenommene Einteilung soll es ermöglichen, im Grundkurs Abschnitte wegzulassen bzw. spezielle Abschnitte aus dem Leistungskurs für den Grundkurs zu übernehmen.
Die nicht gekennzeichneten Abschnitte decken im wesentlichen den Lehrplan für den Grundkurs ab. Über diese Grundabschnitte hinaus sind die mit **L** (Leistungskurs) gekennzeichneten Abschnitte für den Leistungskurs vorgesehen. Die mit **Z** (zusätzlich) gekennzeichneten Abschnitte können im Grund- oder Leistungskurs im Wahlbereich behandelt werden. Im wesentlichen handelt es sich dabei um geometrische Wahrscheinlichkeiten, Zufallszahlen und Simulationen. Die mit **LZ** (Leistungskurs zusätzlich) gekennzeichneten Abschnitte sind als Zusatzstoff für den Leistungskurs gedacht.
Die in einem einsemestrigen Kurs zur Verfügung stehende Zeit erfordert die Konzentration auf das unbedingt Erforderliche. Nicht immer wird es möglich sein, den gesamten für den entsprechenden Kurs vorgesehenen Stoff vollständig zu behandeln. Dann ist es empfehlenswert, durch eine sinnvolle Stoffauswahl den Schwerpunkt entweder auf die Wahrscheinlichkeitsrechnung (Teil A) oder die Statistik (Teil B) zu setzen. Statistik kann jedoch nicht ohne gewisse Grundkenntnisse der Wahrscheinlichkeit betrieben werden. Klassische Wahrscheinlichkeit, Kombinatorik, diskrete Zufallsvariable, Binomialverteilung und Standardnormalverteilung dürfen auch im Grundkurs nicht fehlen.

A Wahrscheinlichkeitsrechnung

1 Zufallsexperimente und (zufällige) Ereignisse

Die Wahrscheinlichkeitsrechnung und Statistik beschäftigt sich mit Zufallsexperimenten. Beispiele dafür sind Glücksspiele, z. B. Zahlenlotto und Roulett, Wahlprognosen, Wahlhochrechnungen oder der Wetterbericht.

1.1 Zufallsexperimente und Ergebnismengen

Ein Experiment, bei dessen Durchführung mehrere **Ergebnisse** möglich sind und dessen Ausgang (Ergebnis) vor der Versuchsdurchführung nicht sicher vorausgesagt werden kann, heißt ein **Zufallsexperiment.** Dabei ist es durchaus möglich, daß jemand zufälligerweise das richtige Ergebnis prognostiziert, wie z. B. eine Person, die beim Lotto sechs Richtige tippt.

Von einem Zufallsexperiment verlangt man im allgemeinen, daß es unter gleichen Bedingungen beliebig oft wiederholbar ist. Ferner müssen bereits vor der Versuchsdurchführung alle möglichen Ergebnisse des Experiments angegeben werden können. Beispiele dafür sind Glücksspiele oder das Wiegen oder Messen irgendwelcher Erzeugnisse.

Definition: Ein einzelnes Ergebnis eines Zufallsexperiments bezeichnen wir mit ω.
Die Menge aller möglichen Versuchsergebnisse heißt die **Ergebnismenge.** Sie wird mit Ω bezeichnet.

Einstufige Zufallsexperimente

Bei einstufigen Zufallsexperimenten läßt sich die Ergebnismenge im allgemeinen sehr einfach darstellen. Dazu die nachfolgenden Beispiele:

Beispiel 1 (Münzwurf): Das Zufallsexperiment besteht im Werfen einer Münze. Dabei sind zwei Ergebnisse möglich: Nach dem Wurf liegt Wappen oder Zahl oben. Die beiden möglichen Ergebnisse bezeichnen wir mit W und Z. Damit lautet die Ergebnismenge $\Omega = \{W, Z\}$.

Beispiel 2 (Würfeln): Beim Werfen eines Würfels wird als Versuchsergebnis diejenige Zahl gewertet, die nach dem Wurf auf der oberen Seite des Würfels steht. Die Ergebnismenge ist $\Omega = \{1,2,3,4,5,6\}$.

Beispiel 3 (Roulett): Beim Roulett wird eine der 37 Zahlen 0,1,2,...,35,36 ausgespielt. Die Ergebnismenge lautet damit $\Omega = \{0,1,2,\ldots,35,36\}$.

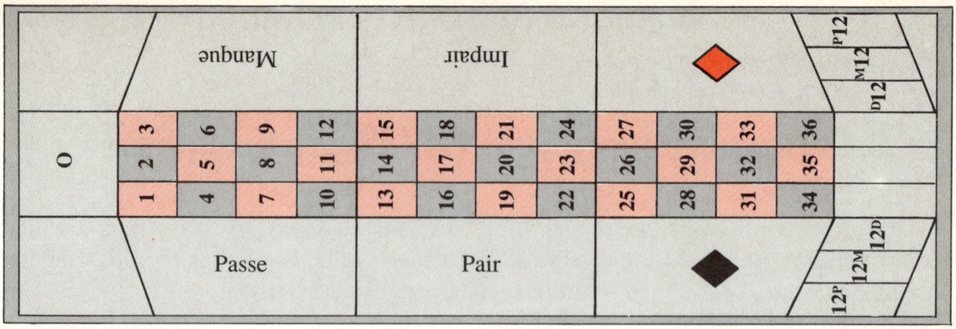

Beispiel 4 (Mensch ärgere Dich nicht): Beim Spiel "Mensch ärgere Dich nicht" darf ein Spieler erst starten, wenn er eine Sechs geworfen hat. Das Ergebnis des Zufallsexperiments sei die dazu benötigte Anzahl von Würfen. Diese Anzahl kann unter Umständen sehr groß sein, so daß keine obere Grenze angegeben werden kann. Die Ergebnismenge $\Omega = \{1, 2, 3, ...\}$ ist unendlich.

Beispiel 5 (Gewichte): Ein Zuckerpaket mit der Aufschrift "Inhalt mindestens 980 Gramm" wird zufällig aus der Produktion ausgewählt und gewogen. Als Versuchsergebnis wird das Gewicht x (in Gramm) registriert. Als Ergebnismenge ist ein ganzes Intervall möglich, dessen Grenzen vom Produktionsprozeß abhängen, z.B. $\Omega = \{x \mid 960 \leq x \leq 1020\} = [960; 1020]$. Dabei muß allerdings gewährleistet sein, daß das Gewicht eines jeden Pakets aus der Produktion auch zwischen diesen beiden Grenzen liegt. Andernfalls muß das Intervall entsprechend vergrößert werden. Die Ergebnismenge ist in diesem Beispiel unendlich.

Mehrstufige Zufallsexperimente

Beispiel 6 (doppelter Münzwurf): Eine Münze wird zweimal hintereinander geworfen. Nach jedem Einzelwurf wird notiert, ob Wappen W oder Zahl Z eingetreten ist. Die Ergebnismenge läßt sich in einem **Baumdiagramm** übersichtlich darstellen. Zuerst werden die beiden möglichen Ergebnisse W und Z des ersten Wurfs durch zwei Strecken dargestellt. Zu jedem dieser beiden Einzelergebnisse gibt es dann beim zweiten Wurf (zweite Stufe) wiederum die beiden Möglichkeiten W und Z. Die Ergebnismenge besteht aus den vier geordneten Paaren WW, WZ, ZW, ZZ, also gilt

$\Omega = \{WW, WZ, ZW, ZZ\}$.

Zu jedem Ergebnispaar führt (vom Ursprung aus) genau ein **Pfad** des Baums.

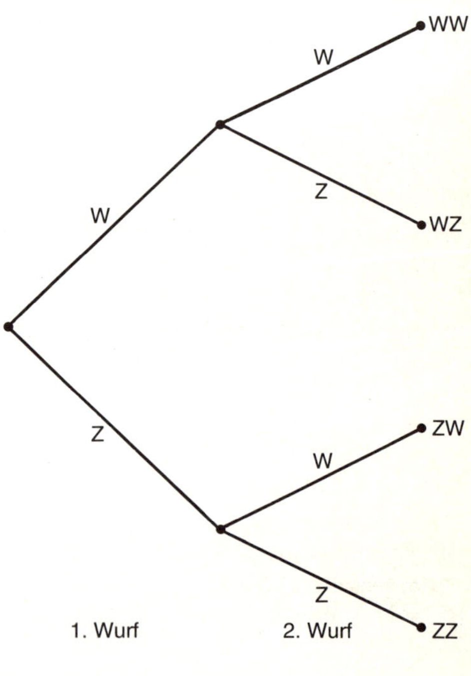

Beispiel 7 (zweimaliges Ziehen ohne und mit Zurücklegen): In einer Urne befinden sich 3 Kugeln mit der Aufschrift 1,2 und 3. Daraus wird dreimal nacheinander eine Kugel gezogen. Die Ergebnismenge hängt von der Art der Ziehung ab.

a) Ziehen ohne Zurücklegen: Beim Ziehen ohne Zurücklegen werden bereits gezogene Kugeln vor dem nächsten Zug nicht mehr zu den übrigen zurückgelegt.
Für den ersten Zug gibt es drei Möglichkeiten, nämlich die Zahlen 1,2,3. Beim zweiten Zug kann die zuerst gezogene Kugel nicht wieder gezogen werden. Daher gibt es zu jedem der drei Ergebnisse des ersten Zugs zwei weitere Möglichkeiten. Für den dritten Schritt bleibt nur noch eine Kugel übrig.
Damit gibt es insgesamt $3 \cdot 2 \cdot 1 = 6$ verschiedene Versuchsergebnisse (Pfade). Das Ergebnis 312 bedeutet z. B., daß beim ersten Zug die 3, beim zweiten die 1 und beim dritten die 2 gezogen wird. Jedes Versuchsergebnis kann als Tripel dargestellt werden, wobei an den einzelnen Stellen eine der Zahlen 1,2 oder 3 steht, die jedoch alle voneinander verschieden sind. Es handelt sich also um Tripel ohne Wiederholung.
Die Ergebnismenge lautet
$\Omega = \{123, 132, 213, 231, 312, 321\}$.

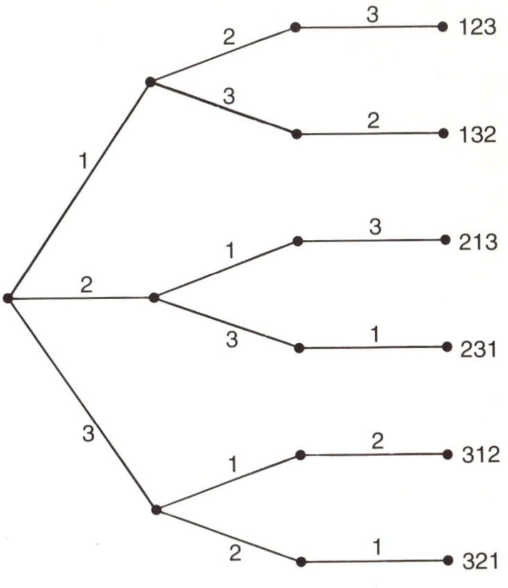

b) Ziehen mit Zurücklegen: Bei jedem Einzelzug wird die gezogene Kugel registriert und vor dem nächsten Zug wieder in die Urne zurückgelegt. Dann gibt es bei jedem Schritt drei Möglichkeiten. Damit entsteht ein Baumdiagramm mit $3 \cdot 3 \cdot 3 = 27$ Pfaden. Die Ergebnismenge lautet
$\Omega = \{111, 112, 113, 121, 122, 123, 131, 132, 133, 211, 212, 213, 221, 222, 223, 231, 232, 233, 311, 312, 313, 321, 322, 323, 331, 332, 333\}$.
Die Ergebnisse können als Tripel mit Wiederholung aus den Zahlen 1,2 und 3 dargestellt werden.

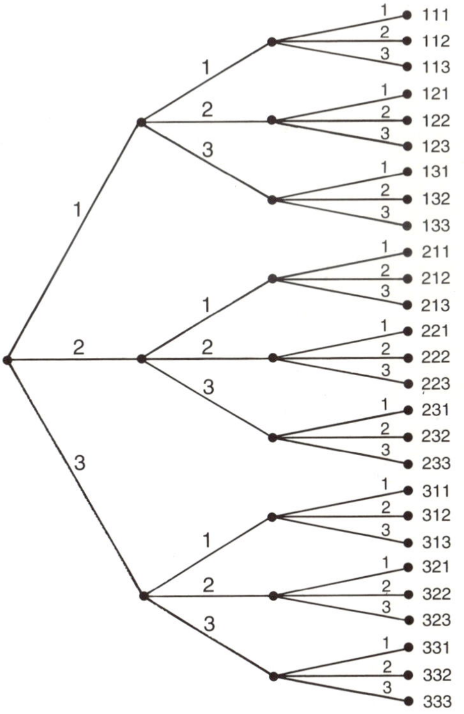

Beispiel 8 (Tennis): Beim Tennis der Damen wird im allgemeinen auf zwei Gewinnsätze gespielt, d. h. diejenige Spielerin ist Siegerin, die zuerst zwei Sätze gewinnt. Einen Satz, den die Spielerin A gewinnt, kennzeichnen wir mit 1, mit 2 werden diejenigen Sätze gekennzeichnet, welche die Spielerin B gewinnt. Das Spiel ist nach zwei Sätzen beendet, falls das Ergebnis 11 oder 22 eintritt. Andernfalls ist noch ein dritter Satz erforderlich. Das Gesamtspiel kann also aus zwei oder drei Sätzen (Einzelstufen) bestehen. Dadurch entsteht ein Baumdiagramm mit 6 verschiedenen Pfaden. Die Ergebnismenge lautet $\Omega = \{11, 22, 121, 122, 211, 212\}$. Falls eines der drei Ergebnisse 11, 121, 211 eintritt, gewinnt die Spielerin A das Spiel, sonst die Spielerin B.

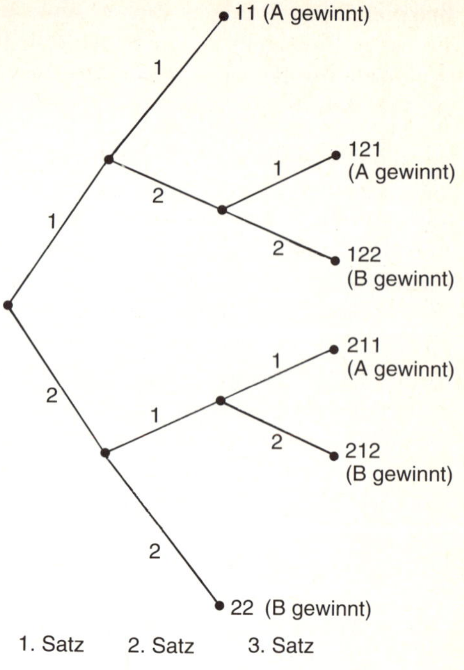

Beispiel 9 (Lotto): Beim Zahlenlotto "6 aus 49" werden von den Zahlen 1 bis 49 sechs zufällig ausgewählt. Das Ergebnis dieses Zufallsexperiments besteht aus 6 gezogenen Zahlen. Wenn die Reihenfolge der Ziehung eine Rolle spielte, würde ein Baumdiagramm mit $49 \cdot 48 \cdot 47 \cdot 46 \cdot 45 \cdot 44$ verschiedenen Pfaden entstehen. Die Reihenfolge ist jedoch nicht entscheidend. Daher werden nach der Ziehung die sechs gezogenen Zahlen der Größe nach geordnet. Die Ergebnismenge besteht dann aus allen möglichen 6-tupeln.

$$\Omega = \{(x_1, x_2, x_3, x_4, x_5, x_6) \mid 1 \leq x_1 < x_2 < x_3 < x_4 < x_5 < x_6 \leq 49\}.$$

Die Anzahl ihrer Elemente ist endlich. Sie wird mit Hilfe kombinatorischer Methoden bestimmt.

Beispiel 10: Gleichzeitig oder hintereinander werden eine Münze und ein Würfel geworfen. Dann besteht jedes Ergebnis aus einem Paar. (W, 2) bedeutet z. B, daß die Münze Wappen und der Würfel eine 2 zeigt. Die Ergebnismenge dieses zweistufigen Zufallsexperiments lautet

$$\Omega = \{(W,1),(W,2),(W,3),(W,4),(W,5),(W,6),(Z,1),(Z,2),(Z,3),(Z,4),(Z,5),(Z,6)\}.$$

Die Anzahl ihrer Elemente ist endlich. Sie wird mit Hilfe kombinatorischer Methoden bestimmt.

Definition: Ein **n-stufiges Zufallsexperiment** entsteht dadurch, daß n Zufallsexperimente nacheinander oder gleichzeitig durchgeführt werden. Die Ergebnisse eines solchen Gesamtexperiments sind n-Tupel, wobei an der i-ten Stelle das Ergebnis des i-ten Zufallsexperiments steht.

Aufgaben

1. Geben Sie jeweils die Ergebnismenge Ω an.
a) Ein Würfel wird zweimal geworfen und
α) die Augensumme,
β) die Augenzahl des ersten und zweiten Wurfes notiert.

b) Bei der Lottoausspielung wird notiert, wie viele der 6 gezogenen Zahlen kleiner als 30 sind.

c) Es wird mit drei Würfeln geworfen und die Augensumme notiert.

d) 2 Personen eines gleichen Jahrgangs werden zufällig ausgewählt, und ihr Altersunterschied (in Tagen) wird festgestellt.

2. Drei verschiedene Dinge werden in zufälliger Reihenfolge angeordnet. Zeichnen Sie ein Baumdiagramm und geben Sie die Ergebnismenge an.

3. Eine Münze wird dreimal geworfen. Zeichnen Sie ein Baumdiagramm und geben Sie die Ergebnismenge an. Ein mögliches Ergebnis ist z. B. WZW.

4. Beim Tennis wird auf drei Gewinnsätze gespielt, d. h. so lange, bis ein Spieler drei Sätze gewonnen hat. Zeichnen Sie alle Versuchsergebnisse in ein Baumdiagramm ein, bei denen einer der beiden Spieler das Match gewinnt.

5. In einer Urne befinden sich vier Kugeln mit den Ziffern $0, 1, 2, 3$. Daraus wird dreimal hintereinander ohne Zurücklegen eine Kugel gezogen. Die drei Ziffern der gezogenen Kugeln werden in dieser Reihenfolge zu einer Zahl zusammengesetzt. Geben Sie die Ergebnismenge an.

6. Aus der Menge der Ziffern $\{1, 2, 3, 4\}$ werde zufällig eine ausgewählt. Danach werde nochmals eine ausgewählt. Bestimmen Sie die Ergebnismenge, falls
a) jede Ziffer nur einmal
b) die gleiche Ziffer auch zweimal
ausgewählt werden kann.

7. Eine Münze wird so lange geworfen, bis zum ersten Mal Wappen erscheint. Geben Sie die Ergebnismenge an.

8. Eine Münze wird so lange geworfen, bis erstmals sowohl Wappen als auch Zahl erschienen ist. Geben Sie die Ergebnismenge an.

1.2 (Zufällige) Ereignisse

Oft interessiert man sich bei einem Zufallsexperiment nicht für das tatsächlich eingetretene Ergebnis, sondern man möchte nur wissen, ob von mehreren vorgegebenen Ergebnissen eines eintritt.

Beispiel 1: a) Beim Würfeln wird eine gerade Augenzahl geworfen, wenn das Versuchsergebnis zur Menge $A = \{2, 4, 6\}$ gehört.
b) Ein Lottospieler, der 20 verschiedene Reihen tippt, hat genau dann 6 Richtige, wenn eine seiner 20 getippten Reihen ausgespielt wird.

Definition: Ein Zufallsexperiment besitze die Ergebnismenge Ω. Dann heißt jede Teilmenge A von Ω ein (zufälliges) **Ereignis.**
Man sagt: **Das Ereignis A ist eingetreten,** wenn das Ergebnis ω des Zufallsexperiments Element von A ist. Falls das Ergebnis ω nicht Element von A ist, sagt man: Das **Ereignis A ist nicht eingetreten.**

Der Zusatz "zufällig" soll künftig weggelassen werden.

Beispiel 2: Beim Würfeln ist $G = \{2,4,6\}$ das Ereignis "Eine gerade Augenzahl wird geworfen" und $B = \{4,5,6\}$ das Ereignis "Die geworfene Augenzahl ist größer als 3". Das Ereignis $C = \{6\}$ ("Eine Sechs wird geworfen") besteht aus einem einzigen Versuchsergebnis.

1. Stellen Sie beim Roulett mit der Ergebnismenge $\Omega = \{0,1,2,...,35,36\}$ folgende Ereignisse dar:
U: "Eine ungerade Zahl wird ausgespielt", D: "Eine Zahl aus dem ersten Dutzend wird ausgespielt", A: " Die ausgespielte Zahl ist eine Primzahl".

2. Die Gewichte (in Gramm) der von einer Maschine abgepackten Pfeffertüten liegen immer zwischen 9 und 12. Stellen Sie folgende Ereignisse dar:
A: "Das Gewicht einer zufällig ausgewählten Tüte ist mindestens gleich 10",
B: "Das Gewicht ist größer als 9,5, aber nicht größer als 10,5".

Spezielle Ereignisse

Einelementige Ereignisse heißen **Elementarereignisse.** Das Elementarereignis $E = \{\omega\}$ tritt genau dann ein, wenn ω das Ergebnis des Zufallsexperiments ist.

Das Ereignis Ω tritt immer ein, da es alle möglichen Versuchsergebnisse enthält. Aus diesem Grund heißt Ω das **sichere Ereignis** (= Ergebnismenge).

Es erweist sich als sinnvoll, noch das **unmögliche Ereignis** $\emptyset$ einzuführen. Es entspricht der leeren Menge und kann nie eintreten, da es kein mögliches Versuchsergebnis enthält.

Verknüpfungen von Ereignissen

Wendet man die Mengenoperationen auf Ereignisse an, so erhält man neue Ereignisse.

Das Ereignis **"A und B"** tritt genau dann ein, wenn sowohl A als auch B eintreten. Es stellt den **Durchschnitt** $A \cap B = \{\omega \mid \omega \in A \text{ und } \omega \in B\}$ der beiden Ereignisse dar.

Das Ereignis **"A oder B"** tritt genau dann ein, wenn A oder B (oder beide) eintreten. Es ist die **Vereinigung** $A \cup B = \{\omega \mid \omega \in A \text{ oder } \omega \in B\}$. Die Vereinigung enthält auch diejenigen Elemente, die sowohl zu A als auch zu B gehören. "A oder B" tritt also ein, wenn von den beiden Ereignissen A und B mindestens eines eintritt.

Das Ereignis **"nicht A"** tritt ein, wenn das Ereignis A nicht eintritt. Es heißt das **Komplementärereignis** $\overline{A}$ oder das **Komplement** von A mit $\overline{A} = \{\omega \mid \omega \notin A\}$.

Das Ereignis $A \cap \overline{B}$ tritt genau dann ein, wenn A, aber nicht B eintritt.

Das Ereignis **"von A oder B tritt genau eines ein"** läßt sich darstellen in der Form $(A \cap \overline{B}) \cup (\overline{A} \cap B)$.

Man sagt **A zieht das Ereignis B** nach sich, wenn mit dem Ereignis A auch das Ereignis B eintritt. Dafür schreibt man $A \subseteq B$.

Die beiden Ereignisse A und B heißen **unvereinbar** oder **disjunkt**, wenn sie nicht gleichzeitig eintreten können, wenn also ihr Durchschnitt leer ist.

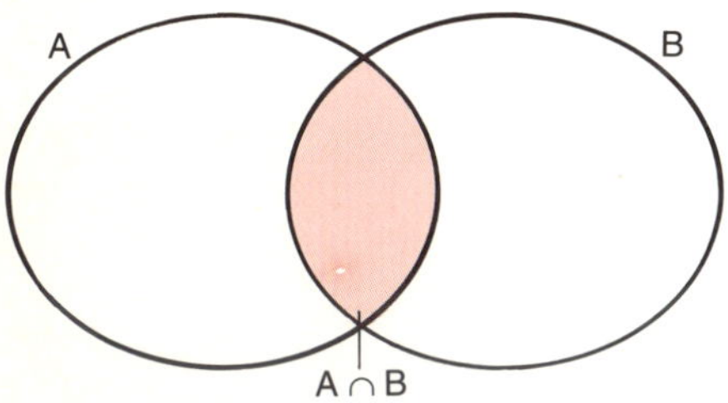

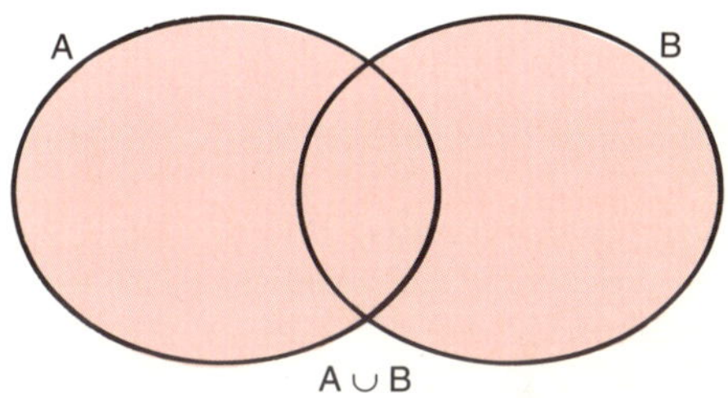

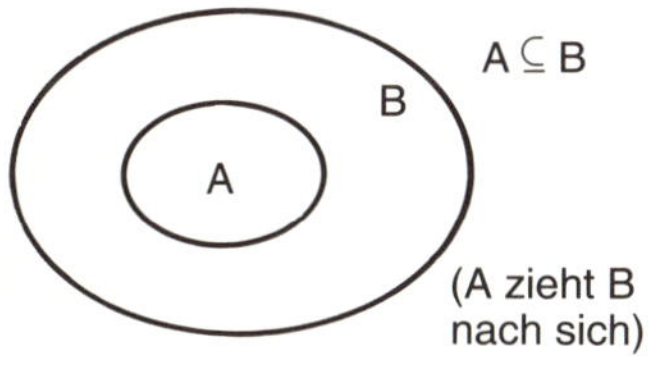

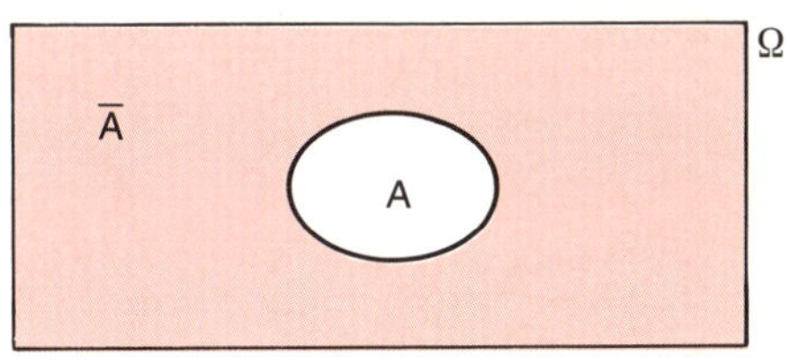

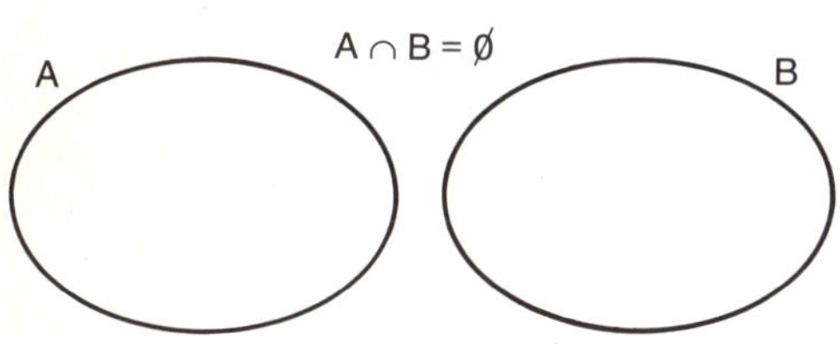

(disjunkt, unvereinbar)

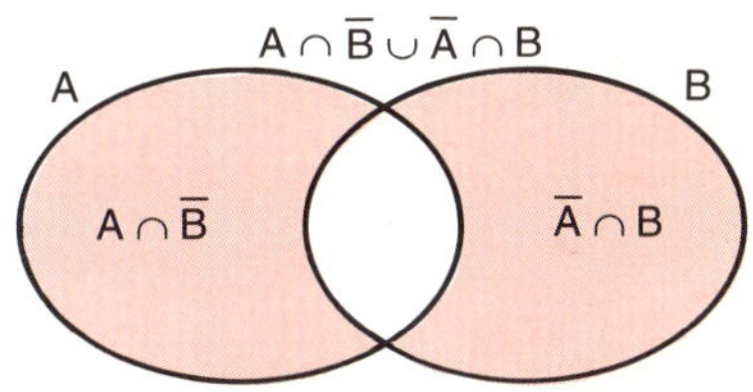

(von den beiden Ereignissen A und B tritt genau eines ein).

Beispiel 3 (Roulett): Beim Roulett setzt ein Spieler gleichzeitig jeweils auf das erste Dutzend $D = \{1, 2, 3, ..., 11, 12\}$ und auf die ungeraden Zahlen (Impair) $U = \{1, 3, 5, 7, ..., 33, 35\}$.
Er gewinnt mit beiden Einsätzen, wenn eine ungerade Zahl aus dem ersten Dutzend ausgespielt wird, also wenn das Ereignis $D \cap U = \{1, 3, 5, 7, 9, 11\}$ eintritt.
Tritt die Vereinigung $D \cup U = \{1, 2, 3, ..., 11, 12, 13, 15, 17, 19, ..., 33, 35\}$ ein, so gewinnt er mindestens einmal. Falls diese Vereinigung nicht eintritt, gewinnt er überhaupt nicht. Dies ist genau dann der Fall, wennn das folgende Ereignis eintritt

$$\overline{D \cup U} = \{0, 14, 16, 18, 20, 22, 24, 26, 28, 30, 32, 34, 36\}.$$

3. a) Bestimmen Sie in Beispiel 3 die Ereignisse $U \cap \overline{D}$ und $\overline{U} \cap D$.
b) Stellen Sie das Ereignis A: "Der Spieler gewinnt nur bei einem Einsatz" dar.

4. Beim Werfen eines Würfels seien folgende Ereignisse gegeben:
$\Omega = \{1, 2, 3, 4, 5, 6\}$; $A = \{1, 3, 4\}$; $B = \{1, 2, 3\}$.
a) Bestimmen Sie die Ereignisse

$$\overline{A},\ \overline{B},\ A \cap \overline{B},\ \overline{A} \cap B,\ \overline{A} \cup \overline{B}\,.$$

b) Überprüfen Sie an diesem Beispiel, daß folgende Eigenschaften (de Morgansche Regeln) gelten:

$$\overline{A \cup B} = \overline{A} \cap \overline{B} \quad \text{und} \quad \overline{A \cap B} = \overline{A} \cup \overline{B}\,.$$

Beispiel 4: Ein Wurfpfeil wird auf eine so große quadratische Wand geworfen, daß sie vom Wurfort aus mit Sicherheit getroffen wird. Jeder Punkt der Wand ist ein mögliches Versuchsergebnis. Ω ist die Gesamtfläche der Wand.
Graphisch dargestellt sind folgende Ereignisse:

Q: "Der obere rechte Quadrant wird getroffen"

E_1: "Die Fläche des Einheitskreises um den Mittelpunkt des Quadrates wird getroffen"

E_2: "Die Fläche des Kreises mit dem Radius 2 um den Mittelpunkt wird getroffen"

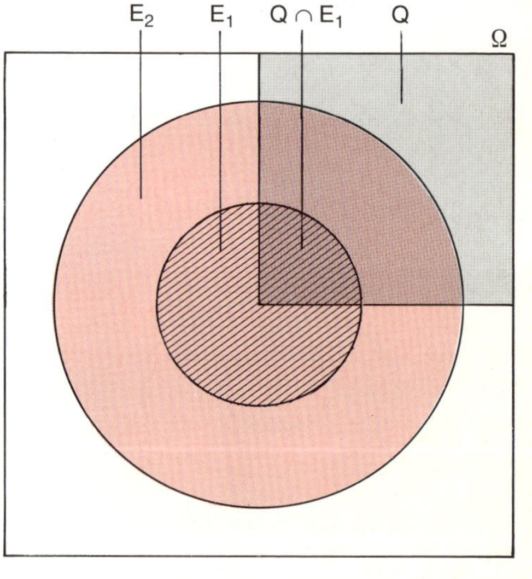

Wegen $E_1 \subseteq E_2$ zieht das Ereignis E_1 das Ereignis E_2 nach sich. Daraus folgt $E_1 \cap E_2 = E_1$ und $E_1 \cup E_2 = E_2$.

Das Ereignis $E_1 \cap Q$ tritt genau dann ein, wenn gleichzeitig die Fläche des inneren Kreises und die des oberen rechten Quadranten getroffen werden. Dieser Durchschnitt stellt den schraffierten kleinen Viertelkreis dar. Die Vereinigung $E_2 \cup Q$ besteht aus allen Punkten, die rot oder grau gekennzeichnet sind.

$E_2 \cap \overline{E}_1$ besteht aus allen Punkten, die auf der Fläche des großen, nicht aber auf der des kleinen Kreises liegen. Es ist die Fläche des äußeren Kreisrings. Zu dieser Fläche gehört der äußere Kreis als Rand, nicht jedoch der innere. Der Abstand eines jeden Punktes dieses Gebiets vom Mittelpunkt ist größer als Eins und höchstens gleich Zwei.

5. Bestimmen Sie in Beispiel 4 folgende Ereignisse
a) "Von den beiden Ereignissen E_1 und Q tritt genau eines ein".
b) "Von den beiden Ereignissen E_1 und E_2 tritt genau eines ein".

Das Ereignis $A \cap B \cap C$ tritt ein, wenn alle drei Ereignisse A, B und C gleichzeitig eintreten. Damit gilt

$$A \cap B \cap C = \{\omega \mid \omega \in A \text{ und } \omega \in B \text{ und } \omega \in C\}.$$

Es gilt $A \cap B \cap C = (A \cap B) \cap C = A \cap (B \cap C)$.

Das Ereignis $A \cup B \cup C$ tritt ein, wenn von den drei Ereignissen A, B, C mindestens eines eintritt.
Es gilt

$$A \cup B \cup C = \{\omega \mid \omega \in A \text{ oder } \omega \in B \text{ oder } \omega \in C\};$$

$$A \cup B \cup C = (A \cup B) \cup C = A \cup (B \cup C).$$

Aufgaben

6. Eine Urne enthält 20 Kugeln, die von 1 bis 20 numeriert sind. Eine Kugel wird zufällig gezogen. Das Ergebnis ist die Zahl auf der gezogenen Kugel.
a) Geben Sie die Ergebnismenge Ω an.
b) Beschreiben Sie folgende Ereignisse als Teilmengen von Ω:
G: "Es wird eine gerade Zahl gezogen";
U: "Es wird eine ungerade Zahl gezogen";
A: "Es wird eine Primzahl gezogen";
B: "Es wird eine Quadratzahl gezogen";
C: "Es wird eine Zahl größer als 10 gezogen".

7. Eine Münze wird sechsmal geworfen. Es sei A das Ereignis: "Höchstens einmal Wappen oder mindestens fünfmal Wappen"; B das Ereignis: "Genau dreimal Wappen". Beschreiben Sie eine geeignete Ergebnismenge Ω. Geben Sie die Ereignisse A und B als Teilmengen von Ω an.

8. Bei einem Zufallsexperiment sei $\Omega = \{1, 2, 3\}$ die Ergebnismenge. Geben Sie alle möglichen Ereignisse an.

1.3 Vermischte Aufgaben

1. Ein Zufallsexperiment bestehe daraus, daß vier zufällig ausgewählte Buchstaben zu einem Wort zusammengesetzt werden.
Das Ereignis A trete ein, falls die beiden ersten Buchstaben des Wortes Konsonanten sind, B trete ein, falls die drei letzten Buchstaben Konsonanten sind.
Drücken Sie folgende Ereignisse verbal aus:

$\overline{A}$, $\overline{B}$, $A \cap B$, $\overline{A} \cap B$, $\overline{A} \cup \overline{B}$, $\overline{A \cup B}$.

2. Beim Werfen eines roten und eines weißen Würfels treten als Versuchsergebnisse Zahlenpaare (i, k) auf, wobei i die geworfene Augenzahl des roten und k die des weißen Würfels ist.
a) Bestimmen Sie die Ergebnismenge Ω.
b) Stellen Sie die folgenden Ereignisse dar:
A: "Beide Augenzahlen sind gleich";
B: "Mindestens eine 6 wird geworfen";
C: "Die Augensumme ist 7";
D: "Die Augensumme ist mindestens 10".

3. Mit drei Münzen werde gleichzeitig geworfen, wobei W "Wappen" und Z "Zahl" bedeutet.
a) Gilt $\overline{\{W\,W\,W\}} = \{Z\,Z\,Z\}$?
b) Bestimmen Sie das Ereignis "Höchstens einmal tritt Zahl auf".
c) Bestimmen Sie das Ereignis "Im Wurf tritt öfter Wappen als Zahl auf".

4. Bei einer "Gut – Schlecht" - Qualitätskontrolle werden 5 Stücke untersucht. Geben Sie für folgende Fälle jeweils die Ergebnismenge an.
a) Das Ergebnis ist die Anzahl der schlechten Stücke.
b) Das Ergebnis besteht darin, welche der geprüften Stücke schlecht sind.

5. Stellen Sie folgende Ereignisse mit Hilfe der Ereignisoperationen durch die Ereignisse A, B, C dar. Von den drei Ereignissen tritt bzw. treten ein:
a) nur A; b) genau eines; c) höchstens eines;
d) mindestens eines; e) genau zwei; f) mindestens zwei.

6. Gegeben sei $\Omega = \{(x,y) \mid 0 \leq x, y \leq 4\}$; $A = \{(x,y) \mid y \leq x\}$;
$B = \left\{(x,y) \mid y \leq 4 - \frac{x}{2}\right\}$ und $C = \left\{(x,y) \mid y \geq \frac{x}{2}\right\}$.
Stellen Sie die folgenden Ereignisse graphisch dar:

$A \cap B \cap C$, $\overline{A} \cap B \cap C$, $A \cap \overline{B} \cap C$, $A \cap B \cap \overline{C}$, $A \cap \overline{B} \cap \overline{C}$, $\overline{A} \cap B \cap \overline{C}$, $\overline{A} \cap \overline{B} \cap C$, $\overline{A} \cap \overline{B} \cap \overline{C}$.

2 Absolute und relative Häufigkeiten

Bei der Untersuchung von Zufallsexperimenten spielen die Häufigkeiten von Ereignissen eine wichtige Rolle. Ereignissen, die oft eintreten, wird man intuitiv große "Wahrscheinlichkeiten" zuordnen, während die "Wahrscheinlichkeiten" von selten eintretenden Ereignissen klein sind.

2.1 Absolute Häufigkeit

Beispiel 1: Beim 20maligen Werfen eines Würfels wurden die in der nachfolgenden Tabelle angegebenen Augenzahlen geworfen. In der dritten bis fünften Zeile sind diejenigen Versuche gekennzeichnet, bei denen die Ereignisse $A = \{3, 4\}$, $B = \{4, 5\}$ sowie $C = \{5, 6\}$ eingetreten sind. Bei den nicht gekennzeichneten Versuchen ist dann jeweils das Komplementärereignis eingetreten.

Versuchsnummer	1	2	3	4	5	6	7	8	9	10	11	12	13	14	15	16	17	18	19	20
Augenzahl	2	1	6	5	3	3	6	4	5	6	2	3	4	1	3	4	2	5	6	4
A = {3,4}					A	A		A				A	A		A	A				A
B = {4,5}				B				B	B				B			B		B		B
C = {5,6}			C	C			C		C	C								C	C	

In der Versuchsserie ist 8mal das Ereignis A eingetreten. Diese Zahl ist die **absolute Häufigkeit** des Ereignisses A. Sie wird mit $h_{20}(A)$ bezeichnet, also $h_{20}(A) = 8$. Der Index 20 gibt dabei die Anzahl der durchgeführten Versuche an. Die beiden anderen Ereignisse besitzen die absoluten Häufigkeiten $h_{20}(B) = 7$ und $h_{20}(C) = 7$.

Definition: Ein Zufallsexperiment werde n-mal durchgeführt. Dann heißt die Anzahl derjenigen Versuche, bei denen das Ereignis A eintritt, die **absolute Häufigkeit** des Ereignisses A. Sie wird mit $\mathbf{h_n(A)}$ bezeichnet. Der Index n gibt dabei den Versuchsumfang (Anzahl der Versuche) an.

Eigenschaften der absoluten Häufigkeit

1) Da das Ereignis A höchstens n-mal eintreten kann, gilt

$$0 \leq h_n(A) \leq n \quad \text{für jedes Ereignis A.}$$

2) Das unmögliche Ereignis $\emptyset$ tritt nie ein. Daher gilt

$$h_n(\emptyset) = 0\ .$$

3) Das sichere Ereignis Ω tritt immer ein. Damit gilt

$$h_n(\Omega) = n.$$

4) A und B seien zwei unvereinbare Ereignisse. Dann tritt die Vereinigung $A \cup B$ genau dann ein, wenn entweder A oder B eintritt (beide können ja nicht zugleich eintreten). Es gilt also

$$h_n(A \cup B) = h_n(A) + h_n(B) \quad \text{für } A \cap B = \emptyset \text{ (unvereinbare Ereignisse).}$$

5) Falls die beiden Ereignisse A und B gleichzeitig eintreten können, werden diejenigen Versuche, bei denen beide eintreten, sowohl bei $h_n(A)$ als auch bei $h_n(B)$ mitgezählt. Sie treten daher in der Summe $h_n(A) + h_n(B)$ doppelt auf, während sie bei $h_n(A \cup B)$ nur einfach gezählt werden. Damit gilt allgemein

$$h_n(A \cup B) = h_n(A) + h_n(B) - h_n(A \cap B) \text{ für beliebige Ereignisse A und B.}$$

Diese Eigenschaften sollen nochmals übersichtlich zusammengestellt werden.

Eigenschaften der absoluten Häufigkeit:

1) $0 \leq h_n(A) \leq n$ für jedes beliebige Ereignis A;

2) $h_n(\emptyset) = 0$ für das unmögliche Ereignis $\emptyset$;

3) $h_n(\Omega) = n$ für das sichere Ereignis Ω;

4) $h_n(A \cup B) = h_n(A) + h_n(B)$, falls $A \cap B = \emptyset$ (unvereinbare Ereignisse);

5) $h_n(A \cup B) = h_n(A) + h_n(B) - h_n(A \cap B)$ für beliebige Ereignisse.

Beispiel 2: In Beispiel 1 sind die beiden Ereignisse A und C unvereinbar. Es ist $h_{20}(A \cup C) = h_{20}(A) + h_{20}(C) = 8 + 7 = 15$.

Bei vier Versuchen traten die beiden Ereignisse A und B gleichzeitig ein.

Mit $h_{20}(A \cap B) = 4$ erhält man

$$h_{20}(A \cup B) = h_{20}(A) + h_{20}(B) - h_{20}(A \cap B) = 8 + 7 - 4 = 11.$$

1. Berechnen Sie aus der Tabelle in Beispiel 1 die absoluten Häufigkeiten der Ereignisse: $G = \{2,4,6\}$, $U = \{1,3,5\}$; $A = \{1,2,3,4\}$; $B = \{4,5,6\}$; $A \cap B$; $A \cup B$; $A \cap U$; $A \cup U$.

2.2 Relative Häufigkeit

Ohne Angabe des Versuchsumfangs n sagt die absolute Häufigkeit als Zahl allein nicht viel aus über das Eintreten des entsprechenden Ereignisses. So ist z. B. die absolute Häufigkeit 100 bei einem Versuchsumfang $n = 110$ sehr groß, bei einem Umfang $n = 1000$ jedoch klein. Daher sollte die absolute Häufigkeit in Beziehung zum Versuchsumfang n gebracht werden. Aus diesem Grund ist es sinnvoll, die absolute Häufigkeit $h_n(A)$ durch den Versuchsumfang n zu dividieren.

Dadurch erhält man eine Zahl, welche die Häufigkeit des Eintretens eines Ereignisses besser beschreibt.

Definition: In einer Versuchsserie vom Umfang n sei $h_n(A)$ die absolute Häufigkeit des Ereignisses A. Dann heißt $r_n(A) = \frac{h_n(A)}{n}$ die **relative Häufigkeit** des Ereignisses A.

Aus den Eigenschaften der absoluten Häufigkeit in Abschnitt 2.1 erhält man nach Division durch n unmittelbar die nachfolgenden Eigenschaften.

Eigenschaften der relativen Häufigkeit:

1) $0 \leq r_n(A) \leq 1$ für jedes beliebige Ereignis A;
2) $r_n(\emptyset) = 0$ für das unmögliche Ereignis $\emptyset$;
3) $r_n(\Omega) = 1$ für das sichere Ereignis Ω;
4) $r_n(A \cup B) = r_n(A) + r_n(B)$, falls $A \cap B = \emptyset$ (unvereinbare Ereignisse):
5) $r_n(A \cup B) = r_n(A) + r_n(B) - r_n(A \cap B)$ für beliebige Ereignisse.

Falls die relative Häufigkeit gleich 0,5 ist, so ist bei der Hälfte, also bei 50 % aller Versuche das Ereignis A eingetreten.
Allgemein stellt $100 \cdot r_n(A)$ die **prozentuale Häufigkeit** dar.

Aufgaben

1. Berechnen Sie für die Ereignisse $D = \{1, 2, 3, 4\}$ und $F = \{3, 4, 5\}$ aus der Tabelle in Beispiel 1 von Abschnitt 2.1 die folgenden relativen Häufigkeiten

$r_{20}(D \cup F)$, $r_{20}(D \cap F)$, $r_{20}(D \cap \overline{F})$ und $r_{20}(\overline{D} \cap F)$.

2. Eine Münze wird so lange geworfen, bis zum ersten Mal Wappen auftritt. Die Anzahl der dazu benötigten Versuche wird notiert. Führen Sie dieses Experiment 25 mal durch, und bestimmen Sie die absoluten und relativen Häufigkeiten der jeweils benötigten Versuchsschritte.

3. Von 100 Haushalten, welche befragt wurden, besitzen 92 einen Fernseher und 87 eine Waschmaschine. 4 Haushalte besitzen weder einen Fernseher noch eine Waschmaschine. Wieviel der Befragten besitzen
a) beide Geräte, b) nur einen Fernseher, c) nur eine Waschmaschine?

4. In einer Versuchsserie vom (unbekannten) Umfang n besitzt das Ereignis A die absolute Häufigkeit 10 und das Ereignis $\overline{A}$ die relative Häufigkeit 0,8.
a) Bestimmen Sie n.
b) Bestimmen Sie die absolute Häufigkeit des Ereignisses $\overline{A}$.

2.3 Stabilisierung der relativen Häufigkeiten

Beispiel 1: An einem bestimmten Tisch einer Spielbank wurden während 300 Ausspielungen nach jeweils 10 Spielen die relativen Häufigkeiten des ersten Dutzends $D = \{1, 2, 3, ..., 11, 12\}$ in der bisherigen Gesamtserie berechnet, also die Zahlen $r_n(D)$ für $n = 10, 20, 30, ..., 290, 300$. Dabei erhielt man der Reihe nach die Werte

0,300;	0,350;	0,300;	0,275;	0,260;	0,300;	0,314;	0,337;	0,322;	0,290;
0,300;	0,300;	0,315;	0,336;	0,340;	0,331;	0,318;	0,317;	0,332;	0,320;
0,329;	0,328;	0,339;	0,329;	0,328;	0,331;	0,333;	0,329;	0,328;	0,330.

Diese relativen Häufigkeiten sind im nachfolgenden Bild graphisch dargestellt. Dabei sind der Übersicht halber benachbarte Punkte geradlinig miteinander verbunden.

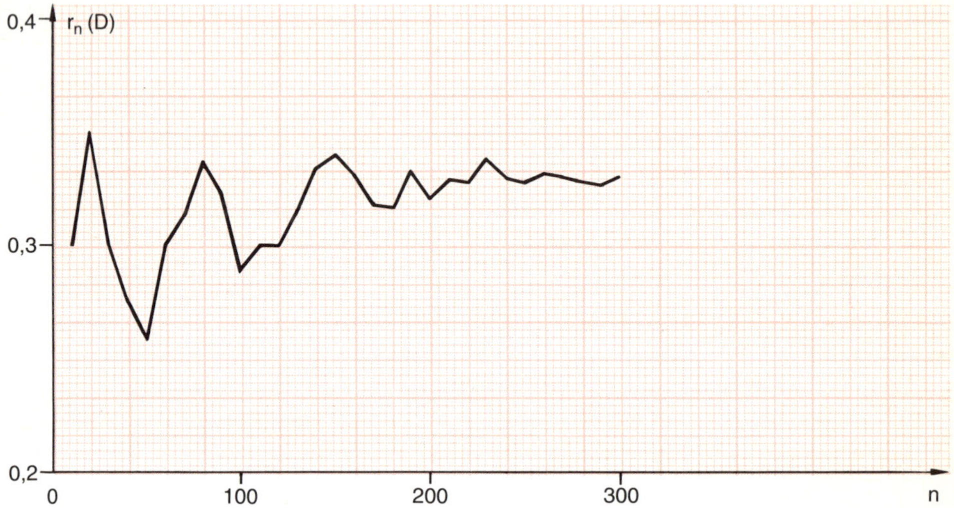

Der so entstandene Streckenzug schwankt zunächst sehr stark. Für $n \geq 200$ stabilisiert er sich jedoch zunehmend, so daß man zunächst vermuten könnte, die Zahlenfolge der relativen Häufigkeiten konvergiere gegen einen bestimmten Grenzwert p. Im Falle der Existenz würde man wohl diesen Grenzwert p als "Wahrscheinlichkeit" des Ereignisses D bezeichnen. Diese Vermutung ist jedoch nicht richtig.

Da die Zahlen $r_n(D)$ auf Grund eines Zufallsexperiments entstehen, kann es durchaus vorkommen, daß sie sehr stark schwanken, auch wenn n noch so groß gewählt wird. Das bedeutet aber, daß der Grenzwert $\lim_{n\to\infty} r_n(D)$ nicht existiert.

Doch selbst wenn der Grenzwert existierte, könnte man ihn experimentell nicht bestimmen, da ja in der Praxis jede Serie irgendwann einmal beendet werden muß.

Betrachtet man jedoch viele solche Streckenzüge, so lehrt die Erfahrung, daß die meisten für große n nur wenig um einen festen Zahlenwert schwanken. Eine solche **Stabilisierung** tritt zwar sehr häufig, jedoch nicht immer ein. Es kann durchaus einmal vorkommen, daß eine Serie ensteht, in welcher die relativen Häufigkeiten sehr stark schwanken, auch wenn der Versuchsumfang n noch so groß gewählt wird. Diese prinzipiell möglichen "Ausnahmeserien" treten bei größerem n jedoch immer seltener auf.

In unserem Beispiel schwanken die relativen Häufigkeiten für große n nur sehr wenig um einen festen Zahlenwert $p \approx 0{,}32$.

Ein solcher Stabilisierungseffekt tritt bei sogenannten unabhängigen Versuchsserien auf. Das sind solche Versuchsreihen, bei denen der Ausgang eines jeden Einzelexperiments von denen der übrigen Versuche nicht beeinflußt wird.

> Bei fast allen Versuchsserien **stabilisieren** sich für große Versuchsumfänge n die relativen Häufigkeiten $r_n(A)$ eines Ereignisses A um einen festen Zahlenwert p, wenn die einzelnen Versuche voneinander unabhängig durchgeführt werden.

Den Zahlenwert p, um den sich bei großen Versuchsserien in der Regel die relativen Häufigkeiten eines Ereignisses stabilisieren, nennt man naiv "**Wahrscheinlichkeit**" dieses Ereignisses.

Aufgaben

1. Werfen Sie eine Münze 100 mal und berechnen Sie nach jeweils 5 Versuchen die relative Häufigkeit für das Ereignis "Wappen" in der bisher entstandenen Gesamtserie. Zeichnen Sie den entsprechenden Streckenzug.

2. Werfen Sie 100 mal einen Reißnagel. Das Ereignis K tritt ein, wenn der Kopf des Reißnagels unten liegt. Nach jeweils 5 Versuchen sollen in der bisherigen Gesamtserie die relativen Häufigkeiten des Ereignisses K berechnet werden. Stellen Sie diese relativen Häufigkeiten graphisch dar.

3. Werfen Sie zwei Würfel 50 mal und berechnen Sie nach jeweils 10 Versuchen in der Gesamtserie die relativen Häufigkeiten der Ereignisse
A: "Die Augensumme ist gleich 7",
B: "Die Augensumme ist mindestens gleich 9".

3 Wahrscheinlichkeiten

3.1 Subjektiver Wahrscheinlichkeitsbegriff

Im täglichen Sprachgebrauch tritt der Begriff Wahrscheinlichkeit in verschiedenen Bedeutungen auf. In Redewendungen wie "Morgen wird es wahrscheinlich regnen" oder "Das alte Auto wird sehr wahrscheinlich nicht mehr viele Kilometer fahren" bringt man seine Überzeugung zum Ausdruck, daß ein gewisses Ereignis eintreten bzw. nicht eintreten wird. Falls jemand sagt "Mit an Sicherheit grenzender Wahrscheinlichkeit wird die Partei A bei der nächsten Wahl die 5-%-Hürde überspringen", so ist er fest davon überzeugt, daß diese Partei mindestens 5 % der Stimmen erhält.

Durch die verschiedenen Abstufungen "**unwahrscheinlich, wahrscheinlich, sehr wahrscheinlich, mit an Sicherheit grenzender Wahrscheinlichkeit**" werden von der ensprechenden Person verschiedene Grade des Überzeugtseins vom Eintreten des Ereignisses zum Ausdruck gebracht. Dieser Überzeugtheitsgrad für die Chance des Eintretens eines Ereignisses wird im allgemeinen für verschiedene Personen unterschiedlich groß sein. Eine Person ist vielleicht vom Eintreten eines Ereignisses mehr überzeugt als eine andere. Somit handelt es sich bei einer solchen Wahrscheinlichkeit um eine personenabhängige, also um eine **subjektive Wahrscheinlichkeit.** Je mehr man vom Eintreten eines Ereignisses überzeugt ist, desto höher wird diese subjektive Wahrscheinlichkeit eingestuft. Die höchste Stufe ist das völlige Überzeugtsein vom Eintreten.

Dieser personenabhängige Wahrscheinlichkeitsbegriff ist für eine mathematische (statistische) Analyse nicht zugänglich, da verschiedene Menschen in der Regel auch verschiedene subjektive Wahrscheinlichkeitsstufen zum Ausdruck bringen werden.

3.2 Forderungen an eine (mathematische bzw. statistische) Wahrscheinlichkeit

Ziel der Wahrscheinlichkeitsrechnung und der Statistik ist es, einen personenunabhängigen, also einen objektiven Wahrscheinlichkeitsbegriff einzuführen, der bei wiederholten Durchführungen von Zufallsexperimenten mit den relativen Häufigkeiten eines Ereignisses in einem gewissen Zusammenhang steht.

Jedem Ereignis A soll eine nicht-negative Zahl als Wahrscheinlichkeit P(A) zugeordnet werden. Sie soll ein Maß dafür sein, wie stark mit dem Eintreten des Ereignisses zu rechnen ist.

Von Ereignissen mit großen Wahrscheinlichkeiten wird erwartet, daß sie oft eintreten, während Ereignisse mit kleinen Wahrscheinlichkeiten entsprechend selten eintreten. Ereignisse mit größeren Wahrscheinlichkeiten werden bei langen unabhängigen Versuchsserien in der Regel öfter eintreten als solche mit kleineren Wahrscheinlichkeiten.

Die (statistische) Wahrscheinlichkeit soll als Prognosewert für die relative Häufigkeit des entsprechenden Ereignisses in zukünftigen unabhängigen Versuchsserien dienen.

Das sichere Ereignis Ω tritt immer ein. Daher wird ihm die größte Wahrscheinlichkeit zugeordnet. Da eine Wahrscheinlichkeit als erwartete relative Häufigkeit interpretiert wird, ist es sinnvoll, dem sicheren Ereignis Ω die Wahrscheinlichkeit $P(\Omega) = 1$ zuzuordnen. Ereignisse, deren Wahrscheinlichkeiten fast gleich 1 sind, werden dann fast immer eintreten.

Im allgemeinen ist es nicht möglich, jedem Ereignis A auf direktem Weg eine Zahl P(A) als Wahrscheinlichkeit zuzuordnen. Beispiele dafür sind die Ereignisse "Mit einem verfälschten Würfel wird eine 6 geworfen", "Ein aus einer Produktion zufällig ausgewähltes Werkstück ist fehlerhaft" oder "Das Gewicht eines Zuckerpakets beträgt mindestens 980 Gramm".

3.3 Klassische Wahrscheinlichkeit (Laplace-Wahrscheinlichkeit)

Bereits vor 200 Jahren wurde anhand von Glücksspielen die sogenannte **klassische Wahrscheinlichkeit** untersucht, bei der auf Grund der Beschaffenheit des Zufallsgeräts und des Ausspielungsmodus jedes Versuchsergebnis die gleiche Wahrscheinlichkeit besitzt.

Beispiel 1 (idealer Würfel): Beim Werfen eines Würfels mit der Ergebnismenge $\Omega = \{1, 2, 3, 4, 5, 6\}$ werden die meisten Personen spontan behaupten, jede der sechs Augenzahlen besitze die gleiche Wahrscheinlichkeit $p = \frac{1}{6}$. Diese Behauptung ist jedoch nur dann richtig, wenn der symmetrische Würfel aus homogenem Material geschaffen ist und wenn beim Würfeln nicht gemogelt wird. Sind beide Voraussetzungen erfüllt, so sprechen wir von einem **idealen Würfel**.

Allgemein benötigt man zur Anwendung der klassischen Wahrscheinlichkeit Voraussetzungen, die in den nachfolgenden Modellannahmen zusammengestellt sind.

Modellannahmen:
L1: Es gibt nur endlich viele verschiedene Versuchergebnisse, d. h. die Ergebnismenge Ω ist endlich.
L2: Bei der Durchführung des Zufallsexperiments darf kein Ergebnis bevorzugt auftreten.

Die erste Bedingung der Endlichkeit der Ergebnismenge ist bei vielen Zufallsexperimenten erfüllt, z. B. bei den Glücksspielen.

Die zweite Bedingung der Chancengleichheit sämtlicher Versuchsergebnisse ist im allgemeinen nicht ohne weiteres erkennbar. Doch kann man in vielen Fällen auf Grund der entsprechenden Konstruktion des Geräts und der zugehörigen Versuchsdurchführung von dieser Chancengleichheit ausgehen. Letztendlich kann die Chancengleichheit aller Versuchergebnisse nur mit Hilfe statistischer Methoden überprüft werden.

Der französische Mathematiker **Laplace** *) hat unter diesen beiden Voraussetzungen ein Modell zur Berechnung von Wahrscheinlichkeiten entwickelt.

Jedes Zufallsexperiment, das die Modellannahmen L1 und L2 erfüllt, heißt **Laplace-Experiment.**

Die Ergebnismenge enthalte die m verschiedenen Ergebnisse $\omega_1, \omega_2, \omega_3, \dots, \omega_m$; es gelte also $\Omega = \{\omega_1, \omega_2, \dots, \omega_m\}$.

Modellannahme L2 besagt, daß alle m Elementarereignisse $\{\omega_i\}$ die gleiche Wahrscheinlichkeit p besitzen, also

$$P(\{\omega_1\}) = P(\{\omega_2\}) = \dots\dots = P(\{\omega_m\}) \quad = p\,.$$

Zur Berechnung dieses Zahlenwerts p und von Wahrscheinlichkeiten beliebiger Ereignisse benötigt man die nachfolgenden, naheliegenden Eigenschaften.

Eigenschaften einer Wahrscheinlichkeit:

a) Für zwei unvereinbare Ereignisse A und B gilt

$P(A \cup B) = P(A) + P(B)$ (**Additivität** der Wahrscheinlichkeit).

b) Das sichere Ereignis Ω besitzt die Wahrscheinlichkeit 1, d. h.

$P(\Omega) = 1$ (**Normierung**).

Die Eigenschaft a) kann auf Vereinigungen paarweise unvereinbarer Ereignisse übertragen werden.

Für $\Omega = \{\omega_1, \omega_2, \dots, \omega_m\} = \{\omega_1, \omega_2, \dots, \omega_{m-1}\} \cup \{\omega_m\}$

gilt wegen der Additivität der Wahrscheinlichkeit P

$$P(\Omega) = P(\{\omega_1, \dots, \omega_{m-1}\}) + P(\{\omega_m\})\,.$$

Nochmalige Zerlegung ergibt

$$P(\Omega) = P(\{\omega_1, \dots, \omega_{m-2}\}) + P(\{\omega_{m-1}\}) + P(\{\omega_m\})\,.$$

Durch weiteres Zerlegen erhält man schließlich

$$1 = P(\Omega) = P(\{\omega_1\}) + P(\{\omega_2\}) + \dots + P(\{\omega_m\}) \;=\; m \cdot p\,.$$

Daraus folgt $p = \frac{1}{m}$.

Das Ereignis A bestehe aus k verschiedenen Versuchsergebnissen. Bezeichnet man mit $|A|$ die Anzahl der Elemente, die in A enthalten sind, so gilt $|A| = k$. Dann folgt aus der Additivität der Wahrscheinlichkeit

$$P(A) = k \cdot p = k \cdot \frac{1}{m} = \frac{k}{m} = \frac{|A|}{|\Omega|}\,.$$

*) Pierre Simon Laplace (1749 — 1827) lehrte in Paris an der Militär-Akademie. Er entdeckte 1772 den Entwicklungssatz für Determinanten und behandelte seit 1773 partielle Differentialgleichungen zweiter Ordnung. 1784 untersuchte er die Umlaufzeiten des Jupiters und Saturns sowie die Stabilität des Sonnensystems. Seit 1812 beschäftigte er sich mit der Wahrscheinlichkeitsrechnung. Daneben war er politisch tätig, u.a. als Innenminister und Kanzler des Senats.

Satz: Die Ergebnismenge bestehe aus m verschiedenen Ergebnissen. Ferner seien die Modellannahmen L1 und L2 erfüllt.
Dann besitzt jedes Ereignis A die

klassische Wahrscheinlichkeit (Laplace-Wahrscheinlichkeit)

$$P(A) = \frac{|A|}{|\Omega|} = \frac{\text{Anzahl der Elemente in A}}{\text{Anzahl der Elemente in }\Omega} \, .$$

Beispiel 2 (idealer Würfel): Beim Werfen eines idealen Würfels mit der Ergebnismenge $\Omega = \{1, 2, 3, 4, 5, 6\}$ besitzt das Ereignis $G = \{2, 4, 6\}$ (gerade Augenzahl) die Wahrscheinlichkeit $P(G) = \frac{3}{6} = \frac{1}{2}$.

1. Aus einer Klasse mit 15 Schülerinnen und 10 Schülern werde zufällig eine Person ausgewählt. Mit welcher Wahrscheinlichkeit wird
a) eine Schülerin, b) ein Schüler ausgewählt?

Beispiel 3 (Roulett): Die Roulett-Ausspielung mit der Ergebnismenge $\Omega = \{0, 1, 2, 3, \dots, 35, 36\}$ sei ein Laplace-Experiment. Dann besitzt das Ereignis $D = \{1, 2, 3, \dots, 11, 12\}$ (erstes Dutzend) die Wahrscheinlichkeit $P(D) = \frac{12}{37}$. Das Ereignis Impair $I = \{1, 3, 5, \dots, 33, 35\}$ besitzt die Wahrscheinlichkeit $P(I) = \frac{18}{37}$.

2. Berechnen Sie in Beispiel 3 die Wahrscheinlichkeiten der Ereignisse $A = \{13, 14, \dots, 23, 24\}$; $B = \{22, 23, 24, 25, 26, 27\}$; $A \cap B$; $A \cup B$.

Beispiel 4 (Augensumme zweier idealer Würfel): Es wird mit zwei idealen Würfeln geworfen, wobei als Ergebnis dieses Zufallsexperiments die Augensumme berechnet wird. Zur Berechnung der Wahrscheinlichkeiten für die verschiedenen Augensummen bedienen wir uns eines Hilfsmodells, in dem die gesuchten Wahrscheinlichkeiten einfach zu berechnen sind, da dieses Modell die beiden Laplace-Voraussetzungen erfüllt. Die Würfel werden unterscheidbar gemacht. Der eine sei rot, der andere weiß. Versuchsergebnisse sind Zahlenpaare, wobei die erste Zahl die Augenzahl des roten, die zweite die des weißen darstellt. Bei diesem Hilfsmodell treten als Versuchsergebnisse 36 geordnete, gleichwahrscheinliche Zahlenpaare auf, nämlich

weißer W. / roter W.	1	2	3	4	5	6
1	(1,1)	(1,2)	(1,3)	(1,4)	(1,5)	(1,6)
2	(2,1)	(2,2)	(2,3)	(2,4)	(2,5)	(2,6)
3	(3,1)	(3,2)	(3,3)	(3,4)	(3,5)	(3,6)
4	(4,1)	(4,2)	(4,3)	(4,4)	(4,5)	(4,6)
5	(5,1)	(5,2)	(5,3)	(5,4)	(5,5)	(5,6)
6	(6,1)	(6,2)	(6,3)	(6,4)	(6,5)	(6,6)

Für die Augensumme 2 gibt es nur ein günstiges Ergebnis, nämlich $(1,1)$. Die Summe 3 wird erreicht, falls eines der beiden Paare $(1,2)$ oder $(2,1)$ eintritt.

Alle möglichen Augensummen und ihre Wahrscheinlichkeiten sind in der nachfolgenden Tabelle zusammengestellt:

Summe	Augenpaare	günstige Fälle	Wahrscheinlichkeiten
2	(1,1)	1	1/36
3	(2,1), (1,2)	2	2/36
4	(3,1), (2,2), (1,3)	3	3/36
5	(4,1), (3,2), (2,3), (1,4)	4	4/36
6	(5,1), (4,2), (3,3), (2,4), (1,5)	5	5/36
7	(6,1), (5,2), (4,3), (3,4), (2,5), (1,6)	6	6/36
8	(6,2), (5,3), (4,4), (3,5), (2,6)	5	5/36
9	(6,3), (5,4), (4,5), (3,6)	4	4/36
10	(6,4), (5,5), (4,6)	3	3/36
11	(6,5), (5,6)	2	2/36
12	(6,6)	1	1/36
	Summen	36	1

Betrachtet man die Ergebnismenge der Augensummen $\Omega^* = \{2, 3, ..., 11, 12\}$, so ist diese zwar endlich, die einzelnen Versuchsergebnisse besitzen jedoch nicht alle die gleiche Wahrscheinlichkeit.

3. Berechnen Sie in Beispiel 4 die Wahrscheinlichkeit dafür, daß die Augensumme a) kleiner als sieben, b) größer als neun ist.

Zur Berechnung von Laplace-Wahrscheinlichkeiten muß die Anzahl der günstigen und der insgesamt möglichen Fälle bestimmt werden. Dies geschieht mit Hilfe der Kombinatorik in Kapitel 4.

Aus der Formel für die klassische Wahrscheinlichkeit erhält man unmittelbar die folgenden Eigenschaften:

Eigenschaften der klassischen Wahrscheinlichkeit:

1) $0 \leq P(A) \leq 1$ für jedes Ereignis A;

2) $P(\Omega) = 1$ (**Normierung**) und $P(\emptyset) = 0$;

3) $P(A \cup B) = P(A) + P(B)$ für $A \cap B = \emptyset$ (**Additivität**);

4) $P(A \cup B) = P(A) + P(B) - P(A \cap B)$ für beliebige Ereignisse;

5) $P(\overline{A}) = 1 - P(A)$.

Die Anwendung der Eigenschaft 5) ist besonders dann sinnvoll, wenn es für A sehr viele und für das Komplement $\overline{A}$ sehr wenige günstige Fälle gibt. Dann berechnet man zuerst $P(\overline{A})$ und daraus $P(A) = 1 - P(\overline{A})$.

4. In einer Urne befinden sich 100 Kugeln mit den aufgedruckten Zahlen $1, 2, \ldots, 100$. Daraus werde zufällig eine Kugel gezogen. Berechnen Sie die Wahrscheinlichkeit des Ereignisses A: "Die Zahl auf der gezogenen Kugel ist nicht durch 20 teilbar".

5. Beweisen sie die obigen Eigenschaften der klassischen Wahrscheinlichkeit.

Aufgaben

6. Eine Urne enthalte 200 Kugeln mit den Nummern 1, 2, 3,..., 200. Daraus werde zufällig eine Kugel gezogen und deren Nummer festgestellt. Dabei interessieren folgende Ereignisse:
A: "Die Zahl ist durch 3 teilbar";
B: "Die Zahl ist durch 11 teilbar";
C: "Die Zahl ist durch 15 teilbar".
Berechnen Sie die folgenden Wahrscheinlichkeiten:

$P(A)$, $P(B)$, $P(C)$, $P(A \cap B)$, $P(A \cap C)$, $P(B \cap C)$, $P(\overline{A} \cap C)$, $P(\overline{A} \cap C)$, $P(A \cap \overline{C})$, $P(A \cup B)$, $P(A \cup C)$ und $P(B \cup C)$.

7. Es sei $\Omega = \{1, 2, 3, 4, 5, 6\}$. A sei ein beliebiges Ereignis. Welche Laplace-Wahrscheinlichkeiten kommen für das Ereignis in Betracht?

8. In einer Lostrommel befinden sich 3000 Lose mit den Nummern 1 bis 3000. Jedes Los, dessen Nummer mit einer 1 beginnt, gewinnt. Wie groß ist die Wahrscheinlichkeit, daß ein zufällig gezogenes Los gewinnt?

9. Ein Würfel wird zweimal geworfen. Wie groß ist die Wahrscheinlichkeit, daß mindestens bei einem Wurf eine Augenzahl kleiner als 4 auftritt?

10. Aus einem Skatblatt wird zufällig eine Karte gezogen. A sei das Ereignis "Die Karte ist ein Karo" und B das Ereignis "Die Karte ist ein Bube". Berechnen Sie $P(A)$, $P(B)$, $P(A \cap B)$ und $P(A \cup B)$.

11. Auf einem Jahrmarkt wird Ihnen folgendes Spiel angeboten:
Sie dürfen zweimal würfeln und gewinnen, wenn Sie einen Pasch (zwei gleiche Würfe) oder genau eine 4 und eine 2 werfen. Mit welcher Wahrscheinlichkeit gewinnen Sie?

12. Es wird mit drei Würfeln gleichzeitig gewürfelt; die drei Augenzahlen werden als Ergebnis notiert.
a) Geben Sie eine geeignete Ergebnismenge Ω an und bestimmen Sie $|\Omega|$.
Bestimmen Sie die Wahrscheinlichkeit, bei einem Versuch
b) drei gleiche Zahlen, c) drei verschiedene Zahlen zu würfeln.

13. Unter 100 Personen werden zwei Preise ausgelost. An der Verlosung des ersten Preises nimmt diejenige Person, die den zweiten Preis gewonnen hat, ebenfalls teil.
Mit welcher Wahrscheinlichkeit gehen beide Preise an dieselbe Person?

14. Ein zufällig ausgewähltes Kind ist 1983 geboren.
a) Mit welcher Wahrscheinlichkeit hat es im Januar (Februar) Geburtstag?
b) Es stellt sich heraus, daß das Kind im Februar Geburtstag hat.
Mit welcher Wahrscheinlichkeit ist es der 1. Februar?
Das Jahr habe 365 Tage, wobei jeder Tag für jeden Geburtstag gleichwahrscheinlich sei.

15. Eine Klasse besteht aus 30 Kindern, 8 zwölfjährigen, 15 elfjährigen und 7 zehnjährigen. Es wird zufällig ein Kind ausgewählt. Berechnen Sie die Wahrscheinlichkeit dafür, daß dieses Kind
a) 12 Jahre; b) 11 Jahre; c) 10 Jahre; d) 10 oder 12 Jahre ;
e) nicht 12 Jahre alt ist.

16. Sie können durch 5maliges Werfen einer Münze eine fünfstellige Dualzahl, die auch mit Nullen beginnen darf, (zufällig) erzeugen. Wie groß ist die Wahrscheinlichkeit, daß eine kleinere als die Dualzahl 100 erzeugt wird?

17. Ein Sparkasten kann nur durch das Einstellen einer bestimmten vierstelligen Zahl geöffnet werden. Berechnen Sie ist die Wahrscheinlichkeit, daß sich unter 100 verschiedenen zufällig ausgesuchten vierstelligen Zahlen die richtige befindet, falls
a) die Zahl mit 0 beginnen darf,
b) die Zahl nicht mit 0 beginnen darf.

18. Zeigen Sie, daß es auf $\Omega = \mathbb{N}^*$ keine Laplace-Wahrscheinlichkeit geben kann.

19. Beim Roulett setzt ein Spieler jeweils 10 DM auf "Pair" (gerade Augenzahl) und auf das zweite Dutzend. Berechnen Sie die Wahrscheinlichkeiten dafür, daß er
a) mit beiden Einsätzen, b) überhaupt nicht,
c) mit nur einem Einsatz gewinnt.

20. In einer Urne sind 1000 Kugeln mit den Nummern 0,1,...,999. Eine Kugel wird zufällig gezogen. Berechnen Sie die Wahrscheinlichkeit dafür, daß die gezogene Nummer
a) durch 5 ; b) durch 13; c) durch 5 oder durch 13 ;
d) weder durch 5 noch durch 13 teilbar ist.

21. Eine Münze wird viermal geworfen. Berechnen Sie die Wahrscheinlichkeiten folgender Ereignisse: A: "Mindestens einmal tritt Wappen auf"; B: "Genau einmal tritt Wappen auf"; C: "Beim zweiten oder dritten Wurf tritt Wappen auf"; D: "Bei den vier Würfen treten Wappen und Zahl jeweils mindestens einmal auf".

Z 3.4 Geometrische Wahrscheinlichkeit

In diesem Abschnitt werden Zufallsexperimente untersucht, bei denen Wahrscheinlichkeiten durch Längen- und Flächenberechnung ermittelt werden können.

Geometrische Wahrscheinlichkeit auf einem Intervall

Beispiel 1: Wir nehmen an, daß die Straßenbahnen zu einem bestimmten Ziel an einer Haltestelle alle 10 Minuten pünktlich abfahren. Jemand geht in Unkenntnis des genauen Fahrplans zu einem zufällig gewählten Zeitpunkt zur Haltestelle. Dann kann die Wartezeit x (in Minuten) bis zum Eintreffen der nächsten Bahn auf Grund der Modellannahme jeden Wert aus dem Zeitintervall $[0; 10[$ annehmen. Das Ergebnisintervall $\Omega = \{x \mid 0 \leq x < 10\}$ ist überabzählbar unendlich.

In dem mathematischen Modell soll davon ausgegangen werden, daß Teilintervalle von Ω mit der gleichen Länge auch die gleiche Wahrscheinlichkeit besitzen unabhängig von ihrer Lage.

A sei das Ereignis: "Die Wartezeit beträgt höchstens 2 Minuten". A ist also das Intervall $[0; 2]$ mit der Länge 2. Da diese Länge ein Fünftel der Gesamtlänge beträgt, ist für die Wahrscheinlichkeit dieses Ereignisses folgender Ansatz naheliegend

$$P(A) = P\big([0; 2]\big) = \frac{\text{Länge von A}}{\text{Länge des Gesamtintervalls}} = \frac{2}{10} = 0{,}2 .$$

Die Modellannahme kann in der Regel nicht exakt eingehalten werden. Verspätungen verändern die Wartezeit. Auch beim pünktlichen Fahrplan dürften Wartezeiten in der Nähe von 10 kaum vorkommen, weil der Fahrgast oft die Bahn ankommen sieht und sie durch schnelles Gehen oder Laufen gerade noch erreicht. Aus diesem Grund liefert das mathematische Modell nur Näherungslösungen.

Definition (Geometrische Wahrscheinlichkeit auf einem Intervall):
Die Ergebnisse seien gleichmäßig verteilt auf dem Intervall $\Omega = [a; b]$, d. h. die Wahrscheinlichkeit für ein Teilintervall $A = [c; d] \subseteq \Omega$ hänge nur von dessen Länge, nicht jedoch von der genauen Lage ab. Dann heißt die durch

$$P(A) = \frac{d-c}{b-a} = \frac{L(A)}{L(\Omega)} = \frac{\text{Länge von A}}{\text{Länge des Gesamtintervalls}}$$

definierte Funktion P **geometrische Wahrscheinlichkeit auf dem Intervall [a; b]**.

Falls man einen Holzstab an beiden Enden festhält und durchbricht und als Versuchsergebnis die Bruchstelle x registriert, ist die Modellannahme der gleichmäßigen Verteilung sicherlich verletzt, da die Bruchstelle häufig im mittleren Bereich und sehr selten am Rand auftreten wird.

Beispiel 2: An einem Stab der Länge Eins werde ein Punkt zufällig markiert. An dieser Markierungsstelle x wird der Stab durchgebrochen. Gesucht ist die Wahrscheinlichkeit dafür, daß das kürzere Stück höchstens halb so lang ist wie das längere.

Durch dieses Zufallsexperiment entstehen zwei Teilstücke mit den Längen x und 1 − x. Das gesuchte Ereignis tritt ein, wenn gilt

$x \leq \frac{1}{2} \cdot (1 - x)$ oder $1 - x \leq \frac{1}{2} \cdot x$. Die Lösung dieser Ungleichungen ergibt

$x \leq \frac{1}{3}$ oder $x \geq \frac{2}{3}$. Es gibt also zwei günstige Teilintervalle für x mit der jeweiligen Länge $\frac{1}{3}$. Die gesuchte Wahrscheinlichkeit lautet somit $P(A) = \frac{2}{3}$.

1. Ein Stab der Länge Eins werde an einer zufällig ausgewählten Stelle x markiert und dort durchgesägt. Berechnen Sie die Wahrscheinlichkeit dafür, daß zwei Teile entstehen, von denen einer mindestens dreimal so lang ist wie der andere.

Bemerkungen:

1) Läßt man die Länge eines Teilintervalls gegen Null gehen, so erhält man für jeden einzelnen Punkt $x \in \Omega$ die Wahrscheinlichkeit $P(\{x\}) = 0$. **Jedes einzelne Versuchsergebnis besitzt also die Wahrscheinlichkeit Null**, alle Punkte zusammen jedoch die Wahrscheinlichkeit Eins. Bei jeder einzelnen Versuchsdurchführung tritt bei einem solchen Experiment ein Ergebnis ein, welches die Wahrscheinlichkeit 0 besitzt.

2) Die Durchführung eines solchen Zufallsexperiments kann am besten von einem Rechner mit Hilfe von **"Zufallszahlen"** erfolgen. Diese "Zufallszahlen" können vom Rechner jedoch nur mit einer Formel erzeugt werden. Somit kann es sich gar nicht um echte Zufallszahlen handeln. Man sollte sie daher besser Pseudozufallszahlen nennen. Ein guter Zufallszahlengenerator gewährleistet jedoch, daß sich die Zahlen wenigstens sehr ähnlich wie Zufallszahlen verhalten.

Beispiel 3: Ein Schüler hat in derselben Stadt zwei Freundinnen, eine in der Nordstadt, die andere in der Südstadt. Von einer bestimmten Haltestelle aus fährt eine Straßenbahnlinie in Abständen von 10 Minuten nach Norden und eine alle 10 Minuten zur Südstadt. Der Schüler möchte beide Freundinnen ungefähr gleich oft besuchen und meint, dies durch das folgende Zufallsexperiment erreichen zu können: Er geht zu einem zufällig gewählten Zeitpunkt zur Haltestelle und steigt in diejenige Straßenbahn ein, die zuerst kommt.

Nach einer gewissen Zeit stellt er fest, daß er in etwa 80 % der Fälle die Freundin aus der Südstadt besucht hat. Dabei zweifelt er, daß diese ungleiche Verteilung auf den Zufall zurückzuführen ist.
Zur Untersuchung des Problems nehmen wir an, die Abfahrt nach Süden erfolge x Minuten nach der nach Norden.

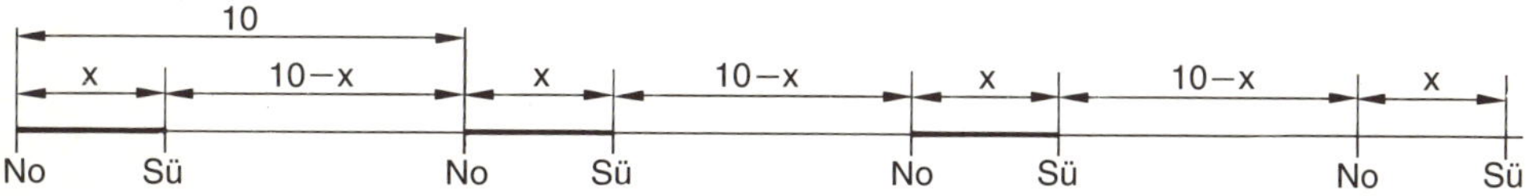

Der Schüler wählt genau dann die Abfahrt nach Süden, wenn er in einem der eingezeichneten Zeitintervalle der Länge x an der Haltestelle ankommt. Falls seine Ankunftzeiten gleichmäßig verteilt sind, besucht er mit der Wahrscheinlichkeit $p(x) = \frac{x}{10}$ die Freundin aus der Südstadt. Nur für $x = 5$ würde er auf Dauer beide Freundinnen ungefähr gleich oft besuchen. Das eingetretene Ergebnis spricht dafür, daß in diesem konkreten Fall x ungefähr gleich 8 ist.
Wie im Beispiel 1 erhält man auch hier wohl nur Näherungslösungen, da wegen Verspätungen die Modellannahme in der Regel nicht genau eingehalten werden kann.

Beispiel 4 (Glücksrad): Mit dem nebenstehenden Glücksrad lassen sich zufällige Zahlen von 1 bis 6 erzeugen. Das Rad werde zufällig gedreht. Das Ergebnis des Zufallsexperiments ist die Zahl des Sektors, auf den nach dem Stillstand der Markierungsstift zeigt. Die Wahrscheinlichkeiten der einzelnen Zahlen sind proportional zum Innenwinkel. Da dem gesamten Winkel 360° die Wahrscheinlichkeit 1 entspricht, erhält man

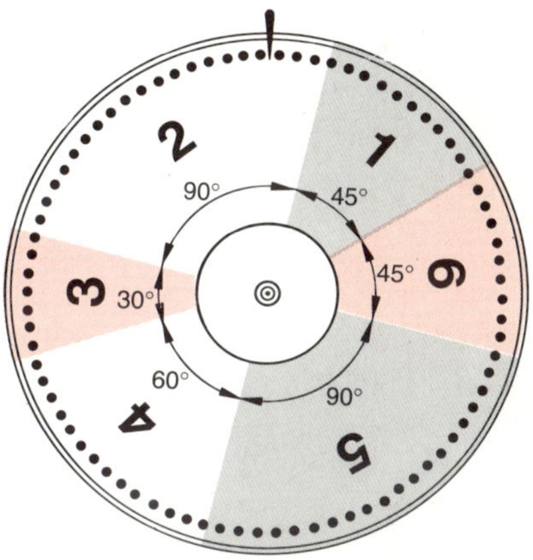

$$P(\{1\}) = \frac{45}{360} = \frac{1}{8} \; ; \; P(\{2\}) = \frac{90}{360} = \frac{1}{4} \; ; \; P(\{3\}) = \frac{30}{360} = \frac{1}{12} \; ;$$

$$P(\{4\}) = \frac{60}{360} = \frac{1}{6} \; ; \; P(\{5\}) = \frac{90}{360} = \frac{1}{4} \; ; \; P(\{6\}) = \frac{45}{360} = \frac{1}{8} \; .$$

Die Wahrscheinlichkeit für eine gerade Augenzahl lautet

$$P(G) = \frac{1}{4} + \frac{1}{6} + \frac{1}{8} = \frac{13}{24} \, .$$

Die Wahrscheinlichkeit für eine ungerade Augenzahl ist

$$P(U) = 1 - P(6) = \frac{11}{24} \, .$$

2. Mit dem nebenstehenden Glücksrad werden zufällig Zahlen erzeugt.
a) Berechnen Sie die Wahrscheinlichkeiten für die einzelnen Zahlen.
b) Berechnen Sie die Wahrscheinlichkeit, mit der eine gerade Zahl erzeugt wird.

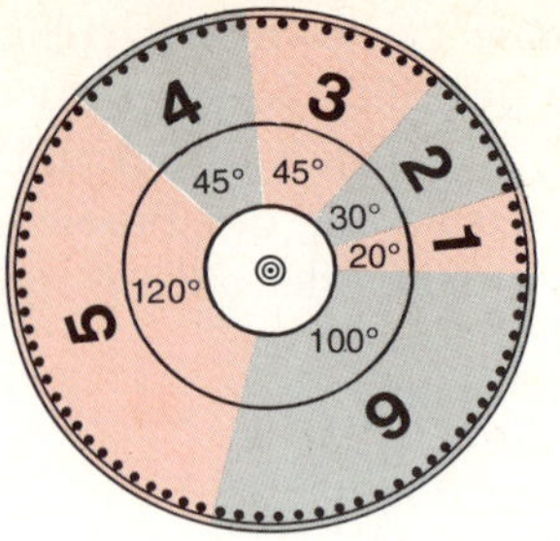

3. Mit einem Glücksrad sollen die Zahlen $0, 1, \ldots, 9$ mit folgenden Wahrscheinlichkeiten gezogen werden:

Zahl	0	1	2	3	4	5	6	7	8	9
Wahrsch.	0,05	0,10	0,20	0,15	0,05	0,12	0,10	0,03	0,10	0,10

a) Bestimmen Sie die Winkel α_i der einzelnen Kreisausschnitte.

b) Berechnen Sie die Wahrscheinlichkeiten für folgende Ereignisse:
G: "die ausgespielte Zahl ist gerade",
U: "die ausgespielte Zahl ist ungerade",
A: "die ausgespielte Zahl ist mindestens gleich 2".

4. Mit einem Glücksrad sollen die Zahlen $1, 2, 3, 4, 5, 6$ erzeugt werden. Dabei sollen die Wahrscheinlichkeiten für die geraden und die ungeraden Zahlen jeweils gleich sein. Die Wahrscheinlichkeit für eine gerade Zahl sei doppelt so groß wie die einer ungeraden. Bestimmen Sie die Innenwinkel.

Geometrische Wahrscheinlichkeit auf einem Gebiet

Aus einem bestimmten Bereich der zweidimensionalen Ebene sollen Punkte zufällig ausgewählt werden. Die Wahrscheinlichkeit dafür, daß ein Punkt aus einem bestimmten Bereich ausgewählt wird, soll nur vom Flächeninhalt des Bereichs und nicht von der speziellen Lage abhängen. Bereiche mit gleichem Flächeninhalt besitzen dann die gleiche Wahrscheinlichkeit. Dadurch erhält man sog. geometrische Wahrscheinlichkeiten in der Ebene.

Definition (Geometrische Wahrscheinlichkeit auf einem Gebiet): Ω sei ein Gebiet der Zahlenebene mit dem (endlichen) Flächeninhalt $F(\Omega)$. Aus diesem Gebiet werde zufällig ein Punkt ausgewählt. Dabei hänge die Wahrscheinlichkeit dafür, daß der Punkt in einer Teilmenge $A \subseteq \Omega$ liegt, nur vom Flächeninhalt von A und nicht von der speziellen Lage von A ab. Dann heißt die durch

$$P(A) = \frac{F(A)}{F(\Omega)} = \frac{\text{Flächeninhalt von A}}{\text{Flächeninhalt von } \Omega}$$

definierte Funktion P **geometrische Wahrscheinlichkeit auf dem Gebiet Ω.**

Beim Schießen auf eine Zielscheibe wird der mittlere Bereich bevorzugt getroffen werden, so daß von keiner gleichmäßigen Verteilung ausgegangen werden kann.

Bemerkung: Einzelne Punkte und Linien besitzen in der Ebene die geometrische Wahrscheinlichkeit 0.

Beispiel 5 (Statistische Bestimmung der Zahl π): Unabhängig voneinander sollen zwei Zahlen x und y zufällig ausgewählt werden, die beide zwischen 0 und 1 gleichmäßig verteilt sind. Dadurch entstehen Zahlenpaare (x, y), die im Quadrat mit der Seitenlänge 1 (s. nebenstehende Abbildung) gleichmäßig verteilt sind.

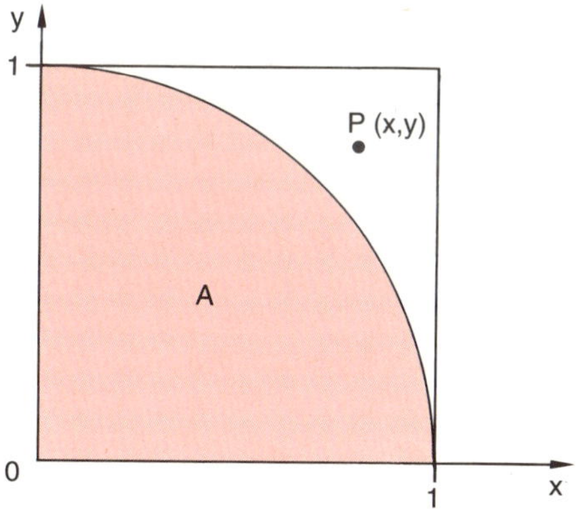

A sei das Ereignis "der Punkt liegt auf der Fläche des eingezeichneten Viertelkreises um den Koordinatenursprung mit dem Radius 1".

Dieser Viertelkreis besitzt wegen $r = 1$ den Flächeninhalt $F(A) = \frac{\pi}{4}$. Wegen $F(\Omega) = 1$ besitzt das Ereignis A die Wahrscheinlichkeit $P(A) = \frac{\pi}{4}$.

Da die relative Häufigkeit $r_n(A)$ für große n meistens in der Nähe der Wahrscheinlichkeit P(A) liegt, erhält man die Näherung $r_n(A) \approx \frac{\pi}{4}$.

Zahlenbeispiel: Mit Hilfe eines Zufallszahlengenerators wurden 10 000 derartige Zahlenpaare erzeugt. Davon lagen 7 835 auf der Kreisfläche. Hieraus erhält man die Näherung $\pi \approx 4 \cdot 0{,}7835 = 3{,}134$.

5. Ω sei die Fläche eines Quadrates mit der Seitenlänge 2. Aus Ω werde zufällig ein Punkt Q ausgewählt. Dabei werden folgende Ereignisse betrachtet:
A: "Der Abstand des Punktes Q vom Mittelpunkt des Quadrats beträgt mindestens eine Einheit".
B: "Der Punkt Q ist von jedem Eckpunkt des Quadrats mindestens eine Einheit entfernt".
a) Zeichnen Sie die Ereignisse A und B,
b) Berechnen Sie P(A) und P(B).

Beispiel 6: In der quadratischen Gleichung

$$x^2 + a x + b = 0$$

sollen die Koeffizienten a und b unabhängig voneinander und zufällig aus dem Intervall [0; 1] ausgewählt werden. Wie groß ist die Wahrscheinlichkeit dafür, daß die quadratische Gleichung reelle Lösungen besitzt?
Das Zufallsexperiment besteht in der Auswahl eines Zahlenpaares (a; b) mit $0 \leq a \leq 1$ und $0 \leq b \leq 1$. Daher ist die Ergebnismenge das im Bild dargestellte Quadrat mit dem Flächeninhalt 1. Die Wahrscheinlichkeit dafür, daß das Paar (a; b) in einem bestimmten Teilgebiet des Einheitsquadrates liegt, ist gleich dem Flächeninhalt dieses Gebietes. Die quadratische Gleichung hat genau dann reellwertige Lösungen, wenn die Bedingung

$$a^2 - 4b \geq 0 \text{ , d. h. } b \leq \frac{a^2}{4}$$

erfüllt ist, wenn also der Punkt (a; b) im roten Bereich liegt.
Dieser Bereich besitzt den Flächeninhalt

$$F = \int_0^1 \frac{a^2}{4}\, d a = \left[\frac{a^3}{12}\right]_0^1 = \frac{1}{12} .$$

Somit lautet die gesuchte Wahrscheinlichkeit $p = \frac{1}{12}$.

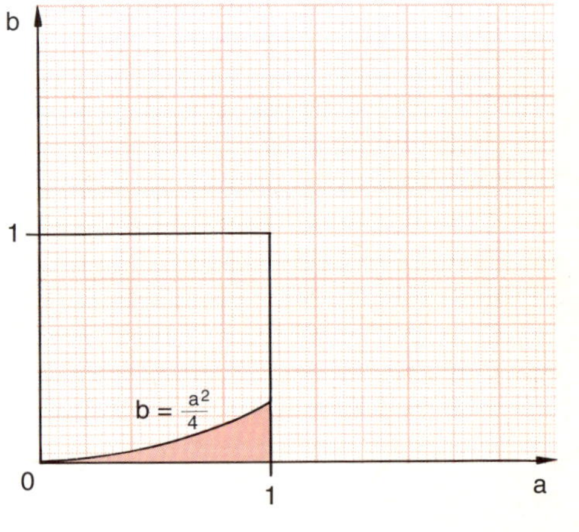

6. In der quadratischen Gleichung $x^2 + ax + b = 0$ sollen die Zahlen a, b zufällig aus dem Intervall [0; 16] ausgewählt werden.
Berechnen Sie die Wahrscheinlichkeit dafür, daß die Gleichung reelle Nullstellen besitzt.

Für die geometrische Wahrscheinlichkeit gilt:

Eigenschaften der geometrischen Wahrscheinlichkeit:

1) $0 \leq P(A) \leq 1$ für jedes Ereignis A;

2) $P(\Omega) = 1$ und $P(\emptyset) = 0$;

3) $P(A \cup B) = P(A) + P(B)$ für $A \cap B = \emptyset$ (unvereinbare Ereignisse);

4) $P(A \cup B) = P(A) + P(B) - P(A \cap B)$ für beliebige Ereignisse;

5) $P(\overline{A}) = 1 - P(A)$.

Diese Eigenschaften der geometrischen Wahrscheinlichkeit folgen unmittelbar aus den entsprechenden Eigenschaften der Längen- und Flächenberechnung. Der Inhalt einer Fläche, die in zwei disjunkte Teilflächen zerlegt werden kann, ist die Summe der Inhalte der beiden Teilflächen. Die entsprechende Eigenschaft gilt auch für Längen von Intervallen.

Die Eigenschaften der geometrischen Wahrscheinlichkeit gelten auch für die Laplace-Wahrscheinlichkeit sowie für die relative Häufigkeit.

Aufgaben

7. Auf einer Strecke der Länge Eins werden zufällig und unabhängig voneinander zwei Punkte A und B markiert. Berechnen Sie die Wahrscheinlichkeiten für folgende Ereignisse:
a) "Der Punkt B liegt näher am linken Endpunkt als der Punkt A";
b) "Der Punkt B liegt näher am Punkt A als am linken Endpunkt";
c) "Der Punkt B liegt näher am Punkt A als der linke Endpunkt".

8. Zwei Personen wollen sich folgendermaßen treffen:
Jede der beiden Personen kommt zwischen 16 und 17 Uhr zu einem zufällig gewählten Zeitpunkt an einen bestimmten Ort und wartet höchstens eine Viertelstunde auf den anderen. Mit welcher Wahrscheinlichkeit treffen sie sich tatsächlich?

9. An einem Stab der Länge Eins werden unabhängig voneinander zufällig zwei Stellen markiert. An diesen Stellen wird der Stab durchgesägt. Gesucht ist die Wahrscheinlichkeit dafür, daß aus den so gewonnenen (drei) Stücken ein Dreieck gebildet werden kann.

Hinweis: Bezeichnen Sie die erste Markierungsstelle mit x und die zweite mit y. Benutzen Sie die Fallunterscheidungen $x \leq y$ und $x \geq y$ und wenden Sie dreimal die Dreiecksungleichung an, nach der in einem Dreieck die Summe zweier Seitenlängen größer als die Länge der dritten Seite ist.

10. In einer Ebene seien parallele Geraden mit dem jeweiligen Abstand a gezogen. Auf diese Ebene werde zufällig eine Münze mit dem Durchmesser d geworfen. Mit welcher Wahrscheinlichkeit liegt die Münze auf keiner Geraden?
Hinweis: Beachten Sie Fallunterscheidungen.
Zahlenbeispiel $d = \frac{a}{2}$.

11. Auf das nebenstehende Raster wird eine Münze vom Durchmesser d zufällig geworfen.

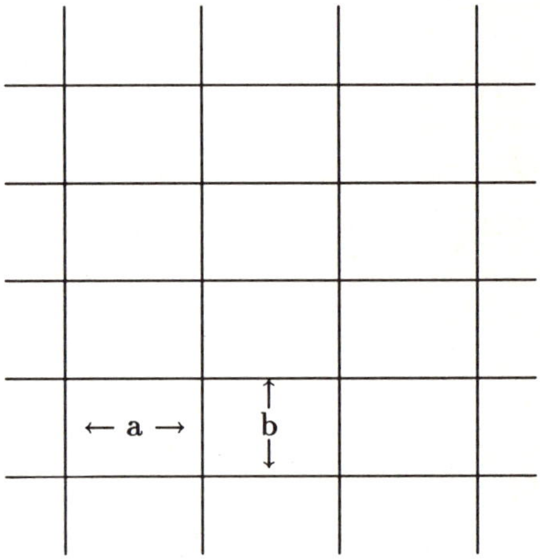

a) Mit welcher Wahrscheinlichkeit liegt sie im Innern eines Rechteckes?

b) Wie groß muß im Falle eines quadratischen Gitters die Seitenlänge bei vorgegebenem d sein, damit die entsprechende Wahrscheinlichkeit gleich $\frac{1}{2}$ ist?

Hinweis: Benutzen Sie Fallunterscheidungen für die Größen d, a und b.

12. In der quadratischen Gleichung $x^2 + ax + b = 0$ sollen die Zahlen a, b zufällig aus dem Intervall $[0; K]$, $K > 0$ ausgewählt werden.

a) Berechnen Sie die Wahrscheinlichkeit P_K, mit der die quadratische Gleichung $x^2 + ax + b = 0$ reelle Nullstellen besitzt. Welche Fallunterscheidungen sind dabei für K notwendig?

b) Berechnen Sie den Grenzwert $\lim\limits_{K \to \infty} P_K$.

L 3.5 Axiomatische Definition einer allgemeinen Wahrscheinlichkeit

In diesem Abschnitt werden Wahrscheinlichkeiten für Modelle eingeführt, bei denen weder die klassische Wahrscheinlichkeit noch geometrische Wahrscheinlichkeiten benutzt werden können. Im allgemeinen sind diese Wahrscheinlichkeiten nicht direkt berechenbar. Aus diesem Grund müssen sie in der Regel geschätzt werden, z. B. mit Hilfe der relativen Häufigkeit. Aussagen über die Güte solcher Schätzungen werden in der beurteilenden Statistik gemacht.

Allgemeine Wahrscheinlichkeit bei endlicher Ergebnismenge

Bei der klassischen Wahrscheinlichkeit muß vorausgesetzt werden, daß es nur endlich viele verschiedene Versuchsergebnisse gibt, bei denen keines bevorzugt auftritt, die also alle gleichwahrscheinlich sind. Falls keine gleichmäßige Verteilung vorliegt, darf dieser Wahrscheinlichkeitsbegriff nicht verwendet werden. Dazu das

Beispiel 1 (verfälschter Würfel): In einem Holzwürfel aus homogenem Material sei an der Seite, auf der die Zahl 1 steht, eine homogene, überall gleich dicke Stahlplatte eingearbeitet. In diesem Modell ist zwar die Ergebnismenge $\Omega = \{1, 2, 3, 4, 5, 6\}$ endlich, die Versuchsausgänge sind jedoch nicht mehr gleichwahrscheinlich. Die Augenzahl 6 wird wohl am häufigsten, die 1 am seltensten auftreten.

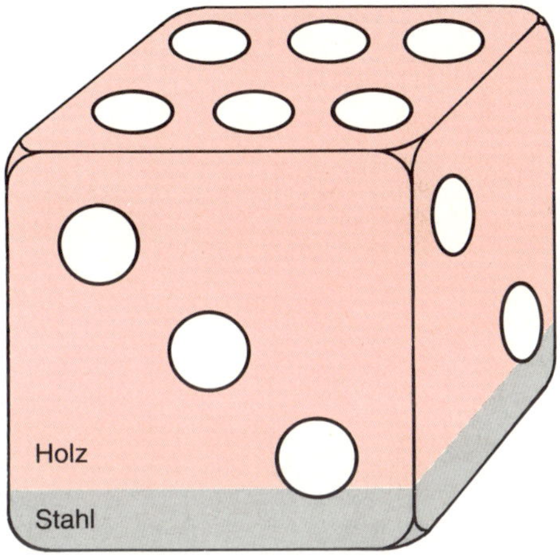

Wegen der Beschaffenheit des Würfels kann man davon ausgehen, daß die restlichen 4 Augenzahlen jeweils die gleiche Wahrscheinlichkeit p besitzen. Wir setzen

$$p_1 = P(\{1\})\,;\; p_6 = P(\{6\})\,;\;\; p = P(\{2\}) = P(\{3\}) = P(\{4\}) = P(\{5\}).$$

Das wahrscheinlichkeitstheoretische Modell enthält also drei unbekannte Wahrscheinlichkeiten. Da diese Wahrscheinlichkeiten als Prognosewerte für die relativen Häufigkeiten dienen sollen, dürfen sie nicht negativ sein. Es ist naheliegend, von den Wahrscheinlichkeiten Eigenschaften zu fordern, die auch die relativen Häufigkeiten sowie die klassische und die geometrischen Wahrscheinlichkeiten erfüllen, und zwar

$$P(A \cup B) = P(A) + P(B) \text{ für } A \cap B = \emptyset \qquad \textbf{(Additivität)};$$

$$P(\Omega) = 1 \qquad \textbf{(Normierung)}.$$

Daraus erhält man in unserem Beispiel die Bedingung

$$1 = P(\Omega) = \sum_{i=1}^{6} P(\{i\}) = p_1 + 4 \cdot p + p_6\,;\;\; p = \frac{1}{4} \cdot (1 - p_1 - p_6)\,.$$

Damit hängt das Modell nur von den beiden unbekannten Wahrscheinlichkeiten p_1 und p_6 ab. Diese wiederum sind abhängig von der Stärke der Stahlplatte. Schätzwerte (Näherungswerte) für diese unbekannten Wahrscheinlichkeiten erhält man über die relativen Häufigkeiten durchgeführter Serien:

$$p_1 \approx r_n(\{1\})\ ;\quad p_6 \approx r_n(\{6\}) .$$

Mit $p_1 = 0{,}1$ und $p_6 = 0{,}3$ erhält man z. B.

Augenzahl	1	2	3	4	5	6
Wahrscheinlichkeiten	0,1	0,15	0,15	0,15	0,15	0,3

Hieraus erhält man die Wahrscheinlichkeit

$$P(\text{gerade Augenzahl}) = 0{,}15 + 0{,}15 + 0{,}3 = 0{,}6\ .$$

1. Berechnen Sie in Beispiel 1 die Wahrscheinlichkeiten folgender Ereignisse:
U: "Eine ungerade Augenzahl wird geworfen" ;
B: "Die geworfene Augenzahl ist mindestens gleich vier".

Definition (allgemeine Wahrscheinlichkeit bei endlicher Ergebnismenge):
$\Omega = \{\omega_1, \omega_2, \ldots, \omega_m\}$ sei eine endliche Ergebnismenge mit m Elementen.

Durch $p_i = P(\{\omega_i\})$ für $i = 1, 2, \ldots, m$ werden den Elementarereignissen Wahrscheinlichkeiten zugeordnet, wenn folgende Bedingungen erfüllt sind:

a) $0 \leq p_i \leq 1$ für $i = 1, 2, \ldots, m$;

b) $p_1 + p_2 + p_3 + \ldots + p_m = \sum_{i=1}^{m} p_i = 1$.

Zur Berechnung der Wahrscheinlichkeit P(A) des Ereignisses A müssen die Wahrscheinlichkeiten derjenigen Elementarereignisse addiert werden, aus denen A besteht.

2. Gegeben sind zwei verfälschte Würfel mit den in der nachfolgenden Tabelle angegebenen Wahrscheinlichkeiten:

Augenzahl	1	2	3	4	5	6
Würfel 1	0,05	0,1	0,1	0,1	0,1	0,55
Würfel 2	0,02	0,05	0,05	0,05	0,05	0,78

Berechnen Sie die Wahrscheinlichkeiten, mit denen man mit den einzelnen Würfeln eine gerade Augenzahl wirft.

3. Gegeben sind folgende Wahrscheinlichkeiten:

Versuchsergebnis	1	2	3	4
Wahrscheinlichkeit	0,1	0,5	0,05	0,35

Zeigen Sie mit den Ereignissen $A = \{1,2,3\}$, $B = \{2,3,4\}$, daß allgemein die Formel $P(B \cap \overline{A}) = P(B) - P(A)$ nicht gilt.

4. Es sei $\Omega = \{1,2,\ldots,m\}$ und $p_i = P(\{i\}) = c \cdot i$ mit einer Konstanten c. Berechnen Sie diese Konstante c.

Allgemeine Wahrscheinlichkeit bei abzählbar unendlicher Ergebnismenge

Falls die Ergebnismenge $\Omega = \{\omega_1, \omega_2, \ldots, \omega_n, \ldots\}$ abzählbar unendlich ist, kann es auf Ω keine klassische Wahrscheinlichkeit geben. Denn hätte jedes Elementarereignis $\{\omega_i\}$ die gleiche Wahrscheinlichkeit $p > 0$, so müßte das sichere Ereignis die Wahrscheinlichkeit ∞ (beliebig viele Summanden p) besitzen.

Im allgemeinen Fall müssen abzählbar unendlich viele Wahrscheinlichkeiten $p_i = P(\{\omega_i\})$ gegeben sein mit

$$0 \le p_i \le 1 \quad \text{für } i = 1,2,3,\ldots \quad \text{und} \quad \sum_{i=1}^{\infty} p_i = 1\,.$$

Zur Berechnung der Wahrscheinlichkeit eines beliebigen Ereignisses A müssen die Wahrscheinlichkeiten derjenigen Elementarereignisse addiert werden, aus denen das Ereignis A besteht.
Bei diesem Modell können also unendliche Summen auftreten.

Beispiel 2: Mit einer idealen Münze werde so lange geworfen, bis erstmals Wappen erscheint. Dabei interessiert man sich für die Anzahl der benötigten Würfe. Die Ergebnismenge lautet $\Omega = \{1,2,3,\ldots\}$. Die Wahrscheinlichkeit dafür, daß genau i Würfe benötigt werden, wird bei der geometrischen Verteilung berechnet (Abschnitt 10.3). Sie lautet $p_i = P(\{i\}) = \frac{1}{2^i}$ für $i = 1,2,\ldots$.
Wegen

$$\sum_{i=1}^{\infty} \frac{1}{2^i} = \frac{1}{2} \cdot \sum_{k=0}^{\infty} \left(\frac{1}{2}\right)^k = \frac{1}{2} \cdot \frac{1}{1-\frac{1}{2}} = 1$$

ist durch $p_i = \frac{1}{2^i}$ auf Ω tatsächlich eine Wahrscheinlichkeit erklärt.
Die Wahrscheinlichkeit für eine gerade Anzahl benötigter Würfe lautet

$$P(G) = P(\{2,4,6,\ldots\}) = \frac{1}{4} + \frac{1}{16} + \frac{1}{64} + \ldots$$

$$= \frac{1}{4} \cdot \left(1 + \frac{1}{4} + \frac{1}{16} + \ldots\right) = \frac{1}{4} \cdot \sum_{k=0}^{\infty} \left(\frac{1}{4}\right)^k = \frac{1}{4} \cdot \frac{1}{1-\frac{1}{4}} = \frac{1}{3}\,.$$

Die Wahrscheinlichkeit für eine ungerade Anzahl notwendiger Würfe ist

$$P(U) = P(\{1,3,5,\dots\}) = \tfrac{1}{2} + \tfrac{1}{8} + \tfrac{1}{32} + \dots$$
$$= \tfrac{1}{2}\cdot\left(1 + \tfrac{1}{4} + \tfrac{1}{16} + \dots\right) = \tfrac{1}{2}\cdot\sum_{k=0}^{\infty}\left(\tfrac{1}{4}\right)^k = \tfrac{2}{3} = 1 - P(G).$$

Die Wahrscheinlichkeit dafür, daß bis zum erstmaligen Erscheinen von Wappen höchstens n Würfe notwendig sind, erhält man in der Form

$$P_n = P(\{1,2,\dots,n\}) = \sum_{i=1}^{n}\frac{1}{2^i} = \tfrac{1}{2}\cdot\sum_{k=0}^{n-1}\left(\tfrac{1}{2}\right)^k$$
$$= \tfrac{1}{2}\cdot\frac{1-\left(\frac{1}{2}\right)^n}{1-\frac{1}{2}} = 1 - \frac{1}{2^n} \quad \text{für } n = 1,2,\dots.$$

5. In Beispiel 2 sei $A = \{2k \mid k = 1,2,\dots\}$, $B = \{10,11,12,13,\dots\}$.
Berechnen Sie die Wahrscheinlichkeiten $P(A)$, $P(\overline{A})$ und $P(B)$.

6. Es sei $\Omega = \mathbb{N}^*$ und $P(\{i\}) = \frac{c}{3^i}$ für $i \in \mathbb{N}^* = \{1,2,..\}$ mit einer Konstanten c.
a) Bestimmen Sie die Konstante c.
b) Es sei $A_n = \{1,2,\dots,n\}$, n fest.
Berechnen Sie die Wahrscheinlichkeiten $P(A_n)$, $P(\overline{A}_n)$, $P(A_n \cap \overline{A}_m)$.
Hinweis: Benutzen Sie Fallunterscheidungen für $n, m \in \mathbb{N}^*$.

7. Es sei $\Omega = \{1,2,3,\dots\}$. Für die einzelnen Wahrscheinlichkeiten gelte:

$$P(\{i+1\}) = \frac{P(\{i\})}{10} \quad \text{für } i = 1,2,\dots.$$

Berechnen Sie die einzelnen Wahrscheinlichkeiten.

8. Berechnen Sie in Beispiel 2 die Wahrscheinlichkeiten für die Ereignisse
A: "Es werden höchstens drei Versuche benötigt";
B_n: "Es sind mindestens n Versuche notwendig".

9. Es sei $\Omega = \mathbb{N}^*$ und $P(\{i\}) = c\cdot q^i$ für $i \in \mathbb{N}^* = \{1,2,\dots\}$.
a) Welche Bedingung muß die Konstante q erfüllen, damit hierdurch Wahrscheinlichkeiten erklärt werden können?
b) Bestimmen Sie die Konstante c.

Axiomatische Definition einer allgemeinen Wahrscheinlichkeit

Falls die Ergebnismenge Ω ein ganzes Intervall oder eine Fläche ist und geometrische Wahrscheinlichkeiten nicht benutzt werden können, hat es kaum einen Sinn, für jedes der unendlich vielen Versuchsergebnisse eine Wahrscheinlichkeit vorzugeben. Bei den meisten Modellen sind diese Wahrscheinlichkeiten gleich Null. Im allgemeinen wird man Wahrscheinlichkeiten für Teilintervalle oder Teilflächen vorgeben oder schätzen. Da auch diese Wahrscheinlichkeit als Prognosewert für eine relative Häufigkeit benutzt werden soll, ist es naheliegend, von ihr Eigenschaften zu fordern, welche die relative Häufigkeit erfüllt.

Man wird natürlich versuchen, mit einer möglichst kleinen Anzahl geforderter Eigenschaften (Axiome) auszukommen. Diese Axiome selbst legen zwar die Wahrscheinlichkeiten nicht fest, doch kann mit ihnen eine allgemeine mathematische Theorie entwickelt werden, mit deren Hilfe es z. B. möglich ist, unbekannte Wahrscheinlichkeiten gut zu schätzen (s. Abschnitt 16.1).

Damit es sich tatsächlich um eine Verallgemeinerung der klassischen und der geometrischen Wahrscheinlichkeit handelt, müssen die Axiome von diesen Wahrscheinlichkeiten erfüllt werden.

A. N. Kolmogorow *) hat drei Axiome vorgeschlagen. Es sind diejenigen Eigenschaften, die wir bereits bei endlichen und abzählbar unendlichen Ergebnismengen in den vorangehenden Abschnitten benutzt haben.

Axiomatische Definition einer Wahrscheinlichkeit:
Eine auf einem System von Ereignissen definierte Funktion P heißt **Wahrscheinlichkeit**, wenn sie folgende Eigenschaften besitzt:

(K1) Für jedes Ereignis A gilt $0 \leq P(A) \leq 1$.

(K2) Das sichere Ereignis besitzt die Wahrscheinlichkeit 1, es gilt also

$P(\Omega) = 1$ (**Normierung**).

(K3) Für zwei unvereinbare Ereignisse A und B gilt

$P(A \cup B) = P(A) + P(B)$ (**Additivität**).

Aus den geforderten Eigenschaften einer Wahrscheinlichkeit lassen sich unmittelbar weitere ableiten. Einige dieser Folgerungen sind im nachfolgenden Satz angegeben. Sie können zur praktischen Berechnung von Wahrscheinlichkeiten sehr nützlich sein.

---

*) A. N. Kolmogorow (1909 - 1987) war ein sowjetischer Mathematiker, der in den dreißiger Jahren dieses Jahrhunderts erstmals den allgemeinen Wahrscheinlichkeitsbegriff widerspruchsfrei eingeführt hat. Er beschäftigte sich mit der mathematischen Statistik.

Satz: Aus den Axiomen (K1), (K2), (K3) einer Wahrscheinlichkeit folgt:

1) $P(\overline{A}) = 1 - P(A)$ für jedes Ereignis A.

2) Es ist $P(\emptyset) = 0$.

3) Aus $A \subseteq B$ folgt $P(A) \leq P(B)$ und $P(B \cap \overline{A}) = P(B) - P(A)$.

4) $P(A_1 \cup A_2 \cup \ldots A_n) = \sum_{i=1}^{n} P(A_i)$, falls $A_i \cap A_k = \emptyset$ für $i \neq k$ (endliche Additivität für paarweise unvereinbare Ereignisse).

5) Für zwei beliebige Ereignisse A, B gilt $P(A \cup B) = P(A) + P(B) - P(A \cap B)$.

Beweis: Es soll nur die Eigenschaft 5) bewiesen werden. Der Nachweis der übrigen Eigenschaften wird in der nachfolgenden Aufgabe 10 verlangt.

Für zwei beliebige Ereignisse A und B gilt $A \cup B = A \cup (\overline{A} \cap B)$.

A und $\overline{A} \cap B$ sind dabei unvereinbar. Daher gilt nach (K3)

$$P(A \cup B) = P(A) + P(\overline{A} \cap B).$$

$B = (A \cap B) \cup (\overline{A} \cap B)$ ergibt $P(B) = P(A \cap B) + P(\overline{A} \cap B)$, also

$$P(\overline{A} \cap B) = P(B) - P(A \cap B).$$

Setzt man diesen Ausdruck in die obige Gleichung ein, so erhält man

$$P(A \cup B) = P(A) + P(B) - P(A \cap B).$$

10. Beweisen Sie die Eigenschaften 1) bis 4) des obigen Satzes.

Bemerkung:

Bei unendlichen Ereignissystemen muß (K3) ersetzt werden durch

(K3') Ist $A_1 \cup A_2 \cup \ldots = \bigcup_{i=1}^{\infty} A_i$ eine Vereinigung von abzählbar vielen paarweise unvereinbaren Ereignissen, so gilt

$$P\left(\bigcup_{i=1}^{\infty} A_i\right) = \sum_{i=1}^{\infty} P(A_i).$$

11. Formulieren Sie das Axiom (K3') in Worten.

Aus (K3) folgt nach 4) die **endliche Additivität** einer Wahrscheinlichkeit für die Vereinigung von n paarweise unvereinbaren Ereignissen. Dabei kann zwar n beliebig groß sein, trotzdem folgt daraus noch nicht die Eigenschaft (K3').

Um aus $P(A_1 \cup A_2 \cup \ldots A_n) = \sum_{i=1}^{n} P(A_i)$ das Axiom (K3') zu erhalten, müßte der Grenzwert für $n \to \infty$ berechnet werden. Auch wenn beide Ausdrücke für jedes endliche n gleich sind, müssen ihre Grenzwerte nicht übereinstimmen.

Aus (K3) folgt also nicht ohne weiteres (K3').

Aus der endlichen Additivität der Wahrscheinlichkeit P folgt noch nicht die Additivität der Wahrscheinlichkeit bei abzählbar unendlich vielen paarweise unvereinbaren Ereignissen.

Aus (K3') folgt jedoch (K3).

Zum Beweis setzt man in (K3') $A_1 = A$, $A_2 = B$ und $A_i = \emptyset$ für $i = 3, 4, 5, \ldots\ldots$

Beispiel 3: Gegeben sind die Wahrscheinlichkeiten

$$P(A) = 0{,}3 \; ; \; P(B) = 0{,}4 \quad \text{und} \quad P(A \cap B) = 0{,}1 .$$

Hieraus erhält man

$$P(\overline{A}) = 1 - P(A) = 0{,}7 \; ; \quad P(\overline{B}) = 1 - P(B) = 0{,}6 \; ;$$

$$P(A \cup B) = P(A) + P(B) - P(A \cap B) = 0{,}6 .$$

In $A = (A \cap \overline{B}) \cup (A \cap B)$ steht auf der rechten Seite eine Vereinigung von zwei unvereinbaren Ereignissen. Damit folgt aus der Additivität der Wahrscheinlichkeit

$$P(A \cap \overline{B}) = P(A) - P(A \cap B) = 0{,}2 .$$

12. Berechnen Sie mit den Angaben aus Beispiel 3 die Wahrscheinlichkeiten der Ereignisse $\overline{A} \cap B$; $\overline{A} \cap \overline{B}$ und $\overline{A} \cup \overline{B}$.

Aufgaben

13. Gegeben sind die Wahrscheinlichkeiten

$P(A) = 0{,}3$; $P(B) = 0{,}4$; $P(A \cup B) = 0{,}5$.

Berechnen Sie $P(A \cap B)$; $P(\overline{A} \cap \overline{B})$; $P(\overline{A} \cap B)$; $P(A \cap \overline{B})$.

14. Beweisen Sie die Eigenschaft

$$P(A \cup B \cup C) = P(A) + P(B) + P(C) - P(A \cap B) - P(A \cap C) - P(B \cap C) + P(A \cap B \cap C) .$$

Hinweis: Benutzen Sie die Formel $P(A \cup B) = P(A) + P(B) - P(A \cap B)$.

15. Zeigen Sie, daß für jedes $n \in \mathbb{N}^*$ gilt

$$P(A_1 \cup A_2 \cup .... \cup A_n) \leq P(A_1) + P(A_2) + ... + P(A_n) .$$

16. Gegeben sind folgende Wahrscheinlichkeiten:

$$P(A) = 0{,}7 ; \quad P(B) = 0{,}2 \text{ und } P(A \cap \overline{B}) = 0{,}6 .$$

Berechnen Sie hieraus die Wahrscheinlichkeiten für die Ereignisse

$$A \cap B ; \ \overline{A} \cup \overline{B} ; \ \overline{A} \cap B ; \overline{A} \cap \overline{B} ; A \cup B .$$

17. Gegeben sind folgende Wahrscheinlichkeiten:

$$P(A \cap B) = 0{,}5 ; \quad P(\overline{A} \cap \overline{B}) = 0{,}2 ; \quad P(A) = 0{,}6 .$$

Berechnen Sie daraus die Wahrscheinlichkeiten:

$$P(A \cap \overline{B}) ; P(A \cup B) ; P(\overline{A \cup B}) ; \ P(B) ; P(\overline{A} \cap B) ; \ P(\overline{A} \cup \overline{B}) .$$

18. Ein Zufallexperiment besitze die Ergebnismenge $\Omega = \{\omega_1, \omega_2, \omega_3\}$ mit $P(\{\omega_1\}) = 0{,}2$; $P(\{\omega_2\}) = 0{,}5$.

Berechnen Sie die Wahrscheinlichkeiten für alle möglichen Ereignisse.

19. Beweisen Sie folgende Eigenschaft:

Aus $P(A) = P(B) = 1$ folgt $P(A \cap B) = 1$.

20. Gegeben sind die Wahrscheinlichkeiten

$P(A) = 0{,}35$; $P(B) = 0{,}30$; $P(A \cap B) = 0{,}15$. Berechnen Sie

$P(A \cup B)$; $P(\overline{A} \cup \overline{B})$; $P(\overline{A} \cap \overline{B})$; $P(A \cap \overline{B})$; $P(\overline{A} \cap B)$.

21. Gegeben sind die Wahrscheinlichkeiten $P(A) = 0{,}7$; $P(A \cap B) = 0{,}3$ und $P(\overline{A} \cap \overline{B}) = 0{,}2$.

Berechnen Sie daraus die Wahrscheinlichkeiten $P(A \cup B)$; $P(B)$; $P(A \cap \overline{B})$ und $P(\overline{A} \cap B)$.

4 Kombinatorik (Modelle zur Berechnung von Laplace-Wahrscheinlichkeiten)

Zur Berechnung von Laplace-Wahrscheinlichkeiten müssen die Anzahl der für ein Ereignis A günstigen und die Anzahl der insgesamt möglichen Fälle bestimmt werden. Bei einstufigen (einfachen) Zufallsexperimenten ist das Abzählen im allgemeinen recht einfach, nicht jedoch bei mehrstufigen Auswahlverfahren wie z. B. bei der Lotto-Ausspielung, wo sechs Gewinnzahlen gezogen werden. Ziel der Kombinatorik ist es, die Anzahl der günstigen und der möglichen Fälle zu bestimmen. Dabei hängen die gesuchten Anzahlen der Fälle davon ab, ob das Ziehen mit oder ohne zwischenzeitlichem Zurücklegen erfolgt und ob es bei den Auswahlverfahren auf die Reihenfolge ankommt. Die jeweilige Anzahl darf jedoch nur dann zur Berechnung von Laplace-Wahrscheinlichkeiten benutzt werden, wenn sichergestellt ist, daß jedes Versuchsergebnis auch tatsächlich die gleiche Wahrscheinlichkeit besitzt. Die verschiedenen Auswahlverfahren werden im nachfolgenden Beispiel deutlich.

Einführungsbeispiel : Unter 20 Personen sollen vier Preise verteilt werden. Dazu müssen aus der Grundmenge der zwanzig Personen vier zufällig ausgewählt werden. Zur Berechnung der Anzahl der Verteilungsmöglichkeiten werden die folgenden Situationen betrachtet:

1) Die gleiche Person kann höchstens einen Preis bekommen;
2) die gleiche Person kann mehrere, evtl. sogar alle vier Preise erhalten.

a) Alle Preise sind verschieden;
b) alle Preise sind gleich.

Damit erhält man vier verschiedene Modelle, nämlich:

1a) Eine Person kann höchstens einen Preis erhalten, und alle Preise sind verschieden.
1b) Eine Person kann höchstens einen Preis erhalten, und alle Preise sind gleich.

2a) Eine Person kann mehrere Preise erhalten, und alle Preise sind verschieden.
2b) Eine Person kann mehrere Preise erhalten, und alle Preise sind gleich.

Diese vier Fälle sind im folgenden Schema übersichtlich dargestellt.

	alle Preise sind verschieden	alle Preise sind gleich
höchstens einen Preis für die gleiche Person	1a)	1b)
mehrere Preise für die gleiche Person	2 a)	2 b)

Zur Berechnung der Anzahl der verschiedenen Verteilungsmöglichkeiten benötigt man somit verschiedene Modelle, die im nachfolgenden behandelt werden. Vorher soll jedoch noch ein allgemeines Verfahren angegeben werden, welches in der Kombinatorik sehr oft benutzt wird.

4.1 Allgemeines Zählprinzip (Produktregel)

Ein Zufallsexperiment bestehe aus k Stufen (s. Abschnitt 1.1). Falls in der i-ten Stufe das Ergebnis a_i eintritt, kann das Ergebnis des gesamten k-stufigen Zufallsexperiments als **k-Tupel** $(a_1, a_2, a_3, \dots, a_k)$ dargestellt werden, wobei es auf die Reihenfolge ankommt. Die k-Tupel können als Pfade in einem Baumdiagramm dargestellt werden, wobei die Pfade die Ergebnisse der einzelnen Stufen darstellen. Aus den Baumdiagrammen erhält man unmittelbar die nachfolgende Produktregel.

Produktregel der Kombinatorik: Für die möglichen k-Tupel gelte:

Für die Besetzung der ersten Stelle a_1 gebe es n_1 Möglichkeiten,
für die Besetzung der zweiten Stelle a_2 gebe es dann n_2 Möglichkeiten,
für die Besetzung der dritten Stelle a_3 gebe es dann n_3 Möglichkeiten,

. . .

für die Besetzung der k-ten Stelle a_k gebe es schließlich n_k Möglichkeiten.

Dann besitzt das Gesamtexperiment unter Berücksichtigung der Reihenfolge $n_1 \cdot n_2 \cdot n_3 \cdot \ldots \cdot n_k$ verschiedene Ergebnisse (k-Tupel).

Beispiel (Autokennzeichen): Ein Autokennzeichen bestehe neben dem Städte-Symbol aus einem oder zwei Buchstaben sowie aus einer ein- bis vierziffrigen Zahl. Wie viele verschiedene Kennzeichen können damit für eine bestimmte Stadt ausgegeben werden, wenn 26 Buchstaben zur Wahl stehen und sämtliche Kombinationen verwendet werden?
Beispiel: S – K – 1467 ; S – RE – 8766.
Da höchstens zwei Buchstaben benutzt werden, besteht die erste Stelle aus einem Buchstaben oder aus einer Leerstelle. Daher gibt es für die erste Stelle insgesamt 27 Auswahlmöglichkeiten (26 Buchstaben und die Leerstelle). Für die zweite Stelle gibt es nur 26 Auswahlmöglichkeiten (26 Buchstaben). Für die Zahl gibt es schließlich 9999 Möglichkeiten. Produktbildung liefert die gesuchte Anzahl $27 \cdot 26 \cdot 9999 = 7\,019\,298$.

Aufgaben

1. Elke hat zwei Mützen, vier Blusen, drei Röcke und 2 Paar Schuhe, die alle zueinander passen. Auf wie viele verschiedene Arten kann sie sich damit kleiden?

2. Wie viele vierziffrige Zahlen gibt es, bei denen alle Ziffern ungerade sind?

4.2 Auswahlmöglichkeiten ohne Wiederholung (ohne Zurücklegen)

Aus n verschiedenen Dingen sollen k Stück ohne Wiederholung ausgewählt werden. "Ohne Wiederholung" (ohne Zurücklegen) bedeutet dabei, daß bereits gezogene Elemente vor dem nächsten Zug nicht zur Grundmenge zurückgelegt werden dürfen. Ein mögliches Modell für die n verschiedenen Dinge sind zum Beispiel n Kugeln in einer Urne, die von 1 bis n numeriert sind.

Auswahlmöglichkeiten ohne Wiederholung unter Berücksichtigung der Reihenfolge

Beispiel 1: Unter 20 Personen sollen vier verschiedene Preise verteilt werden, wobei jede Person höchstens einen Preis erhalten kann. Hier handelt es sich um den Fall 1a) des Einführungsbeispiels. Für die verschiedenen Preise werden der Reihe nach Personen ausgewählt. Dazu kann das folgende Modell benutzt werden: Jeder der 20 Personen ordnet man eine Kugel mit dem aufgedruckten Namen oder einer bestimmten Nummer zu. Für jeden Preis wird eine Kugel ausgewählt, wobei die zugeordnete Person diesen Preis erhält. Da jede Person höchstens einen Preis erhalten darf, nehmen die bereits gezogenen Kugeln an der nächsten Ziehung nicht mehr teil. Es werden also vier Kugeln ohne Wiederholung ausgewählt, wobei die Reihenfolge der Ziehung eine Rolle spielt.

Allgemein sollen aus n verschiedenen Dingen k Stück ohne Wiederholung (ohne Zurücklegen) gezogen werden, wobei die Reihenfolge der Ziehung wichtig ist.

Da die Ziehungsreihenfolge eine Rolle spielen soll, müssen die Dinge einzeln nacheinander ausgewählt werden. Für die erste Auswahl gibt es n Möglichkeiten. Da das zuerst augewählte Element nicht mehr gezogen werden kann, gibt es für die zweite Auswahl nur noch $n-1$ Möglichkeiten. Für die dritte verbleiben noch $n-2$ Möglichkeiten. Damit erhält man für $k = 3$ das nebenstehende Baumdiagramm. Für die vierte Auswahl verbleiben noch $n-3$ Möglichkeiten usw., schließlich gibt es für die k-te Auswahl noch $n-(k-1) = n-k+1$ Möglichkeiten. Das allgemeine Zählprinzip (Produktregel) liefert:

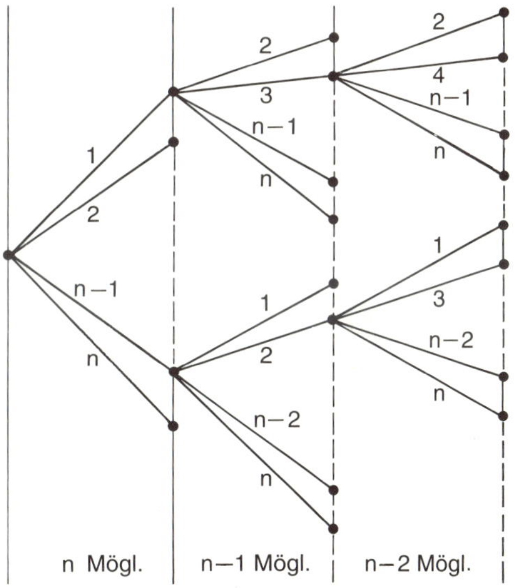

Satz: Aus n verschiedenen Elementen kann man unter Berücksichtigung der Reihenfolge und ohne zwischenzeitliches Zurücklegen (ohne Wiederholung) k Stück auf

$$n \cdot (n-1) \cdot (n-2) \cdot \ldots\ldots\ldots \cdot (n-k+1)$$

verschiedene Arten auswählen.

Beispiel 2: Die Anzahl der verschiedenen Verteilungsmöglichkeiten der vier verschiedenen Preise unter 20 Personen aus Beispiel 1 erhält man mit $n = 20$ und $k = 4$ als $20 \cdot 19 \cdot 18 \cdot 17 = 116\,280$.

Gesucht ist die Wahrscheinlichkeit dafür, daß bei einer zufälligen Auswahl der Schüler Werner keinen Preis erhält. Da dieser Schüler nicht ausgewählt werden darf, gibt es für die erste Auswahl nur 19, für die zweite 18, für die dritte 17 und für die vierte 16 Möglichkeiten. Für dieses Ereignis gibt es damit $19 \cdot 18 \cdot 17 \cdot 16$ günstige Fälle.

Die gesuchte Wahrscheinlichkeit lautet $p = \frac{19 \cdot 18 \cdot 17 \cdot 16}{20 \cdot 19 \cdot 18 \cdot 17} = \frac{4}{5}$.

Beispiel 3: Gesucht ist die Anzahl aller a) höchstens vierziffrigen, b) genau vierziffrigen Zahlen, deren Ziffern alle verschieden sind. Jeder Ziffer wird eine Kugel mit der entsprechenden Nummer zugeordnet. Da alle Ziffern verschieden sein sollen, muß die Ziehung ohne Wiederholung erfolgen, wobei die Reihenfolge der Ziehung wesentlich ist.

Zunächst werde die Tausender-, danach die Hunderter-, dann die Zehner-, schließlich die Einerstelle ausgewählt,

z.B.	3	6	8	9	
	1.	2.	3.	4.	Zug

a) Da hier Zahlen mit weniger als vier Ziffern zugelassen sind, darf beim ersten Zug auch die 0 ausgewählt werden. Damit erhält man die gesuchte Anzahl

$$10 \cdot 9 \cdot 8 \cdot 7 = 5\,040\,.$$

b) Damit die Zahl vierziffrig wird, darf beim ersten Zug keine 0 ausgewählt werden. Somit gibt es für den ersten Zug 9 Möglichkeiten. Für den zweiten Zug bleiben die restlichen 8 von 0 verschiedenen Ziffern sowie die 0 übrig. Somit gibt es für den zweiten Zug ebenfalls 9 Möglichkeiten. Für den dritten gibt es 8 und für den vierten 7 Möglichkeiten. Somit lautet die Anzahl

$$9 \cdot 9 \cdot 8 \cdot 7 = 4\,536\,.$$

1. Wie viele Buchstabenfolgen mit vier verschiedenen Buchstaben kann man aus neun verschiedenen Buchstaben bilden?

2. Wie viele fünfstellige Zahlen kann man aus den Ziffern $0, 1, 2, \ldots, 9$ bilden, wenn jede Ziffer höchstens einmal vorkommen darf?

3. An einem Pferderennen nehmen zehn Pferde teil. Für eine Wette müssen unter Berücksichtigung der Reihenfolge die ersten drei Plätze richtig getippt werden. Wie viele verschiedene Tips muß ein Wetter abgeben, damit die richtige Reihenfolge mit Sicherheit unter seinen Tips ist?

4. In einem Sportverein kandidieren vier Personen für den ersten und zweiten Vorstand. Wie viele verschiedene Möglichkeiten gibt es für die Wahl?

Anordnungsmöglichkeiten verschiedener Elemente

Falls man im vorhergehenden Abschnitt $k = n$ setzt, werden alle n Dinge ohne Wiederholung ausgewählt. Dann erhält man eine Anordnung dieser Dinge. Man spricht auch von einer **Permutation** der n Dinge. Die Anzahl aller Anordnungsmöglichkeiten ist

$$n \cdot (n-1) \cdot (n-2) \cdot \ldots\ldots \cdot 2 \cdot 1 .$$

Für dieses Produkt verwendet man die Abkürzung n! (sprich **"n-Fakultät"**). Damit gilt:

Satz: n verschiedene Dinge kann man auf $n! = 1 \cdot 2 \cdot 3 \cdot \ldots\ldots \cdot (n-1) \cdot n$ verschiedene Arten **anordnen.**

Dabei setzt man $0! = 1$; ferner ist $1! = 1$.

Beispiel 4: Unter 20 Personen sollen 20 verschiedene Preise verteilt werden, wobei jede Person genau einen Preis erhalten soll. Zur Verteilung können die 20 Personen zufällig angeordnet werden, wobei die Personen in dieser Reihenfolge die einzelnen Preise erhalten. Dafür gibt es ingesamt
$20! = 20 \cdot 19 \cdot \ldots\ldots \cdot 2 \cdot 1$ verschiedene Verteilungsmöglichkeiten.

Beispiel 5: Für zehn Schülerinnen und Schüler werden Plätze auf einem Kreis ausgelost. Wie groß ist die Wahrscheinlichkeit dafür, daß die beiden Freundinnen Elke und Karin nebeneinander stehen?

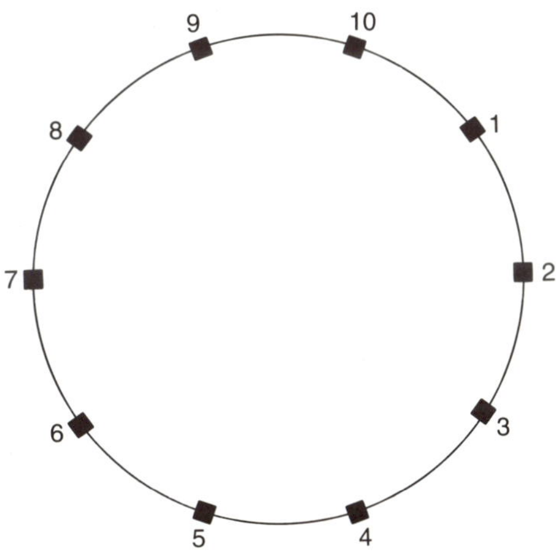

Die Plätze werden von einer Stelle an von 1 bis 10 numeriert. Beide Schülerinnen stehen nebeneinander, wenn sie die Platzpaare $(1,2), (2,3), (3,4), (4,5), (5,6), (6,7), (7,8), (8,9), (9,10)$ oder $(10,1)$ einnehmen. Bei jeder dieser zehn Gruppierungen können die beiden Schülerinnen auf $2! = 2$ Arten stehen. Für die restlichen Schüler gibt es jeweils 8! Anordnungsmöglichkeiten. Damit gibt es $10 \cdot 2 \cdot 8!$ günstige und 10! mögliche Fälle. Die gesuchte Wahrscheinlichkeit p lautet somit

$$p = \frac{10 \cdot 2 \cdot 8!}{10!} = \frac{2}{9} .$$

Dieses Ergebnis erhält man viel einfacher mit Hilfe der folgenden Überlegung: Zuerst nimmt Elke einen der zehn Plätze ein. Danach wird für Karin aus den restlichen neun Plätzen einer zufällig ausgelost. Von diesen restlichen neun Plätzen sind genau zwei neben Elke, woraus man ebenfalls das Ergebnis erhält. Beide Modelle sind gleichwertig.

5. Drei Frauen und ein Mann sollen am Blinddarm operiert werden. Die Reihenfolge wird ausgelost. A sei das Ereignis, daß der Mann als zweiter operiert wird. Berechnen Sie P(A).

6. Fünf Personen treffen in zufälliger Reihenfolge vor einer Theaterkasse ein. Die Anfangsbuchstaben ihrer Namen seien alle verschieden. Wie groß ist die Wahrscheinlichkeit dafür, daß sie in alphabetischer Reihenfolge anstehen?

7. Bei einem Pferderennen werden unter acht Teilnehmern die Startplätze 1 bis 8 ausgelost. Ein Gestüt hat die Pferde Pythagoras und Thales im Feld. Mit welcher Wahrscheinlichkeit starten diese Pferde nebeneinander?

8. Unter zwanzig Perlen befinden sich drei unechte, die sich jedoch durch bloßes Ansehen von den echten nicht unterscheiden lassen. Die zwanzig Perlen werden in zufälliger Reihenfolge zu einer Kette aufgezogen. Wie groß ist die Wahrscheinlichkeit p, daß sich die drei falschen Perlen nebeneinander befinden?

9. Wie lauten die entsprechenden Wahrscheinlichkeiten in Aufgabe 8, wenn sich unter den zwanzig Perlen zwei bzw. fünf unechte befinden?

10. Gegeben sind zwei rote und drei gelbe Fahnen, wobei die Fahnen mit der gleichen Farbe nicht unterscheidbar sind. Wie viele verschiedene Anordnungsmöglichkeiten gibt es für die fünf Fahnen?

Auswahlmöglichkeiten ohne Wiederholung und ohne Berücksichtigung der Reihenfolge

Bei vielen Zufallsexperimenten spielt es keine Rolle, in welcher Reihenfolge k von n Elementen ausgewählt werden, wie z. B. bei der Lotto-Ausspielung.

Beispiel 6: Unter 20 Personen sollen vier zufällig ausgelost werden, die jeweils den gleichen Preis erhalten. Jede Person kann dabei höchstens einen Preis erhalten. Es handelt sich um den Fall 1b) des Einführungsbeispiels. Für den gleichen Preis wird viermal eine Person ohne Wiederholung ausgewählt. Die Reihenfolge spielt dabei keine Rolle.

Allgemein sollen aus n Elementen ohne zwischenzeitliches Zurücklegen k Stück ausgewählt werden, wobei die Reihenfolge der ausgewählten Elemente keine Rolle spielt. Bei diesem Modell können die k Elemente einzeln oder auch gleichzeitig ausgewählt werden. Die Anzahl der Auswahlmöglichkeiten ohne Berücksichtigung der Reihenfolge bezeichnen wir mit x. Würden die k ausgewählten Elemente nachträglich untereinander permutiert, so ergäbe das in unserem Modell das gleiche Ergebnis. Jede der k! möglichen Permutationen ergibt jedoch eine andere Reihenfolge. Die Anzahl der Auswahlmöglichkeiten unter Berücksichtigung der Reihenfolge erhält man somit durch Multiplikation von x mit k!.

Diese Anzahl ist jedoch gleich $n \cdot (n-1) \cdot (n-2) \cdot \ldots \cdot (n-k+1)$. Damit erhält man nach dem Satz auf Seite 41 die Gleichung

$$x \cdot k! = n \cdot (n-1) \cdot (n-2) \cdot \ldots \cdot (n-k+1).$$

Daraus folgt

$$x = \frac{n \cdot (n-1) \cdot (n-2) \cdot \ldots \cdot (n-k+1)}{k!}.$$

Erweitert man den Bruch mit $(n-k)!$, so erhält man die Darstellung

$$x = \frac{n \cdot (n-1) \cdot (n-2) \cdot \ldots \cdot (n-(k-1)) \cdot (n-k)!}{k! \cdot (n-k)!} = \frac{n!}{k! \cdot (n-k)!} = \binom{n}{k}.$$

$\binom{n}{k}$ (sprich **"n über k"**, mit $0 \leq k \leq n$) heißt **Binomialkoeffizient.**

Es ist z. B. $\binom{5}{2} = \frac{5 \cdot 4}{1 \cdot 2} = 10$; $\binom{10}{3} = \frac{10 \cdot 9 \cdot 8}{1 \cdot 2 \cdot 3} = 120$.

Aus $0! = 1$ folgt speziell $\binom{n}{0} = 1$.

Für $k > n$ setzt man $\binom{n}{k} = 0$.

11. Zeigen Sie, daß allgemein gilt $\binom{n}{k} = \binom{n}{n-k}$.

Mit dieser Formel erhält man z. B. $\binom{12}{10} = \binom{12}{2} = \frac{12 \cdot 11}{1 \cdot 2} = 66$.

12. Berechnen Sie folgende Binomialkoeffizienten $\binom{8}{2}$; $\binom{8}{7}$; $\binom{10}{10}$.

13. Berechnen Sie $\binom{15}{0}$; $\binom{25}{23}$; $\binom{10}{7}$.

Nach den obigen Ausführungen gilt:

Satz: Aus n verschiedenen Elementen können k Stück $(k = 1, 2, \ldots, n)$ ohne Berücksichtigung der Reihenfolge und ohne zwischenzeitliches Zurücklegen auf

$$\binom{n}{k} = \frac{n \cdot (n-1) \cdot (n-2) \cdot \ldots \cdot (n-k+1)}{1 \cdot 2 \cdot 3 \cdot \ldots \cdot k} = \frac{n!}{k! \cdot (n-k)!}$$

verschiedene Arten ausgewählt werden .

Beispiel 7: In einer Klasse mit zwölf Mädchen und zehn Jungen werden zufällig zwei Mädchen und zwei Jungen für die Pausenaufsicht ausgewählt. Wie groß ist die Wahrscheinlichkeit dafür, daß
a) Elke und Jutta (Ereignis A),
b) Elke, Jutta und Volker (Ereignis B)
ausgewählt werden?

Aus den zwölf Mädchen können $\binom{12}{2} = 66$ und aus den zehn Jungen $\binom{10}{2} = 45$ verschiedene Zweiergruppen gebildet werden. Jede Mädchengruppe kann mit jeder Jungengruppe kombiniert werden, so daß Ω insgesamt $\binom{12}{2} \cdot \binom{10}{2} = 2\,970$ Elemente enthält.

a) Für Elke und Jutta gibt es für die Mädchengruppe nur eine Möglichkeit. Dazu gibt es aber noch $\binom{10}{2}$ Möglichkeiten für die Jungengruppen. Daraus folgt

$$P(A) = \frac{1 \cdot \binom{10}{2}}{\binom{12}{2} \cdot \binom{10}{2}} = \frac{45}{2\,970} = \frac{1}{66} \approx 0{,}01515.$$

b) Da es außer Volker noch 9 weitere Jungen gibt, sind genau 9 Vierergruppen möglich, zu denen Elke, Jutta und Volker gehören. Daraus folgt

$$P(B) = \frac{9}{\binom{12}{2} \cdot \binom{10}{2}} = \frac{1}{330} \approx 0{,}00303.$$

Beispiel 8: Für die Anzahl der verschiedenen Verteilungsmöglichkeiten der vier gleichen Preise unter 20 Personen ohne Wiederholung erhält man mit $n = 20$ und $k = 4$ als Anzahl der verschiedenen Auswahlmöglichkeiten

$\binom{20}{4} = \frac{20 \cdot 19 \cdot 18 \cdot 17}{1 \cdot 2 \cdot 3 \cdot 4} = 4\,845$ verschiedene Auswahlmöglichkeiten.

14. Auf wie viele Arten kann man aus 15 Personen fünf Personen für einen Ausschuß auswählen?

15. Unter 10 Kindern sollen 8 Freikarten ausgelost werden, wobei das gleiche Kind höchstens eine Karte erhalten kann. Bestimmen Sie die Anzahl der Verteilungsmöglichkeiten.

16. Von zwölf Stück einer Warenlieferung sind drei defekt. Ein Kunde kauft drei Stück, die zufällig aus der Warenlieferung ausgesucht werden. Wie groß ist die Wahrscheinlichkeit, daß er genau die 3 defekten Stücke bekommt?

17. In einer Klasse mit 30 Kindern befinden sich drei Geschwisterpaare. Zum Einkauf für ein Klassenfest werden zwei Kinder zufällig ausgesucht. Wie groß ist die Wahrscheinlichkeit, daß eines der Geschwisterpaare ausgewählt wird?

18. Zu einer Party bringt jeder der 40 Gäste drei kleine Geschenke mit, die verlost werden. Die ersten drei Lose werden gezogen. Wie groß ist die Wahrscheinlichkeit, daß die drei verlosten Geschenke von demselben Gast stammen?

19. a) Beweisen Sie die Formel

$$\binom{n}{k} + \binom{n}{k+1} = \binom{n+1}{k+1} \quad \text{für alle } n \geq 1 \text{ und } k = 0,1,\ldots,n-1 .$$

b) Zeigen Sie, daß sich die Binomialkoeffizienten im sog. *Pascal-Dreieck* rekursiv berechnen lassen

$$\begin{array}{ccccccccc}
 & & & & \binom{0}{0} & & & & \\
 & & & \binom{1}{0} & & \binom{1}{1} & & & \\
 & & \binom{2}{0} & & \binom{2}{1} & & \binom{2}{2} & & \\
 & \binom{3}{0} & & \binom{3}{1} & & \binom{3}{2} & & \binom{3}{3} & \\
\binom{4}{0} & & \binom{4}{1} & & \binom{4}{2} & & \binom{4}{3} & & \binom{4}{4}
\end{array}$$

$$\begin{array}{ccccccccc}
 & & & & 1 & & & & \\
 & & & 1 & & 1 & & & \\
 & & & & \underbrace{\quad + \quad} & & & & \\
 & & 1 & & 2 & & 1 & & \\
 & & & \underbrace{\quad + \quad} & & \underbrace{\quad + \quad} & & & \\
 & 1 & & 3 & & 3 & & 1 & \\
 & & \underbrace{\quad + \quad} & & \underbrace{\quad + \quad} & & \underbrace{\quad + \quad} & & \\
1 & & 4 & & 6 & & 4 & & 1
\end{array}$$

4.3 Auswahlmöglichkeiten mit Wiederholung (mit Zurücklegen)

Aus n Elementen werde k-mal hintereinander eines ausgewählt, wobei die ausgewählten Elemente registriert und vor dem nächsten Zug wieder zur Grundgesamtheit zurückgelegt werden. Damit wird k-mal hintereinander das gleiche Zufallsexperiment "Ziehen eines Elements aus derselben Grundgesamtheit" durchgeführt.

Auswahlmöglichkeiten mit Wiederholung und mit Berücksichtigung der Reihenfolge

Beispiel 1: Unter 20 Personen werden vier verschiedene Preise verteilt, wobei die gleiche Person mehrere Preise erhalten kann. Es handelt sich um den Fall 2a) des Einführungsbeispiels. Da jede Person mehrere Preise erhalten kann, muß die Auswahl mit zwischenzeitlichem Zurücklegen (mit Wiederholung) erfolgen. Für jeden der vier Preise wird aus allen 20 Personen eine zufällig ausgewählt. Weil die Preise verschieden sind, spielt die Auswahlreihenfolge für die einzelnen Preise eine Rolle. Die ausgewählten Personen erhalten der Reihenfolge nach die Preise. Insgesamt gibt es nach der Produktregel $20^4 = 160\,000$ verschiedene Auswahlmöglichkeiten.

Allgemein gibt es beim Ziehen von k aus n Elementen mit zwischenzeitlichem Zurücklegen bei jedem der k Züge n Möglichkeiten. Daraus folgt:

Satz: Aus n Elementen werde k-mal hintereinander eines ausgewählt und vor dem nächsten Zug wieder zur Grundmenge zurückgelegt. Dann gibt es unter Berücksichtigung der Reihenfolge insgesamt n^k verschiedene Auswahlmöglichkeiten.

Beispiel 2: Aus der Menge der 10 Ziffern $0, 1, 2, \dots, 9$ werde fünfmal hintereinander eine ausgewählt. Dafür gibt es unter Berücksichtigung der Reihenfolge insgesamz $10^5 = 100\,000$ Möglichkeiten. Dabei enstehen die höchstens fünfstelligen Zahlen $0, 1, 2, \dots\dots, 99999$.

1. Beim Fußballtoto muß bei 11 Spielen entweder eine 1 (die Platzmannschaft gewinnt), eine 2 (die Gastmannschaft gewinnt) oder eine 0 (das Spiel endet unentschieden) getippt werden.
a) Wie viele verschiedene Tippreihen sind möglich?
b) Wie oft hat man 10 bzw. 9 Richtige, falls man alle möglichen Tippreihen abgibt?

2. Wie viele sechsstellige Telefonnummern gibt es?

3. In einer Urne sind 4 Zettel mit den Nummern 1, 2, 3, 4. Daraus wird viermal hintereinander a) ohne, b) mit zwischenzeitlichem Zurücklegen ein Zettel zufällig ausgewählt, wobei die Ziffern in der Reihenfolge ihrer Ziehung eine vierstellige Zahl ergeben. Mit welcher Wahrscheinlichkeit wird die Zahl 4312 gezogen?

4. Wie viele verschiedene Buchstabenfolgen mit 2, 3 bzw. 4 Buchstaben kann man aus dem deutschen Alphabet (26 Buchstaben) bilden?

5. Aus einer Klasse werden fünf Schüler zufällig ausgewählt. Mit welcher Wahrscheinlichkeit haben alle an verschiedenen Wochentagen Geburtstag?

Auswahlmöglichkeiten mit Wiederholung und ohne Berücksichtigung der Reihenfolge

Beispiel 3: Unter 20 Personen sollen vier gleiche Preise verteilt werden, wobei dieselbe Person auch mehrere Preise erhalten kann. Für die 4 gleichen Preise werden von den zwanzig Personen vier mit Wiederholung ausgewählt. Dabei spielt die Auswahlreihenfolge keine Rolle. Es handelt sich also um den Fall 2b) des Einführungsbeispiels.

Allgemein werden aus n verschiedenen Elementen nacheinander mit zwischenzeitlichem Zurücklegen k Stück ausgewählt, wobei die Reihenfolge, in der die Elemente ausgewählt werden, keine Rolle spielt. Die Anzahl der verschiedenen Auswahlmöglichkeiten kann durch das folgende Hilfsmodell berechnet werden:

In der gezogenen Stichprobe wird abgezählt, wie oft die einzelnen Elemente gezogen wurden. Diese Anzahl wird durch die entsprechende Anzahl von Pluszeichen der Reihe nach symbolisiert, wobei die einzelnen Gruppen durch ein Komma getrennt werden.

Beispiel 4: Aus n = 3 Kugeln mit den Ziffern 1,2,3, wurden mit zwischenzeitlichem Zurücklegen, also mit Wiederholung, 15 Stück ausgewählt. Dabei wurde die 1 sechsmal, die 2 viermal und die 3 fünfmal ausgewählt. Dieser Auswahl wird folgende Reihe zugeordnet

$$\underbrace{++++++}_{\text{6mal 1}}, \underbrace{++++}_{\text{4mal 2}}, \underbrace{+++++}_{\text{5mal 3}}$$

Beispiel 5: Aus n = 4 Kugeln mit den Ziffern 1,2,3,4 wurden mit Wiederholung fünf ausgewählt. Dabei erhielt man dreimal die 1 und zweimal die 3, die 2 und die 4 wurden nicht gezogen. Diese Auswahl wird dargestellt durch die Reihe

$$\underbrace{+++}_{\text{3mal 1}}, \underbrace{\qquad}_{\text{0 mal 2}}, \underbrace{++}_{\text{2mal 3}}, \underbrace{\qquad}_{\text{0 mal 4}} .$$

Die Reihe +++, +, , , ++, ..., ++++ bedeutet z. B, daß das erste Element dreimal, das zweite einmal, das dritte und vierte nicht, das fünfte zweimal, ..., das letzte viermal gezogen wurde. Jedes derartige Schema enthält dann genau k Pluszeichen und $n-1$ Kommata. Falls zwischen zwei Kommata kein Pluszeichen steht, ist das entsprechende Element nicht gezogen worden. Die Pluszeichen und Kommata zusammen bilden also $n+k-1$ Plätze, von denen genau k mit einem Pluszeichen zu versehen sind. Dafür gibt es aber insgesamt

$\binom{n+k-1}{k}$ verschiedene Möglichkeiten. Somit gilt:

> **Satz:** Aus n verschiedenen Elementen werde k-mal hintereinander eines ausgewählt und vor dem nächsten Zug wieder zurückgelegt. Dann gibt es ohne Berücksichtigung der Reihenfolge ingesamt
>
> $\binom{n+k-1}{k}$ verschiedene Auswahlmöglichkeiten.

Beispiel 6: Für das Beispiel 3 erhält man mit $n = 20$ und $k = 4$ insgesamt

$\binom{20+4-1}{4} = \binom{23}{4} = \frac{23 \cdot 22 \cdot 21 \cdot 20}{1 \cdot 2 \cdot 3 \cdot 4} = 8\,855$ verschiedene Auswahlmöglichkeiten.

6. Eine Klasse besteht aus 8 Mädchen und 10 Jungen. Unter den Mädchen sollen 2 Tafeln Schokolade und unter den Jungen drei Eintrittskarten für ein Fußballspiel ausgelost werden. Dabei kann die gleiche Person mehrere Preise erhalten. Auf wie viele verschiedene Arten ist dies möglich?

7. Bei einer Wahl kandidieren 5 Parteien. Jeder Wähler hat 5 Stimmen, wobei er einer Partei beliebig viele Stimmen geben darf. Wie viele Möglichkeiten hat er, seine Stimmen zu verteilen, falls er alle 5 Stimmen abgibt?

8. Zwölf nicht unterscheidbare Kugeln werden auf zehn Kästchen zufällig verteilt, wobei in jedes Kästchen mehrere Kugeln gelangen können. Wie viele Verteilungsmöglichkeiten gibt es?

Zusammenstellung der Auswahlmöglichkeiten aus 4.2 und 4.3

Es sollen hier noch einmal alle Auswahlmöglichkeiten aus Abschnitt 4.2 und 4.3 zusammengestellt werden.

Aus n verschiedenen Dingen sollen k ausgewählt werden. Dann ist die jeweilige Anzahl der verschiedenen Auswahlmöglichkeiten in Abhängigkeit vom Auswahlverfahren in der nachfolgenden Tabelle dargestellt:

	mit Berücksichtigung der Reihenfolge	ohne Berücksichtigung der Reihenfolge
ohne Wiederholung $k = 1, 2, \ldots, n$	$n \cdot (n-1) \cdot \ldots \cdot (n-k+1)$	$\binom{n}{k}$
mit Wiederholung k beliebig	n^k	$\binom{n+k-1}{k}$

Beispiel 7: Damit ist das Einführungsbeispiel für alle vier Fälle gelöst. Man erhält aus der obigen Tabelle mit $n = 20$ und $k = 4$ die Anzahl der verschiedenen Möglichkeiten, die vier Preise unter den 20 Personen zu verteilen, also die Lösungen der Fälle 1a), 1b), 2a), 2b) in der Form

	alle Preise sind verschieden	alle Preise sind gleich
höchstens einen Preis für die gleiche Person	$20 \cdot 19 \cdot 18 \cdot 17 = 116\,280$	$\binom{20}{4} = 4\,845$
mehrere Preise für die gleiche Person	$20^4 = 3\,200\,000$	$\binom{23}{4} = 8\,855$

Aufgaben

Geben Sie für die nachfolgenden Aufgaben aus der obigen Tabelle die geeignete Formel an, mit der die Anzahl der insgesamt möglichen Fälle berechnet werden kann:

9. Es sollen k gleichartige Bälle auf n Kästchen zufällig verteilt werden, wobei in das gleiche Kästchen höchstens ein Ball gelangen darf.

10. Aus einer Klasse mit n Kindern werden k ausgewählt, die gemeinsam eine kranke Mitschülerin besuchen sollen.

11. Aus n verschiedenen Buchstaben sollen Wörter mit k Buchstaben gebildet werden, wobei jeder Buchstabe beliebig oft vorkommen darf.

12. An einem Fußballturnier nehmen n Mannschaften teil, wobei jede gegen jede genau einmal spielt.

13. Für die Pausenaufsicht in den nächsten k Wochen soll der Reihe nach für jeweils eine Woche einer von n Schülern ausgewählt werden, wobei jeder Schüler höchstens eine Woche lang Aufsicht hat.

14. Es sollen k gleichartige Bälle auf n Kästchen zufällig verteilt werden, wobei in das gleiche Kästchen beliebig viele Bälle gelangen dürfen.

4.4 Urnenmodelle

Bei einer Qualitätskontrolle werde zunächst bei jedem Werkstück untersucht, ob es fehlerhaft oder nicht fehlerhaft, also brauchbar ist. Ein Teil der Werkstücke besitzt also die Eigenschaft, fehlerhaft zu sein, während der Rest diese Eigenschaft nicht aufweist. Aus der Grundgesamtheit sollen nun Werkstücke zufällig ausgewählt werden. Dabei werde nur festgestellt, wie viele der ausgewählten Stücke diese Eigenschaft besitzen.

Insgesamt seien N Werkstücke vorhanden, von denen M fehlerhaft und die restlichen $N - M$ fehlerfrei sind. Aus der Grundgesamtheit werden n Stück zufällig ausgewählt. Dabei wird festgestellt, wie viele der ausgewählten Werkstücke fehlerhaft sind. Zufällige Auswahl soll bedeuten, daß bei jedem Einzelzug jedes noch in der Grundgesamtheit befindliche Werkstück die gleiche Chance hat, ausgewählt zu werden. Die zufällige Auswahl kann mit Hilfe eines Urnenmodells simuliert werden durch die Zuordnung

fehlerhaftes Werkstück	$\leftrightarrow$	rote Kugel
fehlerfreies Werkstück	$\leftrightarrow$	weiße Kugel .

Aus dieser Urne mit N Kugeln, von denen genau M rot sind, werden nun n Kugeln zufällig ausgewählt, und die Anzahl der gezogenen roten Kugeln wird festgestellt. p_k sei die Wahrscheinlichkeit dafür, daß sich unter den n ausgewählten Kugeln genau k rote befinden. Die Wahrscheinlichkeit hängt davon ab, ob mit oder ohne Zurücklegen gezogen wird.

Allgemein verlangt man, daß das Ziehen von Kugeln aus einer Urne ein Laplace-Experiment ist. Bei jedem Zug muß also jede sich in der Urne befindende Kugel die gleiche Chance haben, gezogen zu werden.

Urnenmodell I (Ziehen ohne Zurücklegen)

Beim Ziehen ohne Zurücklegen können n Kugeln einzeln oder auch gleichzeitig ausgewählt werden. Für dieses Modell gilt:

Satz (Ziehen ohne Zurücklegen):
Eine Urne enthalte N Kugeln, von denen M rot und die übrigen $N - M$ weiß sind. Daraus werden zufällig und ohne zwischenzeitliches Zurücklegen n Kugeln gezogen. Das Ereignis A_k: "Unter den n ausgewählten Kugeln befinden sich genau k rote" besitzt die Wahrscheinlichkeit

$$p_k = P(A_k) = \frac{\binom{M}{k} \cdot \binom{N-M}{n-k}}{\binom{N}{n}} \quad , \; n \leq N.$$

Bemerkung: Für $k > M$, $k > n$ oder $n - k > N - M$ sind die entsprechenden Binomialkoeffizienten im Zähler gleich Null, so daß die zugehörige Wahrscheinlichkeit p_k verschwindet.

Beweis: Wir denken uns die M roten Kugeln von 1 bis M und die N − M weißen von M + 1 bis N durchnumeriert. Da es auf die Ziehungsreihenfolge nicht ankommt, kann man n Kugeln auf $\binom{N}{n}$ verschiedene Arten auswählen (Anzahl der möglichen Fälle). Aus der Menge der roten Kugeln können k Stück auf $\binom{M}{k}$ verschiedene Arten ausgewählt werden. Zu jeder dieser Möglichkeiten gibt es für die restlichen n − k weißen Kugeln $\binom{N-M}{n-k}$ Auswahlmöglichkeiten. Nach der Produktregel erhält man für das Ereignis A_k genau $\binom{M}{k} \cdot \binom{N-M}{n-k}$ günstige Fälle. Division der Anzahl der günstigen durch die Anzahl der möglichen Fälle ergibt die Behauptung.

Beispiel 1: Aus 10 Elektrogeräten, von denen zwei fehlerhaft sind, werden vier zufällig ausgewählt. Gesucht ist die Wahrscheinlichkeit dafür, daß k fehlerhafte ausgewählt werden. Da höchstens 2 fehlerhafte vorhanden sind, kann k nur die Werte 0, 1 oder 2 annehmen.
Im Urnenmodell ist N = 10, M = 2 und n = 4. Der Nenner lautet dann

$$\binom{10}{4} = \frac{10 \cdot 9 \cdot 8 \cdot 7}{1 \cdot 2 \cdot 3 \cdot 4} = 210 \quad \text{(Anzahl der möglichen Fälle).}$$

Aus der obigen Formel erhält man

$$p_0 = P\text{ (0 fehlerhafte)} = \frac{\binom{2}{0} \cdot \binom{8}{4}}{210} = \frac{8 \cdot 7 \cdot 6 \cdot 5}{210 \cdot 2 \cdot 3 \cdot 4} = \frac{70}{210} = \frac{1}{3};$$

$$p_1 = P\text{ (1 fehlerhaftes)} = \frac{\binom{2}{1} \cdot \binom{8}{3}}{210} = \frac{2 \cdot 8 \cdot 7 \cdot 6}{210 \cdot 2 \cdot 3} = \frac{56}{105};$$

$$p_2 = P\text{ (2 fehlerhafte)} = \frac{\binom{2}{2} \cdot \binom{8}{2}}{210} = \frac{1 \cdot 8 \cdot 7}{210 \cdot 2} = \frac{14}{105}.$$

Die Summe dieser Wahrscheinlichkeiten muß gleich Eins sein, was zur Rechenkontrolle benutzt werden kann.

1. Aus 6 Ehepaaren werden 4 Personen zufällig ausgesucht. Wie groß ist die Wahrscheinlichkeit, daß zwei Frauen und zwei Männer ausgesucht werden?

2. In einer Klasse von 25 Kindern sind 10 Nichtschwimmer. Bei einer Wanderung teilen sich die Schüler zufällig in einzelne Gruppen. Eine fünfköpfige Gruppe bemerkt in einem See einen um Hilfe rufenden Badenden. Wie groß ist die Wahrscheinlichkeit, daß in der Gruppe
a) mindestens ein Schwimmer ist,
b) kein Schwimmer ist,
c) nur Schwimmer sind?

Beispiel 2 (Zahlenlotto): Beim Zahlenlotto "6 aus 49" werden von den Zahlen $1, 2, 3, \ldots, 48, 49$ sechs Gewinnzahlen sowie eine Zusatzzahl zufällig ausgewählt. Die sechs Gewinnzahlen bezeichnen wir jeweils mit R, die Zusatzzahl mit Z und die restlichen 42 Zahlen mit F, also

$$\underbrace{\text{R R R R R R}}_{\text{6 Richtige}} \qquad \underbrace{\text{Z}}_{\text{Zusatzzahl}} \qquad \underbrace{\text{F F F F.............. F F F F}}_{\text{42 nichtgezogene Zahlen}}$$

Die Ziehung kann durch das Urnenmomodell I beschrieben werden mit der Zuordnung

Gewinnzahl	$\leftrightarrow$	rote Kugel
keine Gewinnzahl	$\leftrightarrow$	weiße Kugel .

Dabei ist $N = 49$ und $M = 6$.

a) Für die Auswahl der sechs Gewinnzahlen gibt es insgesamt

$$\binom{49}{6} = \frac{49 \cdot 48 \cdot 47 \cdot 46 \cdot 45 \cdot 44}{1 \cdot 2 \cdot 3 \cdot 4 \cdot 5 \cdot 6} = 13\,983\,816$$

verschiedene Möglichkeiten. So viele verschiedene Tippreihen sind also insgesamt möglich. Für sechs Richtige gibt es nur einen günstigen Fall.

Auf Grund des Ausspielungsmodus kann man wohl davon ausgehen, daß sämtliche Reihen gleichwahrscheinlich sind. Dann lautet die Wahrscheinlichkeit, mit einer beliebigen Tippreihe sechs Richtige zu haben,

$$P(\text{6 Richtige}) = \frac{1}{13\,983\,816} \approx 0{,}00000007151.$$

b) Um "5 Richtige mit Zusatzzahl" zu haben, müssen die einzige Zusatzzahl und von den sechs Gewinnzahlen fünf Zahlen angekreuzt sein. Dafür gibt es

$$1 \cdot \binom{6}{5} = \binom{6}{1} = 6 \text{ verschiedene Möglichkeiten mit}$$

$$P(\text{5 Richtige mit Zusatzzahl}) = \frac{6}{13\,983\,816} \approx 0{,}0000004291\,.$$

c) Bei "5 Richtigen ohne Zusatzzahl" müssen von den 6 Richtigen fünf Zahlen angekreuzt sein. Die sechste Zahl muß von den 6 Richtigen und der Zusatzzahl verschieden sein. Dafür gibt es $49 - 6 - 1 = 42$ Fälle. Insgesamt erhält man

$$\binom{6}{5} \cdot 42 = 6 \cdot 42 = 252 \text{ verschiedene Möglichkeiten für 5 Richtige ohne}$$

Zusatzzahl mit

$$P(\text{5 Richtige ohne Zusatzzahl}) = \frac{252}{13\,983\,816} \approx 0{,}00001802\,.$$

d) Bei weniger als 5 Richtigen spielt die Zusatzzahl keine Rolle. Sie wird zu den nicht gezogenen Zahlen gezählt. Mit N=49 und M=6 gibt es für "4 Richtige"

$$\binom{6}{4}\cdot\binom{43}{2} = \binom{6}{2}\cdot\binom{43}{2} = \frac{6\cdot 5\cdot 43\cdot 42}{2\cdot 2} = 13\,545$$

verschiedene Möglichkeiten mit

$$P\,(4 \text{ Richtige}) = \frac{13\,545}{13\,983\,816} \approx 0{,}0009686\,.$$

e) Für "3 Richtige" gibt es insgesamt

$$\binom{6}{3}\cdot\binom{43}{3} = \frac{6\cdot 5\cdot 4\cdot 43\cdot 42\cdot 41}{1\cdot 2\cdot 3\cdot 1\cdot 2\cdot 3} = 246\,820$$

verschiedene Möglichkeiten mit

$$P\,(3 \text{ Richtige}) = \frac{246\,820}{13\,983\,816} \approx 0{,}01765\,.$$

Zusammenstellung der Gewinnmöglichkeiten beim Lotto:
Insgesamt gibt es 13 983 816 verschiedene Tippmöglichkeiten. Wenn jemand alle möglichen 13 983 816 Reihen tippt, so hat er

1 mal	6 Richtige
6 mal	5 Richtige mit Zusatzzahl
252 mal	5 Richtige ohne Zusatzzahl
13 545 mal	4 Richtige
246 820 mal	3 Richtige.

3. Eine Packung mit 20 Bonbons enthalte 8 rote, 5 grüne, 4 gelbe und 3 weiße Bonbons. Es werden zufällig 4 Bonbons (ohne Zurücklegen) entnommen. Wie groß ist die Wahrscheinlichkeit, daß
a) die 4 Bonbons weder rot noch gelb sind,
b) von den 4 Bonbons genau 3 gelb sind,
c) von den 4 Bonbons mindestens 3 gelb sind?

4. In einem Lotterietopf befinden sich 200 Lose, von denen nur zehn gewinnen. Berechnen Sie die Wahrscheinlichkeit, daß Sie mindestens ein Gewinnlos ziehen beim Kauf von a) 10 , b) 20 Losen.

5. In einer Lieferung von 100 Glühbirnen befinden sich 3 defekte. Wie groß ist die Wahrscheinlichkeit, daß
a) unter 4,
b) unter 6 zufällig ausgewählten Glühbirnen mindestens eine defekt ist?

6. Eine Firma erhält jede Woche eine Lieferung von 50 Transistoren. Die Lieferung wird angenommen, wenn sich in einer Zufallsauswahl von 8 Transistoren höchstens ein defekter Transistor befindet. Wie groß ist die Wahrscheinlichkeit, daß eine Lieferung mit
a) 5 defekten, b) 10 defekten Transistoren angenommen wird?

Urnenmodell II (Ziehen mit Zurücklegen)

Beim Ziehen mit zwischenzeitlichem Zurücklegen müssen die Kugeln einzeln gezogen und vor dem nächsten Zug wieder in die Urne zurückgelegt werden. Hier gilt:

> **Satz (Ziehen mit Zurücklegen):**
> Eine Urne enthalte N Kugeln, von denen M rot und die restlichen $N - M$ weiß sind. Aus der Urne werden nacheinander n Kugeln gezogen. Jede Kugel werde vor dem nächsten Zug in die Urne zurückgelegt. Das Ereignis A_k: "Unter den n gezogenen Kugeln befinden sich genau k rote" besitzt die Wahrscheinlichkeit
>
> $$p_k = P(A_k) = \binom{n}{k} \cdot \left(\frac{M}{N}\right)^k \cdot \left(1 - \frac{M}{N}\right)^{n-k} \quad \text{für } k = 0, 1, 2, \ldots, n; \quad n \in \mathbb{N}^*.$$

Beweis:

Wie beim Urnenmodell I werden die Kugeln wieder dadurch unterscheidbar gemacht, daß die M roten von 1 bis M und die $N - M$ weißen von $M + 1$ bis N durchnumeriert werden. Dann besteht jedes Versuchsergebnis aus einem n-Tupel $(x_1, x_2, \ldots, x_n)$, wobei x_i die Nummer der beim i-ten Zug gezogenen Kugel ist. Weil keine Kugel bevorzugt ausgewählt werden soll, handelt es sich um ein Laplace-Experiment.
Da es für jede Stelle des n-Tupels N Auswahlmöglichkeiten gibt (Ziehen mit Zurücklegen), erhält man N^n mögliche Fälle.
Genau k rote Kugeln werden gezogen, wenn an k Stellen des n-Tupels eine rote und an den restlichen $n - k$ Stellen eine weiße Kugel steht, z. B.

$$\underbrace{r\,r\,r\,r \ldots r\,r}_{k \text{ rote}} \quad \underbrace{w\,w\,w\,w \ldots w}_{n-k \text{ weiße Kugeln}} \qquad (r = \text{rote},\ w = \text{weiße Kugel}).$$

Bei dieser Konstellation ist bei den ersten k Zügen jeweils eine rote und bei den restlichen $n - k$ Zügen eine weiße Kugel gezogen worden. Für jede Belegung mit einer roten Kugel gibt es M Auswahlmöglichkeiten und für eine weiße Kugel $N - M$ Belegungsmöglichkeiten. Daher gibt es für diese feste Anordnung insgesamt $M^k \cdot (N - M)^{n-k}$ Belegungsmöglichkeiten.
Es gibt aber noch wesentlich mehr mögliche Konstellationen, und zwar diejenigen, bei denen an k der n Stellen eine rote und an den restlichen Stellen eine weiße Kugel steht. Da k von n Stellen auf $\binom{n}{k}$ verschiedene Arten zur Belegung mit einer roten Kugel ausgewählt werden können, gibt es insgesamt $\binom{n}{k}$ verschiedene derartige Konstellationen. Für jede dieser Konstellationen gibt es aber $M^k(N - M)^{n-k}$ verschiedene Belegungsmöglichkeiten.
Für das Ereignis A_k gibt es daher insgesamt $\binom{n}{k} \cdot M^k \cdot (N - M)^{n-k}$ günstige Fälle.

Daraus erhält man die gesuchte Wahrscheinlichkeit

$$p_k = P(A_k) = \binom{n}{k} \cdot \frac{M^k \cdot (N-M)^{n-k}}{N^n} = \binom{n}{k} \cdot \frac{M^k \cdot (N-M)^{n-k}}{N^k \cdot N^{n-k}}$$

$$= \binom{n}{k} \cdot \left(\frac{M}{N}\right)^k \cdot \left(1 - \frac{M}{N}\right)^{n-k}$$, womit der Satz bewiesen ist.

Beispiel 3: Mit 10 idealen Würfeln werde gleichzeitig geworfen. Gesucht ist die Wahrscheinlichkeit dafür, daß höchstens zwei Sechsen erscheinen. Zur Lösung dieses Problems kann das Urnenmodell II benutzt werden.

Die Zuordnung lautet dann Augenzahl 6 $\leftrightarrow$ rote Kugel
keine Sechs $\leftrightarrow$ weiße Kugel .

Im Urnenmodell erhält man mit $M = 1$, $N = 6$ und $n = 10$

$$p_0 = P\,(\text{keine Sechs}) = \binom{10}{0} \cdot \left(\frac{1}{6}\right)^0 \cdot \left(\frac{5}{6}\right)^{10} = \left(\frac{5}{6}\right)^{10} \approx 0{,}16151\ ;$$

$$p_1 = P\,(\text{eine Sechs}) = \binom{10}{1} \cdot \left(\frac{1}{6}\right) \cdot \left(\frac{5}{6}\right)^9 = \frac{10 \cdot 5^9}{6^{10}} \approx 0{,}32301\ ;$$

$$p_2 = P\,(\text{zwei Sechsen}) = \binom{10}{2} \cdot \left(\frac{1}{6}\right)^2 \cdot \left(\frac{5}{6}\right)^8 = \frac{10 \cdot 9 \cdot 5^8}{2 \cdot 6^{10}} \approx 0{,}29071\ .$$

Addition dieser drei Wahrscheinlichkeiten ergibt die gesuchte Wahrscheinlichkeit $P(\text{höchstens 2 Sechsen}) = p_0 + p_1 + p_2 \approx 0{,}77523$.

7. Bei einem Experiment sei die Wahrscheinlichkeit, einen positiven Meßwert zu erhalten, gleich $\frac{1}{4}$. Das Experiment werde 8mal durchgeführt. Wie groß ist die Wahrscheinlichkeit,

a) keinen positiven Meßwert,

b) höchstens 2 positive Meßwerte zu erhalten?

8. Jedes von einer Maschine produzierte Werkstück ist mit Wahrscheinlichkeit $p = 0{,}05$ fehlerhaft. Berechnen Sie die Wahrscheinlichkeit dafür, daß

a) unter 15 zufällig ausgewählten Stücken kein Ausschuß ,

b) unter 20 zufällig ausgewählten Stücken mindestens ein Stück fehlerhaft ist.

Beispiel 4 (Multiple-Choice): Ein Prüfling erhält einen Fragebogen mit sechs Fragen. Bei jeder Frage sind in zufälliger Reihenfolge drei Antworten angegeben, von denen genau eine richtig ist. Die Prüfung ist bestanden, wenn bei mindestens fünf Fragen die richtige Antwort angekreuzt ist. Da dieser Prüfling völlig unvorbereitet ist, beschließt er, bei jeder Frage eine Antwort zufällig anzukreuzen. Mit welcher Wahrscheinlichkeit besteht er so die Prüfung?

Bei jeder der sechs Fragen trifft er mit Wahrscheinlichkeit $p = \frac{1}{3}$ die richtige Antwort.

Durch die Zuordnung

richtige Antwort $\leftrightarrow$ rote Kugel
falsche Antwort $\leftrightarrow$ weiße Kugel

kann das Experiment durch das Urnenmodell II beschrieben werden mit N=3 und M=1. Für jede Frage wird aus der Urne eine Kugel mit Zurücklegen zufällig gezogen in der Hoffnung, daß dies die rote ist.

Die gesuchte Wahrscheinlichkeit lautet dann

$$P\,(\text{Prüfung bestanden}) = p_5 + p_6 = \binom{6}{5} \cdot \left(\frac{1}{3}\right)^5 \cdot \left(\frac{2}{3}\right) + \binom{6}{6} \cdot \left(\frac{1}{3}\right)^6 \approx 0{,}01783\,.$$

Aufgaben

9. Eine Münze wird 6mal geworfen. Berechnen Sie die Wahrscheinlichkeit dafür, daß genau i-mal Wappen auftritt für $i = 0, 1, 2, 3, 4, 5, 6$.

10. Mit einem idealen Würfel wird 4mal hintereinander gewürfelt. Wie groß ist die Wahrscheinlichkeit, daß
a) genau zweimal eine 4 gewürfelt wird,
b) genau 3mal eine 4 oder 2 gewürfelt wird,
c) genau 4mal eine 1, 2 oder 3 gewürfelt wird?

11. Ein Automat produziert mit Wahrscheinlichkeit 0,9 jeweils ein einwandfreies Werkstück. Aus der Produktion werden 5 Stück ausgewählt. Mit welcher Wahrscheinlichkeit befinden sich darunter k fehlerhafte für $k = 0, 1, 2, 3, 4, 5$?

12. Unter der Annahme, daß die Geburt eines Jungen und eines Mädchens gleichwahrscheinlich ist, berechne man die Wahrscheinlichkeit, daß sich unter den 6 Kindern eines Ehepaares
a) genau zwei Mädchen,
b) mindestens zwei Mädchen,
c) kein Mädchen befindet.

13. Die Heilungswahrscheinlichkeit eines Medikaments sei $p = 0{,}6$. Fünf Patienten werde dieses Medikament verabreicht. Berechnen Sie die Wahrscheinlichkeit dafür, daß genau k der fünf Patienten geheilt werden für $k = 0, 1, 2, \ldots, 5$.

14. Wie oft muß man mit einem idealen Würfel mindestens werfen, um mit Wahrscheinlichkeit von mindestens
a) 0,9; b) 0,95; c) 0,99
in der Serie mindestens eine Sechs zu erhalten?.

4.5 Vermischte Aufgaben

1. Zwei ideale Würfel und zwei ideale Münzen werden gleichzeitig geworfen. Berechnen Sie die Wahrscheinlichkeit dafür, daß beide Würfel die gleiche Augenzahl und beide Münzen verschiedene Symbole zeigen.

2. In einem Behälter befinden sich die sieben Metallbuchstaben A, D, I, N, S, T und Z. Die Buchstaben werden zufällig aus dem Behälter entnommen und nebeneinander gelegt. Wie groß ist die Wahrscheinlichkeit, daß sich das Wort DISTANZ ergibt?

3. In der Ebene sind 40 Punkte gegeben, von denen keine 3 auf einer Geraden und keine 4 auf einem Kreis liegen.
a) Wie viele Verbindungsgeraden gibt es zwischen den 40 Punkten?
b) Wie viele Kreise gibt es, die durch je 3 der 40 Punkte gehen?

4. In einer Mathematikprüfung werden 6 Aufgaben aus der Analysis und 4 aus der Geometrie gestellt. Dabei dürfen aus der Analysis drei und aus der Geometrie zwei Aufgaben ausgesucht werden. Wie viele verschiedene Möglichkeiten gibt es?

5. A, B und C spielen Skat. Wie groß ist die Wahrscheinlichkeit dafür, daß
a) Kreuz- und Pikbube im Skat liegen,
b) genau ein Bube im Skat liegt,
c) Kreuz- und Pikbube im Skat liegen, nachdem A festgestellt hat, daß er diese Buben nicht auf der Hand hat?

6. An einem Turnier beteiligen sich 8 Mannschaften. Es sollen alle Mannschaften gegeneinander spielen.
a) Wie viele Spiele gibt es insgesamt?
b) Wie viele Spiele gibt es, wenn 2 Gruppen zu vier Mannschaften gebildet wernen und die Gruppensieger anschließend gegeneinander spielen?

7. Bei einer Geburtstagsfeier muß Silke ins Bett, bevor sie feststellen kann, wie viele Personen an der Feier teilnehmen. Im Nebenzimmer hört sie jedoch, daß beim ersten Prost die Gläser m-mal klingen. Dabei sei vorausgesetzt, daß jeder mit jedem anstößt.
a) Welche Werte sind für m möglich?
b) Berechnen Sie die Anzahl der Personen in Abhängigkeit von m.

8. Eine Gruppe von 30 Personen ist in 5 Altersgruppen I – V gegliedert. Jede Altersgruppe besteht aus genau einem Ehepaar, zwei ledigen Männern und zwei ledigen Frauen. Es werden zufällig 6 Personen ausgewählt. Wie groß ist die Wahrscheinlichkeit,
a) daß alle 6 Personen aus der Altersgruppe V stammen,
b) daß mindestens 5 Personen aus der Altersgruppe V stammen,
c) daß genau zwei nichtledige Personen dabei sind,
d) daß genau 4 ledige Frauen dabei sind,
e) daß alle 6 Personen verheiratet sind und nicht aus den Altersgruppen I oder II stammen?

9. Bei einer mehrfach stattfindenden Prüfung werden aus 20 Fragen jeweils 10 Fragen zufällig ausgesucht. Wie groß ist die Wahrscheinlichkeit, daß 2 Prüflinge an zwei verschiedenen Prüfungstagen
a) die gleichen Prüfungsfragen,
b) genau 9 gleiche Fragen bekommen?

10. Für zwei freie Studienplätze liegen zehn Bewerbungen vor, für die es eine Reihenfolge bezüglich ihrer Qualifikation geben möge. Die beiden Studienplätze werden unter den zehn Bewerbern verlost. Berechnen Sie die Wahrscheinlichkeiten der folgenden Ereignisse:
A_1: "Die beiden qualifiziertesten Bewerber werden ausgelost";
A_2: "Der beste Bewerber wird mit ausgelost";
A_3: "Keiner der beiden qualifiziertesten Bewerber wird ausgelost".

11. Eine Fußballmannschaft bestehe jeweils aus 3 Stürmern, 3 Mittelfeldspielern, 4 Verteidigern und einem Torwart. Man wähle aus 6 verschiedenen Mannschaften jeweils zufällig einen Spieler aus. Wie groß ist die Wahrscheinlichkeit, daß man
a) genau 5 Stürmer,
b) nur Verteidiger und Mittelfeldspieler,
c) höchstens zwei Torwarte auswählt?

12. Eine Kiste enthält 120 Eier, von denen 25 % faul sind. Sechs Eier werden zufällig herausgegriffen. Wie groß ist die Wahrscheinlichkeit, dabei höchstens 2 faule Eier zu haben? Berechnen Sie diese Wahrscheinlichkeit
a) exakt nach dem Urnenmodell I,
b) näherungsweise nach dem Urnenmodell II.

13. Eine Urne enthält 5 schwarze, 4 rote und 3 weiße Kugeln. Zwei Kugeln werden zufällig A) mit Zurücklegen, B) ohne Zurücklegen gezogen. Wie groß ist die Wahrscheinlichkeit, daß
a) beide Kugeln schwarz sind,
b) beide Kugeln rot sind,
c) beide Kugeln die gleiche Farbe haben,
d) genau eine Kugel weiß ist?

14. Berechnen Sie die Wahrscheinlichkeit dafür, daß von n zufällig ausgewählten Personen mindestens zwei am gleichen Tag Geburtstag haben.
Hinweis: Berechnen Sie zunächst die Wahrscheinlichkeit des Komplementärereignisses unter der Modellannahme, daß das Jahr 365 Tage hat, von denen jeder für den Geburtstag einer beliebigen Person gleichwahrscheinlich ist.
Berechnen Sie die Wahrscheinlichkeit für $n = 23$ und $n = 50$.

15. 75 % der Belegschaft einer großen Firma gehören der Gewerkschaft an. Für eine Kommission werden unter allen Personen 10 zufällig ausgesucht. Wie groß ist die Wahrscheinlichkeit, daß in der Kommission
a) mehr als 7 Personen der Gewerkschaft angehören,
b) mehr als 6, aber nicht alle Gewerkschaftsmitglieder sind?

16. Eine Urne enthalte 3 rote und 7 weiße Kugeln. Ein Punkt bewege sich im kartesischen Koordinatensystem folgendermaßen: Er startet im Koordinatenursprung und bewegt sich um eine Einheit nach rechts (parallel zur Abszissenachse), falls eine rote Kugel gezogen wird, sonst bewegt er sich um eine Einheit nach oben. Bestimmen Sie die möglichen Endpunkte und die Wahrscheinlichkeiten, mit denen sie erreicht werden, falls 4 Kugeln
a) ohne, b) mit zwischenzeitlichem Zurücklegen in einem Laplace-Experiment gezogen werden.

17. Wie groß ist die Wahrscheinlichkeit, daß unter k Geburten, $k = 1, 2, \ldots, 7$, kein Mädchen ist? (Annahme: Die Geburt eines Jungen und eines Mädchens ist gleichwahrscheinlich.)

18. Die erste Ausspielung der Glücks-Spirale wurde folgendermaßen durchgeführt: In einer Urne waren 70 Kugeln, von denen jeweils 7 die Ziffern $0, 1, 2, \ldots, 9$ hatten. Daraus wurden ohne zwischenzeitliches Zurücklegen 7 Kugeln gezogen, die in der Ziehungsreihenfolge die (höchstens siebenstellige) Gewinnzahl ergaben.
a) Berechnen Sie die Wahrscheinlichkeiten dafür, daß bei diesem Modell die Zahl 3333333 bzw. 0123456 gezogen wird.
b) Wie muß das Modell geändert werden, damit jede höchstens siebenstellige Zahl die gleiche Wahrscheinlichkeit besitzt?

L 19. In einer Urne befinden sich 10 Kugeln, von denen 2 rot sind. In einer zweiten Urne sind N Kugeln, M davon sind rot. Aus jeder Urne werden jeweils 3 Kugeln gezogen. Welche Bedingungen müssen erfüllt sein, damit die Wahrscheinlichkeiten, jeweils k rote zu ziehen, bei beiden Urnen gleich sind nach dem Urnenmodell II bzw. I für $k = 0,1,2,3$?

L 20. a) Zeigen Sie, daß es in dem nebenstehenden Straßensystem genau

$$\binom{8+5}{8} = \binom{8+5}{5}$$

verschiedene kürzeste Wege von A nach B gibt.

b) Gesucht ist die Anzahl der kürzesten Wege von A nach B, die über C führen.

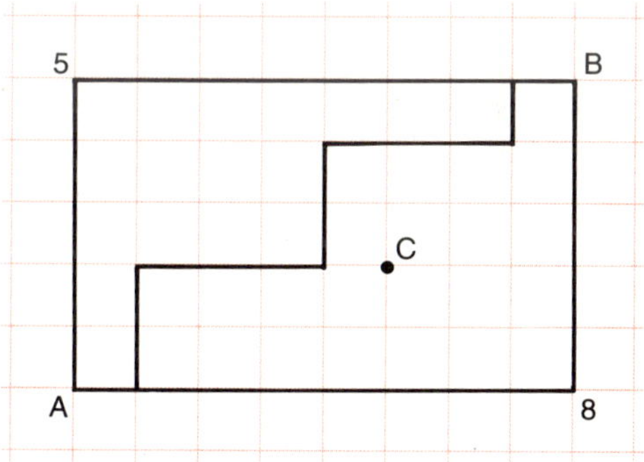

L 21. Lösen Sie die vorhergehende Aufgabe, wenn die Punkte folgende Koordinaten haben:
$A(0\,|\,0)$; $B(x\,|\,y)$; $C(u\,|\,v)$ mit $0 \leq u \leq x$; $0 \leq v \leq y$.

Z 5 Zufallszahlen und Simulationen

Bei vielen Zufallsexperimenten ist die praktische Versuchsdurchführung sehr mühsam, z. B. das Werfen mit 100 idealen Würfeln oder das wiederholte Ziehen einer Kugel aus einer Urne. Oft ist es einfacher, das entsprechende Zufallsexperiment mit Hilfe von Zufallsziffern bzw. Zufallszahlen zu simulieren (nachzuahmen). Bei einer solchen Simulation sollte die gleich wahrscheinliche Auswahl aller Elemente im wesentlichen gewährleistet sein. Sie kann auch mit Hilfe eines Computers durchgeführt werden. Allgemein nennt man die Simulation eines stochastischen Vorgangs mit Hilfe von Zufallszahlen in Anspielung auf das Roulett-Spiel **Monte-Carlo-Methode.**

Z 5.1 Erzeugung von Zufallsziffern

Zufallsziffern aus der Grundmenge $\Omega = \{0, 1, 2, 3, 4, 5, 6, 7, 8, 9\}$ können dadurch erzeugt werden, daß man ein Glücksrad mit gleichmäßiger Einteilung (alle 10 Innenwinkel betragen dann 36°) wiederholt dreht und die so entstehenden Ziffern – meistens in Fünferblöcken – hinschreibt. Man kann aber auch eine Urne benutzen, in der sich 10 Kugeln mit den entsprechenden Nummern befinden. Ziehen mit Wiederholung liefert dann ebenfalls Zufallsziffern. Durch Zusammensetzung von Zufallsziffern erhält man Zufallszahlen.

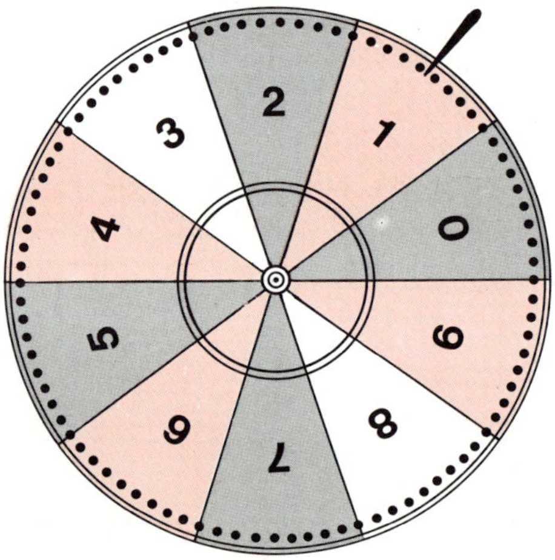

Beispiel (Zufallsziffern – Zufallszahlen):

Bei 250 Versuchsdurchführungen erhielt man folgende Zufallsziffern:

95572	87064	83703	66153	80427	48487	18789	40876	75165	26515
33763	26068	76489	01714	01713	69181	11273	37832	25030	89128
98591	41264	89043	37009	80841	03859	16096	62055	70627	55956
89266	14784	56892	66147	84255	51147	19094	12268	46095	41714
07817	27554	00395	54171	43705	61124	79421	11328	80246	34159

Z 5.2 Simulation von Laplace-Experimenten

In diesem Abschnitt sollen Laplace-Experimente simuliert werden. Die Ergebnismenge Ω besitze m Elemente, von denen alle gleich wahrscheinlich sind. Falls m nicht größer als 10 ist, kann jedem Element eine oder auch mehrere Ziffern (Zahlen 0 bis 9) zugeordnet werden. Für jede Zufallsziffer aus dem entsprechenden Bereich wird dann das zugehörige Element registriert. Zufallsziffern, denen kein Element zugeordnet wurde, werden nicht berücksichtigt (überlesen).

Beispiel 1 (idealer Würfel): Das 30 malige Werfen eines idealen Würfels soll mit den Zufallszahlen aus Abschnitt 5.1 simuliert werden. Den Ziffern 1 bis 6 werden unmittelbar die Augenzahlen zugeordnet, während die Ziffern 0, 7, 8, 9 überlesen werden. Damit erhält man mit den ersten Zufallsziffern aus Abschnitt 5.1 die simulierte Stichprobe

5 5 2 6 4 3 3 6 6 1 5 3 4 2 4 4 1 4 6 5 1 6 5 2 6 5 1 5 3 3.

1. Simulieren Sie mit der letzten Zeile der Zufallsziffern aus Abschnitt 5.1 das Werfen einer idealen Münze. Ordnen Sie Wappen eine gerade Zahl zu.

Falls die Grundmenge mehr als 10 und weniger als 100 Elemente enthält, benötigt man zweistellige Zufallszahlen. Dann werden der Reihe nach jeweils zwei Ziffern zu einer Zahl zusammengesetzt. Besitzt die Grundmenge über 100 Elemente, so müssen drei- bzw. vier- oder mehrstellige Zahlen benutzt werden.

Beispiel 2 (Roulett): Roulett-Ausspielungen mit $\Omega = \{0, 1, 2, 3, ..., 36\}$ sollen mit Hilfe der Zufallsziffern aus Abschnitt 5.1 simuliert werden. Dazu benötigt man jeweils zwei benachbarte Ziffern, also die Paare 00 ; 01 ; .... ; 09 ; 10 ; ..... ; 36. Die restlichen Paare werden überlesen. Aus den ersten Zufallsziffern erhält man die simulierte Stichprobe

28 36 18 8 16 15 33 32 17 14 1 36 11 27 33 32 25 3 8 28
14 12 4 33 9 10 16 9 20 26 26 25 11 19 9 22 9 17 14 7
0 11 24 11 13 28 24.

Beim Ziehen ohne Zurücklegen dürfen bereits aufgetretene Zahlen nicht mehr verwendet werden. Sie müssen bei diesem Modell überlesen werden.

Aufgaben

2. Eine Urne enthalte 3 rote und 7 weiße Kugeln. Daraus werde 50mal mit Zurücklegen eine Kugel gezogen. Simulieren Sie das Zufallsexperiment mit der zweiten Zeile der Zufallsziffern aus Abschnitt 5.1.

3. Mit zwei idealen Würfeln werde gleichzeitig geworfen und die Augensumme gebildet. Simulieren Sie das Zufallsexperiment 30mal mit Hilfe der Zufallsziffern aus Abschnitt 5.1. Hinweis: Benutzen Sie jeweils Zahlenpaare.

Z 5.3 Simulation von beliebigen Zufallsexperimenten

Falls bei endlichen Ergebnismengen die einzelnen Versuchsergebnisse nicht mehr gleich wahrscheinlich sind, muß die Anzahl der den einzelnen Ergebnissen zugeordneten Zufallszahlen proportional zur Wahrscheinlichkeit sein.

Beispiel 1: Ein verfälschter Würfel besitze folgende Wahrscheinlichkeiten

Augenzahl	1	2	3	4	5	6
Wahrscheinlichkeiten	0,1	0,15	0,15	0,15	0,15	0,3

Den Augenzahlen 2, 3, 4 und 5 müssen jeweils gleich viele Zufallszahlen zugeordnet werden, und zwar das 1,5-fache der Augenzahl 1. Der Augenzahl 6 werden dreimal mehr Zufallszahlen zugeordnet als der 1. Wir benutzen folgende Zuordnung:

$00, 01, 02, \ldots\ldots, 09 \rightarrow$ Augenzahl 1 (10 Zufallszahlen)
$10, 11, 12, \ldots\ldots, 24 \rightarrow$ Augenzahl 2 (15 Zufallszahlen)
$25, 26, 27, \ldots\ldots, 39 \rightarrow$ Augenzahl 3 (15 Zufallszahlen)
$40, 41, 42, \ldots\ldots, 54 \rightarrow$ Augenzahl 4 (15 Zufallszahlen)
$55, 56, 57, \ldots\ldots, 69 \rightarrow$ Augenzahl 5 (15 Zufallszahlen)
$70, 71, 72, \ldots\ldots, 99 \rightarrow$ Augenzahl 6 (30 Zufallszahlen).

Mit den ersten 50 Zufallsziffern aus Abschnitt 5.1 erhält man
6 5 3 6 5 6 6 3 5 4 6 4 6 6 6 2 6 6 1 6 6 2 4 5 2.

Mit Hilfe von Zufallszahlen können auch unabhängige Versuchsserien simuliert werden, bei denen in jeder Stufe nur festgestellt wird, ob ein bestimmtes Ereignis A oder das Komplementärereignis $\overline{A}$ eintritt. Solche Versuchsserien nennt man **Bernoulli-Experimente.** P(A) sei die Wahrscheinlichkeit des Ereignisses A. Dem Ereignis A müssen $100 \cdot P(A)$ Prozent und dem Komplementärereignis $\overline{A}$ $100 \cdot (1 - P(A))$ Prozent Zufallszahlen zugeordnet werden.

Beispiel 2: Das Ereignis A besitze die Wahrscheinlichkeit $P(A) = 0{,}23$. Zur Simulation benutzt man Zweierblöcke mit der Zuordnung

$00, 01, \ldots, 22 \rightarrow A$ (23 Zufallszahlen); $23, 24, \ldots, 99 \rightarrow \overline{A}$ (77 Zufallszahlen) .

Aus der zweiten Zeile der Zufallsziffern aus Abschnitt 5.1 erhält man

$\overline{A}\ \overline{A}\ \overline{A}\ \overline{A}\ \overline{A}\ \overline{A}\ \overline{A}\ \overline{A}\ A\ A\ A\ \overline{A}\ \overline{A}\ \overline{A}\ \overline{A}\ A\ \overline{A}\ \overline{A}\ \overline{A}\ \overline{A}\ \overline{A}\ \overline{A}\ A\ A\ \overline{A}\ \overline{A}$.

Aufgaben

1. Elektrogeräte seien mit Wahrscheinlichkeit $p = 0{,}05$ fehlerhaft. Wie viele Simulationsschritte sind mit den Zufallsziffern aus Abschnitt 5.1 möglich? Bestimmen Sie die relative Häufigkeit der fehlerhaften Stücke, falls die Reihenfolge a) von links oben nach rechts unten, b) von rechts unten nach links oben benutzt wird.

2. Die Heilungswahrscheinlichkeit eines Medikaments sei $p = 0{,}78$. Das Medikament werde 125 Patienten verabreicht, und es werde festgestellt, wie viele der Patienten geheilt werden. Simulieren Sie das Zufallsexperiment mit den Zufallsziffern aus Abschnitt 5.1.

Z 5.4 Erzeugung von Zufallszahlen mit Hilfe eines Computers

Die meisten Rechner können mit Hilfe der RND (random)-Funktion **Standard-Zufallszahlen r aus dem Intervall]0;1[**, also Zufallszahlen zwischen 0 und 1 erzeugen. Die Erzeugung geschieht mit Hilfe eines Algorithmus. Falls dieser Algorithmus bekannt ist, sind die Zufallszahlen reproduzierbar. Im allgemeinen gibt man eine Startzahl ein. Falls die gleiche Startzahl wiederholt wird, entsteht die gleiche Reihe von Zufallszahlen. Aus diesem Grund kann es sich bei diesen Zahlen um keine echten Zufallszahlen, sondern nur um "Pseudozufallszahlen" handeln.
Ein guter Zufallszahlengenerator erzeugt jedoch Pseudozufallszahlen, die sich fast wie "echte" Zufallszahlen verhalten, also z. B. auf dem Intervall]0;1[gleichmäßig verteilt sind.

Mit diesen Standard-Zufallszahlen können direkt Bernoulli-Experimente für ein Ereignis A mit der Wahrscheinlichkeit P(A) simuliert werden durch die Zuordnung

$$\text{Zufallszahl r} < P(A) \rightarrow A$$

$$\text{Zufallszahl r} \geq P(A) \rightarrow \overline{A}.$$

Durch Multiplikation dieser Zufallszahlen mit einer Konstanten $d > 0$ enstehen **Zufallszahlen aus dem Intervall]0; d[.**

Zufallsziffern 0, 1, 2, ..., 9 werden gebildet, indem die vom Rechner erzeugten Standard-Zufallszahlen mit 10 multipliziert werden und von jeder so erhaltenen Zahl der ganzzahlige Anteil gewählt wird, was bei den meisten Rechnern mit Hilfe der INT (integer)-Funktion möglich ist.

Es ist z. B. $\text{INT}(2,345) = 2$.

Ganzzahlige Zufallszahlen 1, 2, ..., m erhält man aus den Standard-Zufallszahlen r mit der Operation

$$\text{INT}(m \cdot r + 1) \quad (\text{ganzzahliger Anteil von } m \cdot r + 1);$$

$$r = \text{Standard-Zufallszahl} \in]0, 1[.$$

Roulett-Ausspielungen mit $\Omega = \{0, 1, 2, \dots, 36\}$ können mit Hilfe der Rechenvorschrift $\text{INT}(37 \cdot r)$ simuliert werden. Dabei ist r eine Standard-Zufallszahl zwischen 0 und 1.

Aufgaben:

1. Bei der Lotto-Ausspielung wird sechsmal hintereinander ohne Wiederholung eine Zahl aus $\Omega = \{1, 2, \dots, 49\}$ zufällig ausgewählt (ohne Zusatzzahl). Mit welcher Rechenvorschrift kann dieses Zufallsexperiment simuliert werden?

2. Aus $\Omega = \{33, 34, 35, \dots, 60, 61\}$ sollen Zahlen zufällig ausgewählt werden. Welche Rechenvorschrift kann dazu benutzt werden?

3. Wie können Zufallszahlen aus $\Omega = \{2, 4, 6, 8, 10, 12, 14, 16, 18, 20\}$ erzeugt werden?

Z 5.5 Vermischte Aufgaben

Die Zufallsexperimente in den nachfolgenden Aufgaben 1 bis 4 sollen mit Hilfe der Zufallsziffern aus Abschnitt 5.1 simuliert werden.

1. Beim Roulett interessiere man sich für das Ereignis U: "Eine ungerade Zahl wird ausgespielt". Berechnen Sie die relative Häufigkeit dieses Ereignisses bei 40 Ausspielungen.

2. Eine Urne enthalte 8 rote und 12 weiße Kugeln. Daraus werden
a) mit zwischenzeitlichem Zurücklegen,
b) ohne zwischenzeitliches Zurücklegen
der Reihe nach Kugeln entnommen. Simulieren Sie das Zufallsexperiment mit allen Zufallsziffern, wobei die Zahlen von 20 an überlesen werden sollen.

3. Untersucht werden 30 Familien mit jeweils 4 Kindern. Dabei werde die relative Häufigkeit der Mädchen festgestellt, wobei vorausgesetzt wird, daß beide Geschlechter gleich wahrscheinlich sind.
Berechnen Sie die einzelnen Wahrscheinlichkeiten.

4. Mit fünf idealen Münzen werde gleichzeitig fünfzigmal geworfen. A sei das Ereignis "Mindestens dreimal tritt Wappen auf". Berechnen Sie die relative Häufigkeit und vergleichen sie diesen Wert mit der entsprechenden Wahrscheinlichkeit.

Die nachfolgenden Aufgaben können nur gelöst werden, wenn ein Computer mit einem Zufallszahlengenerator vorhanden ist.

5. Ein Ereignis A besitze die Wahrscheinlichkeit $p = 0{,}4$. Berechnen Sie in einer Versuchsserie (Bernoulli-Experiment) vom Umfang
a) $n = 100$, b) $n = 1000$, c) $n = 10\,000$
die relative Häufigkeit des Ereignisses A.

6. Die Wahrscheinlichkeit einer Mädchengeburt betrage 0,4865. Stellen Sie 100mal jeweils unter 6 Geburten die Anzahl der Mädchen fest und berechnen Sie in der gesamten Serie die relative Häufigkeit einer Mädchengeburt.

7. Simulieren Sie ein Zufallsexperiment mit
a) 1000 b) 3000
Versuchen, mit dem Sie einen Näherungswert für die Zahl π bestimmen können. An welches Verfahren denken Sie?

8. Beim Lotto 6 aus 49 sollen zwanzigmal 6 Gewinnzahlen ausgespielt werden. Dabei soll festgestellt werden, wie oft von den 6 Gewinnzahlen mindestens zwei benachbart sind.

L 6 Bedingte Wahrscheinlichkeit

Die bisher betrachtete sogenannte absolute Wahrscheinlichkeit P(A) darf nur dann als Maß für die Chance des Eintretens eines Ereignisses benutzt werden, wenn das Zufallsexperiment noch nicht begonnen hat oder über das laufende oder schon beendete Zufallsexperiment keine Information vorliegt. Sind jedoch Teilinformationen über den Ausgang des Zufallsexperiments bekannt, so weiß man, daß ein bestimmtes Ereignis eingetreten ist. Damit ändern sich aber die mögliche Ergebnismenge und eventuell manche Wahrscheinlichkeiten. Derartige vom Informationsstand abhängige Wahrscheinlichkeiten nennt man bedingte Wahrscheinlichkeiten. Zur Berechnung von bedingten Wahrscheinlichkeiten werden also Teilinformationen über den Versuchsausgang benutzt.

Beispiel : Jemand zieht aus einem Kartenspiel mit 32 Karten zufällig eine Karte.

a) Über die gezogene Karte sei nichts bekannt. Dann ist für einen Außenstehenden die Wahrscheinlichkeit, daß ein König gezogen wurde, gleich $\frac{4}{32} = \frac{1}{8}$.

b) Es sei nur bekannt geworden, daß keine Dame gezogen wurde. Dann muß die Karte aus den restlichen 28 Karten gezogen worden sein, unter denen sich noch alle 4 Könige befinden. Durch diese Information ändert sich die Wahrscheinlichkeit, daß ein König gezogen wurde, auf $\frac{4}{28} = \frac{1}{7}$. Diese vom Informationsstand abhängige Wahrscheinlichkeit ist eine bedingte Wahrscheinlichkeit.

L 6.1 Definition der bedingten Wahrscheinlichkeit

Beispiel 1: Eine Schülerin wirft einen idealen Würfel und stellt das Ergebnis fest, ohne es ihren Mitschülerinnen und Mitschülern mitzuteilen.

a) Die anderen Schülerinnen und Schüler sollen keine Information über den Versuchsausgang haben. Dann kann von ihrem Standpunkt aus jede Augenzahl mit der gleichen Wahrscheinlichkeit $\frac{1}{6}$ geworfen worden sein.

b) Die Schülerin gibt bekannt, daß eine gerade Augenzahl geworfen wurde. Durch diese Information ändert sich für die anderen Personen die Ergebnismenge. Diese von dem Informationsstand abhängige neue Ergebnismenge lautet $\{2, 4, 6\}$.
Jetzt besitzen die geraden Augenzahlen 2, 4, 6 jeweils die Wahrscheinlichkeit $\frac{1}{3}$. Das Ereignis "Eine 2 wird geworfen unter der Bedingung, daß eine gerade Augenzahl geworfen wird" bezeichnen wir mit $\{2\} \mid G$. Dieses bedingte Ereignis besitzt die **bedingte Wahrscheinlichkeit** $P(\{2\} \mid G) = \frac{1}{3}$, (gelesen: P von 2 unter der Bedingung G).
Mit der Information, daß eine gerade Augenzahl geworfen wurde, besitzt jede gerade Augenzahl die bedingte Wahrscheinlichkeit $\frac{1}{3}$ und jede ungerade Augenzahl die bedingte Wahrscheinlichkeit Null.

1. Aus 5 Personen wurden zwei für einen Ausschuß ausgewählt. Wie groß ist die Wahrscheinlichkeit dafür, daß die Person A ausgewählt wurde, falls nur bekannt ist, daß die Person B
a) nicht ausgewählt wurde,
b) ausgewählt wurde.

Beispiel 2 (Skat): Beim Skatspiel werden von 32 Karten zwei in den Skat gelegt. Gesucht ist die Wahrscheinlichkeit für das Ereignis A: "Zwei Buben liegen im Skat".

a) Das Experiment könnte so durchgeführt werden, daß aus den 32 Karten zwei zufällig ausgewählt werden. Dafür gibt es $\binom{32}{2} = 496$ verschiedene Möglichkeiten. Zwei Buben können aus der Menge der vier Buben auf $\binom{4}{2} = 6$ verschiedene Arten ausgewählt werden. Falls über die restlichen Karten nichts bekannt ist, lautet die gesuchte absolute Wahrscheinlichkeit $p = \frac{6}{496} \approx 0{,}0121$.

b) Nach dem Verteilen der Karten habe Spieler I zwei Buben, Spieler II einen und Spieler III keinen Buben auf der Hand. Wir gehen davon aus, daß die drei Spieler nur ihre eigenen Karten kennen. Dann können die beiden Karten aus dem Skat nur aus den restlichen, dem einzelnen Spieler nicht bekannten 22 Karten stammen, wofür es $\binom{22}{2} = 231$ Auswahlmöglichkeiten gibt.
Die Anzahl der günstigen Fälle hängt von der Information der einzelnen Spieler ab. Dem Spieler I ist bekannt, daß unter den restlichen 22 Karten noch genau zwei Buben sind. Mit seiner Information gibt es dann für das Ereignis A nur einen günstigen Fall mit der bedingten Wahrscheinlichkeit $\frac{1}{231} \approx 0{,}00433$.

Für den Spieler II gibt es für das betrachtete Ereignis $\binom{3}{2} = 3$ günstige Fälle mit der bedingten Wahrscheinlichkeit $\frac{3}{231} \approx 0{,}01299$.

Spieler III weiß, daß sich unter den restlichen 22 Karten noch alle vier Buben befinden. Mit dieser Information gibt es für das Ereignis A noch $\binom{4}{2} = 6$ günstige Fälle mit der bedingten Wahrscheinlichkeit $\frac{6}{231} \approx 0{,}02597$.

Beispiel 3: In der Klasse 5a sind 9 Mädchen und 12 Jungen, in der Parallelklasse 5b sind 14 Mädchen und 11 Jungen.

	Mädchen	Jungen	Klassenstärke
Klasse 5a	9	12	21
Klasse 5b	14	11	25
Gesamtanzahl	23	23	46

Aus der Gesamtmenge der 46 Schülerinnen und Schüler wird für einen Wettbewerb eine Person zufällig ausgelost. Wir betrachten folgende Ereignisse:

A: "Die ausgewählte Person stammt aus Klasse 5a"
M: "Die ausgewählte Person ist ein Mädchen"
$A \cap M$: "Die ausgewählte Person ist ein Mädchen aus Klasse 5a" (Durchschnitt).

Aus den Tabellenwerten erhält man die Wahrscheinlichkeiten

$P(A) = \frac{21}{46}$; $P(M) = \frac{23}{46}$; $P(A \cap M) = \frac{9}{46}$.

Nach erfolgter Auslosung ist bekannt geworden, daß ein Mädchen ausgelost wurde, nicht jedoch, aus welcher Klasse das ausgeloste Mädchen stammt. Damit reduziert sich die Ergebnismenge auf die 23 Mädchen, von denen 9 in Klasse 5a sind. Die bedingte Wahrscheinlichkeit für das Ereignis A unter der Bedingung, daß M eingetreten ist, bezeichnen wir mit $P(A \mid M)$. Mit 9 günstigen bei 23 möglichen Fällen erhält man $P(A \mid M) = \frac{9}{23}$.

Dividiert man in diesem Bruch Zähler und Nenner durch die Gesamtanzahl 46, so erhält man

$$P(A \mid M) = \frac{\frac{9}{46}}{\frac{23}{46}} = \frac{P(A \cap M)}{P(M)} .$$

2. Zeigen Sie, daß in Beispiel 1 die Eigenschaft gilt:

$$P(\{2\} \mid G) = \frac{P(\{2\} \cap G)}{P(G)}$$

3. Zeigen Sie, daß in Aufgabe 1 folgende Eigenschaften gelten:

$$P(A \mid B) = \frac{P(A \cap B)}{P(B)} \quad ; \quad P(A \mid \overline{B}) = \frac{P(A \cap \overline{B})}{P(\overline{B})} .$$

Definition: A und B seien zwei beliebige Ereignisse eines Zufallsexperiments mit $P(B) > 0$, wobei P eine Wahrscheinlichkeit ist. Dann heißt

$$P_B(A) = P(A \mid B) = \frac{P(A \cap B)}{P(B)}$$

die **bedingte Wahrscheinlichkeit von A unter der Bedingung B**.

$P(A \mid B)$ wird gelesen: "P von A unter der Bedingung B".

4. Beim Werfen zweier Würfel ist A das Ereignis: "Die Augensumme ist gerade" und B das Ereignis: "Die Augensumme ist durch 3 teilbar".
Berechnen Sie $P(A \mid B)$ und $P(B \mid A)$.

Bemerkung: Hält man das Ereignis B fest, so besitzt die für verschiedene Ereignisse definierte Funktion P_B folgende Eigenschaften:

1) $0 \leq P_B(A) \leq 1$ für jedes Ereignis A.

2) $P_B(\Omega) = 1$; $P_B(B) = 1$.

3) A und C seien unvereinbare Ereignisse mit $A \cap C = \emptyset$. Dann gilt das Distributivgesetz

$$(A \cup C) \cap B = (A \cap B) \cup (C \cap B) ,$$

wobei $A \cap B$ und $C \cap B$ unvereinbar sind. Daraus folgt

$$P_B(A \cup C) = \frac{P((A \cup C) \cap B)}{P(B)} = \frac{P(A \cap B) + P(C \cap B)}{P(B)}$$

$$= \frac{P(A \cap B)}{P(B)} + \frac{P(C \cap B)}{P(B)} = P_B(A) + P_B(C) .$$

Bei festem B erfüllt also die Funktion P_B die Axiome von Kolmogorow und ist somit selbst eine Wahrscheinlichkeit. Daher dürfen auf sie sämtliche Gesetze der Wahrscheinlichkeit angewandt werden, z. B.

$$P(\overline{A} \mid B) = 1 - P(A \mid B) .$$

Wegen $P_B(B) = 1$ ist die bedingte Wahrscheinlichkeit auf B konzentriert. Sämtliche Ereignisse D mit $D \subseteq \overline{B}$ besitzen die bedingte Wahrscheinlichkeit 0.

Aufgaben

5. Die Personalzusammensetzung eines Betriebes ist in der nebenstehenden Häufigkeitstabelle angegegeben. Aus dem Betrieb werde eine Person zufällig ausgewählt. M sei das Ereignis: "Die ausgewählte Person ist männlich" und A das Ereignis: "Die ausgewählte Person ist angestellt. Berechnen Sie folgende bedingte Wahrscheinlichkeiten:

	Angestellte (A)	Arbeiter ($\overline{A}$)
männlich (M)	780	70
weiblich ($\overline{M}$)	40	110

a) $P(A \mid M)$, $P(\overline{A} \mid M)$; b) $P(A \mid \overline{M})$, $P(\overline{A} \mid \overline{M})$;

c) $P(M \mid A)$, $P(\overline{M} \mid A)$; d) $P(M \mid \overline{A})$, $P(\overline{M} \mid \overline{A})$.

6. Aus der Menge der Zahlen $\Omega = \{1, 2, \dots, 10\,000\}$ werde eine zufällig ausgewählt. Wie groß ist die Wahrscheinlichkeit dafür, daß sie durch 20 teilbar ist, wenn schon bekannt ist, daß sie

a) durch 3, b) durch 25, c) durch 60 teilbar ist?

7. Zeigen Sie mit Hilfe von Aufgabe 1, daß für unvereinbare Ereignisse B und C die Eigenschaft $P(A \mid B \cup C) = P(A \mid B) + P(A \mid C)$ allgemein nicht gilt.

L 6.2 Bedingte relative Häufigkeit

Ein Zufallsexperiment werde n-mal durchgeführt. In dieser Gesamtserie vom Umfang n sollen die Ereignisse A, B und $A \cap B$ die relativen Häufigkeiten $r_n(A)$, $r_n(B)$ und $r_n(A \cap B)$ mit $r_n(B) > 0$ besitzen.

Es sollen nur noch diejenigen Versuche betrachtet werden, bei denen das Ereignis B eingetreten ist. Dann besitzt diese Teilserie den Umfang $h_n(B)$ (absolute Häufigkeit von B in der Gesamtserie). In dieser Teilserie ist das Ereignis A eingetreten, wenn in der Gesamtserie der Durchschnitt $A \cap B$ eingetreten ist. Somit besitzt das Ereignis $A \mid B$: "A tritt ein, unter der Bedingung, daß B eingetreten ist" in der Teilserie die relative Häufigkeit

$$r(A \mid B) = \frac{h_n(A \cap B)}{h_n(B)} .$$

Division des Zählers und Nenners durch n liefert

$$r(A \mid B) = \frac{r_n(A \cap B)}{r_n(B)} .$$

Dabei ist $r(A \mid B)$ die (bedingte) relative Häufigkeit des Ereignisses "A unter der Bedingung B".

Aufgaben

1. Von 1000 Personen ließen sich 131 gegen Grippe impfen. Von den geimpften erkrankten 18, von den nicht-geimpften 196 an der Grippe.
G sei das Ereignis "geimpft" und E das Ereignis "an Grippe erkrankt".
Berechnen Sie die bedingten relativen Häufigkeiten $r(E \mid G)$ und $r(E \mid \overline{G})$.

2. Zeigen Sie, daß bei festem Ereignis B für die bedingte relative Häufigkeit folgende Eigenschaften gelten:

1) $0 \leq r(A \mid B) \leq 1$ für jedes Ereignis A;

2) $r(\Omega \mid B) = 1$ und $r(B \mid B) = 1$;

3) $r(A \cup C \mid B) = r(A \mid B) + r(C \mid B)$ für unvereinbare Ereignisse A und C;

4) $r(A \mid \Omega) = r_n(A)$.

3. In einer Versuchsserie vom Umfang $n = 500$ trat 220mal das Ereignis A, 105mal das Ereignis B und 280mal das Ereignis $A \cup B$ ein.
a) Berechnen Sie die relative Häufigkeit des Ereignisses $A \cap B$.
b) Berechnen Sie in dieser Versuchsserie die bedingten relativen Häufigkeiten $r(A \mid B)$ und $r(B \mid A)$.

L 6.3 Produktsatz bei bedingten Wahrscheinlichkeiten

Häufig sind die bedingte Wahrscheinlichkeit $P(A \mid B)$ sowie die absolute Wahrscheinlichkeit $P(B)$ bekannt. Dann erhält man aus der Definition der bedingten Wahrscheinlichkeit durch Multiplikation mit $P(B)$ unmittelbar die Wahrscheinlichkeit $P(A \cap B)$.

> **Produktsatz:** Für zwei beliebige Ereignisse A und B mit $P(B) > 0$ gilt
>
> $$P(A \cap B) = P(A \mid B) \cdot P(B) .$$

Beispiel 1: Eine Urne enthalte 3 rote und 7 weiße Kugeln. Daraus werden ohne zwischenzeitliches Zurücklegen nacheinander zwei Kugeln gezogen. Es handelt sich also um ein zweistufiges Zufallsexperiment. Wir betrachten folgende Ereignisse:

R_1: beim ersten Zug eine rote Kugel

W_1: beim ersten Zug eine weiße Kugel

R_2: beim zweiten Zug eine rote Kugel

W_2: beim zweiten Zug eine weiße Kugel.

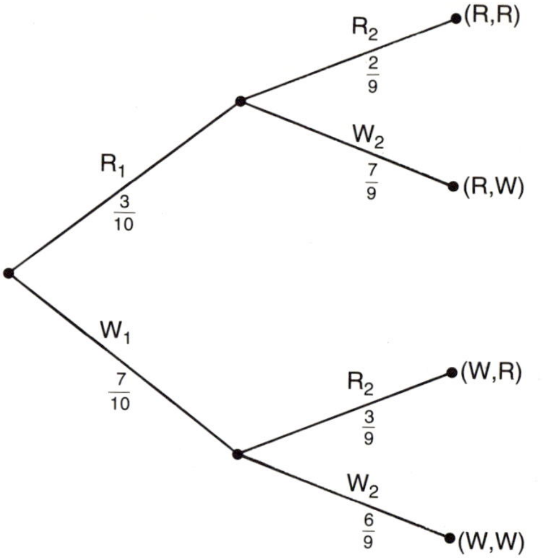

Für den ersten Zug erhalten wir die (absoluten) Wahrscheinlichkeiten

$P(R_1) = \frac{3}{10}$; $P(W_1) = \frac{7}{10}$.

Diese Wahrscheinlichkeiten sind in den ersten beiden Ästen eingetragen. Ist das Ereignis R_1 eingetreten, so bleiben für den zweiten Zug noch 2 rote und 7 weisse Kugeln übrig. Dann lauten die bedingten Wahrscheinlichkeiten

$P(R_2 \mid R_1) = \frac{2}{9}$; $P(W_2 \mid R_1) = \frac{7}{9}$.

Falls beim ersten Zug eine weiße Kugel gezogen wurde, bleiben noch 3 rote und 6 weiße Kugeln übrig mit den bedingten Wahrscheinlichkeiten

$P(R_2 \mid W_1) = \frac{3}{9}$; $P(W_2 \mid W_1) = \frac{6}{9}$. Mit dem Produktsatz erhält man die Wahrscheinlichkeiten

$$P(\text{beide rot}) = P(R, R) = P(R_1 \cap R_2) = P(R_2 \mid R_1) \cdot P(R_1) = \frac{2}{9} \cdot \frac{3}{10} = \frac{1}{15} ;$$

$$P(\text{beide weiß}) = P(W, W) = P(W_1 \cap W_2) = P(W_2 \mid W_1) \cdot P(W_1) = \frac{6}{9} \cdot \frac{7}{10} = \frac{7}{15} .$$

Falls man auf den Ästen eines Pfades die sog. **Übergangswahrscheinlichkeiten** (bedingte Wahrscheinlichkeiten) einträgt, erhält man die Wahrscheinlichkeit eines Pfades durch Multiplikation der Wahrscheinlichkeiten auf den Ästen des zugehörigen Pfades.

1. Berechnen Sie in Beispiel 1 die Wahrscheinlichkeiten folgender Ereignisse:
A: "Zuerst wird eine rote, danach eine weiße Kugel gezogen";
B: "Zuerst wird eine weiße, danach eine rote Kugel gezogen"

2. Berechnen Sie die Wahrscheinlichkeiten P(beide rot) und P(beide weiß) aus Beispiel 1 direkt mit Hilfe der Formel des Urnenmodells I.

Beipiel 2: Für das Zufallsexperiment aus Beispiel 1 ist die (absolute) Wahrscheinlichkeit dafür gesucht, daß die beim zweiten Zug gezogene Kugel rot ist. Zur Berechnung dieser Wahrscheinlichkeit darf das Ergebnis des ersten Zuges nicht benutzt werden, es darf keinerlei Information über das Ergebnis des ersten Zuges vorliegen. Das Zufallsexperiment könnte z. B. folgendermaßen durchgeführt werden: Zuerst wird eine Kugel verdeckt gezogen und beiseite gelegt, ohne daß deren Farbe festgestellt wird. Danach wird aus der Restmenge eine zweite Kugel gezogen und nur deren Farbe festgestellt.
Das Ergebnis "Die Kugel beim zweiten Zug ist rot" tritt ein, wenn entweder (R, R) oder (W, R) eintritt. Daher lautet die absolute Wahrscheinlichkeit

$$P(2.\ \text{Kugel rot}) = P\big((R,R)\big) + P\big((W,R)\big) = \tfrac{1}{15} + \tfrac{7}{30} = \tfrac{3}{10}.$$

Diese absolute Wahrscheinlichkeit stimmt überein mit der absoluten Wahrscheinlichkeit, beim ersten Zug eine rote Kugel zu ziehen. Eine solche Eigenschaft gilt beim Ziehen ohne Zurücklegen immer. Wohlgemerkt, es darf über die Ausgänge der vorangehenden Züge keine Information vorliegen, da sonst bedingte Wahrscheinlichkeiten benutzt werden müßten.

Aufgaben

3. Eine Urne enthält 8 rote und 12 weiße Kugeln. Daraus werden ohne Zurücklegen zwei Kugeln ausgewählt. Mit welcher Wahrscheinlichkeit erhält man in beiden Zügen Kugeln mit der gleichen Farbe?

4. Aus einem Skatblatt werden zwei Karten gezogen. Mit welcher Wahrscheinlichkeit erhält man
a) zwei Herz-Karten,
b) zwei Buben,
c) zwei Karten der gleichen Farbe?

5. Aus 8 Jungen und 4 Mädchen werde zufällig ein Kind ausgewählt, danach aus den restlichen 11 Kindern nochmals eines. Berechnen Sie die Wahrscheinlichkeit für folgende Ereignisse:
a) Beide ausgewählten Kinder sind Jungen.
b) Beide ausgewählten Kinder sind Mädchen.
c) Ein Junge und ein Mädchen werden ausgewählt.
d) Das zuletzt ausgewählte Kind ist ein Junge (Mädchen).

6. Ein idealer Würfel werde zweimal geworfen. Mit welcher Wahrscheinlichkeit erhält man bei beiden Würfen eine ungerade Augenzahl?
Berechnen Sie diese Wahrscheinlichkeit jeweils mit Hilfe des Produktsatzes und ohne den Produktsatz.

L 6.4 Übertragung des Produktsatzes auf mehrere Ereignisse

Auf den dreifachen Durchschnitt $A_1 \cap A_2 \cap A_3$ wenden wir den Produktsatz an mit $A = A_3$ und $B = A_1 \cap A_2$ und erhalten

$P(A_1 \cap A_2 \cap A_3) = P(A_3 \mid A_1 \cap A_2) \cdot P(A_1 \cap A_2)$. Wendet man den Produktsatz nochmals auf den zweiten Faktor an, so erhält man

$P(A_1 \cap A_2 \cap A_3) = P(A_3 \mid A_1 \cap A_2) \cdot P(A_2 \mid A_1) \cdot P(A_1)$.

Durch vollständige Induktion erhält man unmittelbar:

> **Allgemeiner Produktsatz:** Für n beliebige Ereignisse $A_1, A_2, \ldots, A_n$ mit $P(A_1 \cap A_2 \cap \ldots \cap A_{n-1}) \neq 0$ gilt
>
> $P(A_1 \cap A_2 \cap \ldots \cap A_n) =$
>
> $= P(A_1) \cdot P(A_2 \mid A_1) \cdot P(A_3 \mid A_1 \cap A_2) \cdot \ldots \cdot P(A_n \mid A_1 \cap A_2 \cap \ldots \cap A_{n-1})$.

Beispiel 1: Eine Urne enthalte 20 rote und 5 weiße Kugeln. Daraus werde viermal hintereinander ohne zwischenzeitliches Zurücklegen eine Kugel gezogen. Gesucht ist die Wahrscheinlichkeit dafür, daß alle 4 Kugeln rot sind. Da jeweils eine rote Kugel gezogen werden muß, erhält man die in dem Pfad

eingetragenen bedingten Wahrscheinlichkeiten. Multiplikation dieser Wahrscheinlichkeiten liefert die gesuchte Wahrscheinlichkeit

$$P(\text{alle 4 Kugeln rot}) = \frac{20}{25} \cdot \frac{19}{24} \cdot \frac{18}{23} \cdot \frac{17}{22} \approx 0{,}383 .$$

Beispiel 2: Jemand schreibt n Briefe und n entsprechend adressierte Umschläge. Die Briefe werden zufällig in die Umschläge gesteckt. Mit welcher Wahrscheinlichkeit kommen durch dieses Zufallsexperiment alle Briefe in den richtigen Umschlag?

A_k sei das Ereignis "Der k-te Brief gelangt in den richtigen Umschlag".

Für den ersten Brief gibt es n mögliche Umschläge, für den zweiten dann noch $n-1$, für den dritten $n-2$ usw., wobei jeweils der richtige Umschlag noch in der Restmenge ist, falls die vorangehenden Briefe in den richtigen Umschlag gelangt sind. Damit erhält man aus dem allgemeinen Produktsatz

$$P(A_1 \cap A_2 \cap \ldots \cap A_n) = \frac{1}{n} \cdot \frac{1}{n-1} \cdot \frac{1}{n-2} \cdot \ldots \cdot \frac{1}{2} \cdot 1 = \frac{1}{n!} .$$

Aufgaben

1. Berechnen Sie das Ergebnis aus Beispiel 2 mit Hilfe der Kombinatorik.

2. Aus einer Urne mit 7 roten und 13 weißen Kugeln werden vier Kugeln
a) ohne Zurücklegen; b) mit Zurücklegen zufällig ausgewählt.
Mit welcher Wahrscheinlichkeit erhält man nur Kugeln mit der gleichen Farbe?

L 6.5 Satz von der vollständigen (totalen) Wahrscheinlichkeit und Bayessche Formel

Beispiel 1: In einer Glühlampenfabrik stellen zwei Maschinen M_1 und M_2 von der Gesamtproduktion 30 % bzw. 70 % her. Dabei sind im Mittel 1 % der von der Maschine M_1 und 2 % der von M_2 produzierten Lampen fehlerhaft. Aus der Gesamtproduktion wird zufällig eine Glühlampe ausgewählt. Mit welcher Wahrscheinlichkeit ist sie fehlerhaft?

A_1 (A_2) sei das Ereignis, daß eine Lampe von M_1 (M_2) hergestellt wurde, und F das Ereignis, daß eine Lampe fehlerhaft ist.

Dann sind folgende Wahrscheinlichkeiten gegeben:

$P(A_1) = 0{,}3$; $P(A_2) = 0{,}7$

(absolute Wahrscheinlichkeiten)

$P(F \mid A_1) = 0{,}01$; $P(F \mid A_2) = 0{,}02$

(bedingte Wahrscheinlichkeiten).

Hieraus folgt

$P(\overline{F} \mid A_1) = 0{,}99$; $P(\overline{F} \mid A_2) = 0{,}98$.

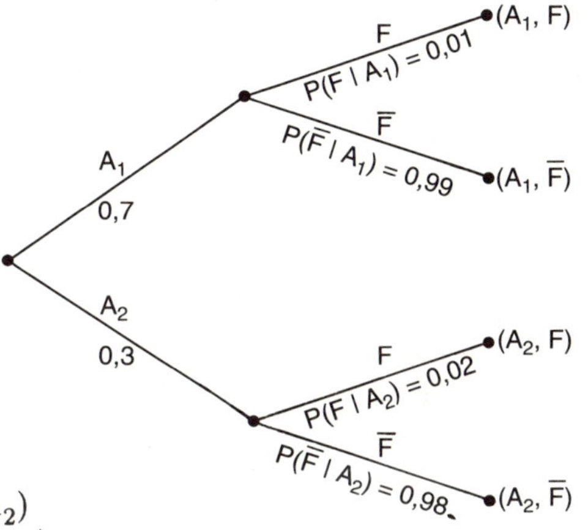

Diese Wahrscheinlichkeiten sind im nebenstehenden Baumdiagramm eingetragen.

Mit $\Omega = A_1 \cup A_2$ (A_1 und A_2 unvereinbar) erhält man mit Hilfe des Produktsatzes für bedingte Wahrscheinlichkeiten

$$\begin{aligned} P(F) &= P(F \cap \Omega) = P(F \cap A_1) + F(F \cap A_2) \\ &= P(F \mid A_1) \cdot P(A_1) + P(F \mid A_2) \cdot P(A_2) \\ &= 0{,}01 \cdot 0{,}3 + 0{,}02 \cdot 0{,}7 = 0{,}017. \end{aligned}$$

Im Mittel ist also 1,7 % der Gesamtproduktion Ausschuß.

Bei der Lösung des im obigen Beispiel gestellten Problems wurde die Tatsache benutzt, daß von den beiden unvereinbaren Ereignissen A_1 und A_2 bei jeder Versuchsdurchführung genau eines eintreten muß. Mit dieser Methode kann eine Wahrscheinlichkeit P(B) immer dann berechnet werden, wenn von n paarweise unvereinbaren Ereignissen $A_1, A_2, \dots, A_n$ bei jeder einzelnen Versuchsdurchführung (genau) eines eintreten muß und wenn die bedingten Wahrscheinlichkeiten $P(B \mid A_i)$ und die absoluten Wahrscheinlichkeiten $P(A_i)$ gegeben sind. Im obigen Beispiel könnte z. B. die Produktion von n Maschinen mit verschiedenen Ausschußwahrscheinlichkeiten hergestellt werden.

Solchen Ereignissystemen geben wir in der nachfolgenden Definition einen besonderen Namen.

Definition: Sind die n Ereignisse $A_1, A_2, \dots, A_n$ paarweise unvereinbar und muß bei jeder Versuchsdurchführung eines dieser Ereignisse eintreten, d. h. gilt

$$\Omega = A_1 \cup A_2 \cup \dots \cup A_n \quad \text{mit} \quad A_i \cap A_k = \emptyset \quad \text{für } i \neq k,$$

so heißt $A_1, A_2, \dots, A_n$ eine **vollständige (totale) Ereignisdisjunktion.**

Die Übertragung der im Beispiel benutzten Methode liefert:

Satz von der vollständigen (totalen) Wahrscheinlichkeit: $A_1, A_2, \dots, A_n$ sei eine vollständige Ereignisdisjunktion mit $P(A_i) > 0$ für alle i. Dann gilt für jedes beliebige Ereignis B

$$P(B) = P(B \mid A_1) \cdot P(A_1) + P(B \mid A_2) \cdot P(A_2) + \dots + P(B \mid A_n) \cdot P(A_n)$$

$$= \sum_{i=1}^{n} P(B \mid A_i) \cdot P(A_i) .$$

Beweis:

Aus $\Omega = A_1 \cup A_2 \cup \dots \cup A_n$ mit $A_i \cap A_k = \emptyset$ für $i \neq k$ folgt mit Hilfe des Produktsatzes für bedingte Wahrscheinlichkeiten

$$P(B) = P(B \cap \Omega) = P\left(B \cap \left(\bigcup_{i=1}^{n} A_i\right)\right) = P\left(\bigcup_{i=1}^{n} (B \cap A_i)\right)$$

$$= \sum_{i=1}^{n} P(B \cap A_i) = \sum_{i=1}^{n} P(B \mid A_i) \cdot P(A_i) .$$

1. In einer Population seien 55 % Frauen und 45 % Männer. An einer bestimmten Krankheit leiden 1 % der Frauen und 5 % der Männer.
Wie groß ist die Wahrscheinlichkeit dafür, daß eine zufällig ausgewählte Person an der Krankheit leidet?

2. Drei verfälschte, äußerlich nicht unterscheidbare Würfel besitzen die Wahrscheinlichkeiten

Augenzahl	1	2	3	4	5	6
Würfel 1	0,1	0,15	0,15	0,15	0,15	0,3
Würfel 2	0,05	0,1	0,1	0,1	0,1	0,55
Würfel 3	0,02	0,05	0,05	0,05	0,05	0,78

Folgendes Zufallsexperiment wird durchgeführt: Von den drei Würfeln wird zufällig einer ausgewählt und geworfen.
Berechnen Sie die Wahrscheinlichkeiten dafür, daß bei diesem Gesamtexperiment die Augenzahl i geworfen wird für $i = 1, 2, \dots, 6$.

Beispiel 2 (vgl. Beispiel 1): Aus der Gesamtproduktion werde eine Lampe zufällig ausgewählt, von der sich herausstellt, daß sie fehlerhaft ist. Damit ist also das Ereignis F eingetreten. Gesucht sind die Wahrscheinlichkeiten dafür, daß diese fehlerhafte Lampe von der Maschine M_1 bzw. M_2 produziert wurde. Zu berechnen sind die bedingten Wahrscheinlichkeiten $P(A_1 \mid F)$ und $P(A_2 \mid F)$.

Aus der Definition der bedingten Wahrscheinlichkeit und dem Produktsatz erhalten wir

$$P(A_1 \mid F) = \frac{P(A_1 \cap F)}{P(F)} = \frac{P(F \cap A_1)}{P(F)} = \frac{P(F \mid A_1) \cdot P(A_1)}{P(F)} = \frac{0{,}01 \cdot 0{,}3}{0{,}017} = \frac{3}{17};$$

$$P(A_2 \mid F) = \frac{P(A_2 \cap F)}{P(F)} = \frac{P(F \cap A_2)}{P(F)} = \frac{P(F \mid A_2) \cdot P(A_2)}{P(F)} = \frac{0{,}02 \cdot 0{,}7}{0{,}17} = \frac{14}{17}$$

$$= 1 - P(A_1 \mid F).$$

Überträgt man die in diesem Beispiel benutzte Methode auf eine beliebige vollständige Ereignisdisjunktion, so erhält man:

Bayessche Formel: $A_1, A_2, \dots, A_n$ sei eine vollständige Ereignisdisjunktion mit $P(A_i) > 0$ für alle i. Dann gilt für jedes Ereignis B mit $P(B) > 0$

$$P(A_k \mid B) = \frac{P(B \mid A_k) \cdot P(A_k)}{P(B)} = \frac{P(B \mid A_k) \cdot P(A_k)}{\sum_{i=1}^{n} P(B \mid A_i) \cdot P(A_i)} \quad \text{für } k = 1, 2, \dots, n.$$

Beweis:

Aus der Definition der bedingten Wahrscheinlichkeit, dem Produktsatz und dem Satz von der vollständigen Wahrscheinlichkeit erhält man

$$P(A_k \mid B) = \frac{P(A_k \cap B)}{P(B)} = \frac{P(B \cap A_k)}{P(B)} = \frac{P(B \mid A_k) \cdot P(A_k)}{\sum_{i=1}^{n} P(B \mid A_i) \cdot P(A_i)}$$

für $k = 1, 2, \dots, n$.

Beispiel 3: Es sei bekannt, daß 1% aller Menschen an einer bestimmten Krankheit leiden. Ein Diagnosetest habe die Eigenschaft, daß er bei Kranken mit Wahrscheinlichkeit 0,95 und bei Gesunden mit Wahrscheinlichkeit 0,999 die richtige Diagnose liefert.
Gesucht ist die Wahrscheinlichkeit dafür, daß eine Person, bei der auf Grund des Tests die Krankheit (nicht) diagnostiziert wird, auch tatsächlich (nicht) an der Krankheit leidet.
Wir betrachten folgende Ereignisse:
K: "Die Person leidet an der Krankheit";
D: "Die Krankheit wird diagnostiziert".

Dann sind folgende Wahrscheinlichkeiten gegeben:

$P(K) = 0{,}01$; $P(D \mid K) = 0{,}95$; $P(\overline{D} \mid \overline{K}) = 0{,}999$.

Hieraus folgt

$P(\overline{K}) = 0{,}99$; $P(\overline{D} \mid K) = 1 - P(D \mid K) = 0{,}05$; $P(D \mid \overline{K}) = 1 - P(\overline{D} \mid \overline{K}) = 0{,}001$.

Gesucht sind die bedingten Wahrscheinlichkeiten

$P(K \mid D)$, $P(\overline{K} \mid D)$, $P(\overline{K} \mid \overline{D})$ und $P(K \mid \overline{D})$.

Mit der Ereignisdisjunktion $K, \overline{K}$ erhält man

$$P(D) = P(D \mid K) \cdot P(K) + P(D \mid \overline{K}) \cdot P(\overline{K}) = 0{,}95 \cdot 0{,}01 + 0{,}001 \cdot 0{,}99 = 0{,}01049 .$$

Die Bayessche Formel liefert

$$P(K \mid D) = \frac{P(D \mid K) \cdot P(K)}{P(D \mid K) \cdot P(K) + P(D \mid \overline{K}) \cdot P(\overline{K})} = \frac{0{,}95 \cdot 0{,}01}{0{,}01049} \approx 0{,}9056 ;$$

$$P(\overline{K} \mid D) = 1 - P(K \mid D) \approx 0{,}0944;$$

$$P(\overline{K} \mid \overline{D}) = \frac{P(\overline{D} \mid \overline{K}) \cdot P(\overline{K})}{1 - P(D)} = \frac{0{,}999 \cdot 0{,}99}{0{,}98951} \approx 0{,}9995 .$$

$$P(K \mid \overline{D}) = 1 - P(\overline{K} \mid \overline{D}) \approx 0{,}0005.$$

Falls bei einer Person die Krankheit diagnostiziert wird, leidet sie also mit Wahrscheinlichkeit 0,9056 an der Krankeit. Personen, bei denen die Krankheit nicht diagnostiziert wird, sind nur mit Wahrscheinlichkeit 0,0005 von der Krankheit befallen.

Die in diesem Beispiel benutzten Formeln werden z. B. bei AIDS-Tests angewandt.

3. In Aufgabe 1 leide eine zufällig ausgewählte Person an der Krankeit. Mit welcher Wahrscheinlichkeit handelt es sich um einen Mann bzw. eine Frau?

Aufgaben

4. Bei der Durchführung des Zufallsexperiments aus Aufgabe 2 werde eine 6 geworfen. Berechnen Sie die Wahrscheinlichkeit dafür, daß mit dem k-ten Würfel geworfen wurde für $k = 1, 2, 3$.

5. Ein Kästchen hat 3 Schubladen. Eine davon enthält zwei Goldmünzen, eine zwei Silbermünzen und die dritte eine Gold- und eine Silbermünze. Eine Schublade werde zufällig ausgewählt und daraus wiederum zufällig eine Münze entnommen, von der sich herausstellt, daß es eine Goldmünze ist.
Berechnen Sie die Wahrscheinlichkeit dafür, daß die andere Münze in der geöffneten Schublade ebenfalls aus Gold ist.

6. Von den Studierenden einer Universität sind 40 % Studentinnen und 60 % Studenten. 80 % der Studentinnen und 90 % der Studenten erhalten eine Studienförderung.
Eine Person werde zufällig ausgewählt.
a) Berechnen Sie die Wahrscheinlichkeit dafür, daß die ausgewählte Person eine Studienförderung erhält.
b) Von der ausgewählten Person sei nur bekannt, daß sie keine Studienförderung erhält. Mit welcher Wahrscheinlichkeit handelt es sich dabei um eine Studentin?

7. Gegeben sind drei Urnen mit folgendem Inhalt:
Urne 1: 7 weiße und 3 schwarze Kugeln,
Urne 2: 6 weiße und 14 schwarze Kugeln,
Urne 3: 4 weiße und 6 schwarze Kugeln.
Zufällig werde eine Urne ausgewählt und daraus eine Kugel gezogen.
a) Mit welcher Wahrscheinlichkeit ist sie weiß?
b) Mit welcher Wahrscheinlichkeit stammt sie aus der i-ten Urne, falls die gezogene Kugel weiß ist, $i = 1, 2, 3$?

8. In fünf Parallelklassen gibt es folgende Schülerverteilungen:

Klasse	Mädchen	Jungen
1	15	15
2	10	16
3	15	13
4	14	11
5	12	16

Zufällig werde eine Klasse ausgelost und daraus wiederum eine Person.
a) Mit welcher Wahrscheinlichkeit wird ein Mädchen ausgewählt?
b) Man weiß nur, daß ein Junge ausgewählt wurde. Bestimmen Sie die Wahrscheinlichkeit p_i dafür, daß er aus der i-ten Klasse stammt für $i = 1, 2, 3, 4, 5$.

9. Von den in einer Firma produzierten Fernsehgeräten sind erfahrungsgemäß 4% fehlerhaft. Bei der Endprüfung wird ein fehlerhaftes Gerät mit Wahrscheinlichkeit 0,8, ein einwandfreies mit Wahrscheinlichkeit 0,1 beanstandet. Berechnen Sie die Wahrscheinlichkeit dafür, daß
a) ein bei der Endprüfung beanstandetes Gerät auch fehlerhaft ist,
b) ein nicht beanstandetes Gerät fehlerfrei ist.

10. Eine Urne U_1 enthalte 4 rote und 6 weiße Kugeln, die Urne U_2 3 rote und 16 weiße. Folgendes Zufallsexperiment werde durchgeführt: Aus U_1 werde eine Kugel zufällig entnommen und in U_2 gebracht. Nach gründlichem Mischen werde aus U_2 eine Kugel zufällig entnommen.
a) Mit welcher Wahrscheinlichkeit ist die aus U_2 gezogene Kugel rot bzw. weiß?
b) Die aus U_2 gezogene Kugel ist rot. Mit welcher Wahrscheinlichkeit wurde dann aus U_1 eine rote Kugel gezogen?

11. Die Urne U_1 enthalte 6 weiße und 18 schwarze Kugeln, die Urne U_2 dagegen 9 weiße und x schwarze. Wie groß muß x sein, damit folgende Zufallsexperimente dieselbe Wahrscheinlichkeit liefern, eine schwarze Kugel zu ziehen?
a) Eine Urne wird zufällig ausgewählt und daraus zufällig eine Kugel gezogen.
b) Die Inhalte beider Urnen werden zusammengeschüttet. Danach wird aus der Gesamtmenge eine Kugel gezogen.

7 Berechnung von Wahrscheinlichkeiten bei mehrstufigen Zufallsexperimenten

Bei einem Baumdiagramm stellt jeder Pfad ein mögliches Versuchsergebnis des zugehörigen mehrstufigen Zufallsexperiments dar. In jeder einzelnen Stufe werden die möglichen Ergebnisse in die Pfade eingetragen. Gleichzeitig werden noch die Wahrscheinlichkeiten für die Ergebnisse in dieser Stufe eingetragen unter der Bedingung, daß in den vorangegangenen Stufen die auf dem Pfad eingezeichneten Ergebnisse bereits eingetreten sind.
Dann gilt:

Pfadregel: Bei einem mehrstufigen Zufallsexperiment sei ein Ereignis durch einen Pfad des Baumdiagramms dargestellt. Dann ist die Wahrscheinlichkeit dieses Ereignisses gleich dem Produkt der (bedingten) Wahrscheinlichkeiten längs dieses Pfades.

Beispiel 1: Unter 10 Werkstücken befinden sich zwei fehlerhafte. Daraus werden drei Stück nacheinander ohne zwischenzeitliches Zurücklegen ausgewählt. Bei jedem Zug interessiere nur, ob das Ergebnis F (= fehlerhaft) oder $\overline{F}$ (= brauchbar) eingetreten ist. Dadurch enststeht das untenstehende Baumdiagramm. Beim ersten Zug ist das Werkstück mit Wahrscheinlichkeit $\frac{1}{5}$ fehlerhaft und mit Wahrscheinlichkeit $\frac{4}{5}$ brauchbar. Falls beim ersten Zug ein fehlerhaftes gezogen wird, bleiben noch ein fehlerhaftes und 8 brauchbare in der Grundgesamtheit. Ist das beim ersten Zug gezogene nicht fehlerhaft, so verbleiben noch 2 fehlerhafte und 7 brauchbare. Dadurch erhält man die vom Ergebnis des ersten Zuges abhängigen Wahrscheinlichkeiten für den zweiten Zug. Entsprechend erhält man die Wahrscheinlichkeiten für den dritten Zug. In der dritten Stufe gibt es nur 7 Zweige, da drei fehlerhafte nicht gezogen werden können.

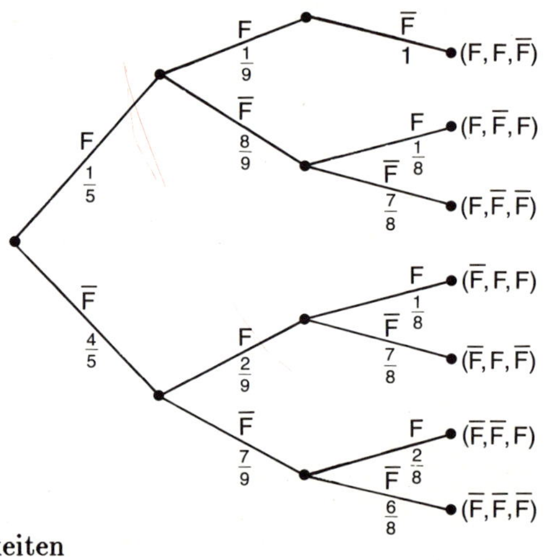

Damit erhalten wir die Wahrscheinlichkeiten

$$P((F,F,\overline{F})) = \frac{1}{5}\cdot\frac{1}{9}\cdot 1 = \frac{1}{45}; \quad P((F,\overline{F},F)) = \frac{1}{5}\cdot\frac{8}{9}\cdot\frac{1}{8} = \frac{1}{45};$$

$$P((F,\overline{F},\overline{F})) = \frac{1}{5}\cdot\frac{8}{9}\cdot\frac{7}{8} = \frac{7}{45}; \quad P((\overline{F},F,F)) = \frac{4}{5}\cdot\frac{2}{9}\cdot\frac{1}{8} = \frac{1}{45};$$

$$P((\overline{F},F,\overline{F})) = \frac{4}{5}\cdot\frac{2}{9}\cdot\frac{7}{8} = \frac{7}{45}; \quad P((\overline{F},\overline{F},F)) = \frac{4}{5}\cdot\frac{7}{9}\cdot\frac{2}{8} = \frac{7}{45};$$

$$P((\overline{F},\overline{F},\overline{F})) = \frac{4}{5}\cdot\frac{7}{9}\cdot\frac{6}{8} = \frac{7}{15} \qquad (\text{Summe} = 1).$$

1. Berechnen Sie die Wahrscheinlichkeiten p_k, mit der man in Beispiel 1 bei der Ziehung von drei Werkstücken k fehlerhafte erhält für $k = 0,1,2,3$
a) mit Hilfe der im Beispiel berechneten Wahrscheinlichkeiten,
b) mit der Formel des Urnenmodells II (Ziehen ohne Zurücklegen).

Beispiel 2: Ein Kästchen enthalte 3 Schubfächer. Im ersten sind 20 Gold- und 5 Silbermünzen, im zweiten 5 Gold- und 5 Silbermünzen und im dritten 10 Gold- und 30 Sibermünzen. Mit einem idealen Würfel werde geworfen. Falls eine Eins geworfen wird, wird die erste Schublade geöffnet, falls eine 2 oder 3 erscheint, wird die zweite, sonst die dritte Schublade geöffnet. Aus der geöffneten Schublade wird danach eine Münze zufällig entnommen.
Die erste Stufe dieses Zufallsexperiments besteht in der Auswahl einer Schublade. In der zweiten Stufe wird eine Münze zufällig entnommen. Mit den Ereignissen S_1, S_2, S_3: die 1., 2. bzw. 3. Schublade wird ausgewählt, G: eine Goldmünze wird ausgewählt und S: eine Silbermünze wird ausgewählt entsteht das nachfolgende Baumdiagramm.

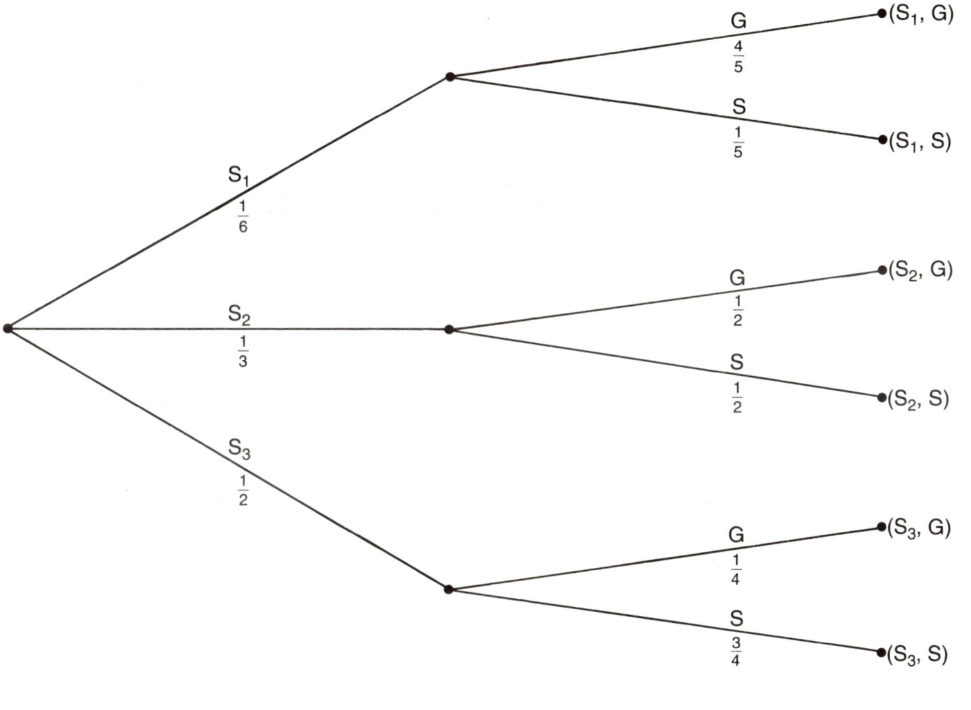

Daraus erhält man die Pfadwahrscheinlichkeiten

$$P((S_1,G)) = \frac{1}{6}\cdot\frac{4}{5} = \frac{2}{15}; \qquad P((S_1,S)) = \frac{1}{6}\cdot\frac{1}{5} = \frac{1}{30};$$

$$P((S_2,G)) = \frac{1}{3}\cdot\frac{1}{2} = \frac{1}{6}; \qquad P((S_2,S)) = \frac{1}{3}\cdot\frac{1}{2} = \frac{1}{6};$$

$$P((S_3,G)) = \frac{1}{2}\cdot\frac{1}{4} = \frac{1}{8}; \qquad P((S_3,S)) = \frac{1}{2}\cdot\frac{3}{4} = \frac{3}{8} \quad (\text{Summe} = 1).$$

Die Wahrscheinlichkeit, daß man bei diesem Experiment eine Goldmünze erhält, lautet $P(G) = P((S_1, G)) + P((S_2, G)) + P((S_3, G)) = \frac{51}{120}$.
Mit Wahrscheinlichkeit $P(S) = 1 - P(G) = \frac{69}{120}$ erhält man eine Silbermünze.

2. Aus einer Klasse mit 9 Mädchen und 11 Jungen werden zwei Personen zufällig ausgewählt.
a) Zeichnen Sie ein Baumdiagramm.
b) Mit welcher Wahrscheinlichkeit werden zwei Mädchen bzw. zwei Jungen ausgewählt?

3. Eine ideale Münze werde dreimal geworfen. Berechnen Sie die Wahrscheinlichkeit dafür, daß mindestens zweimal hintereinander die gleiche Seite fällt.

Falls ein Ereignis nur aus einem einzigen Pfad besteht, ist es nicht erforderlich, das gesamte Baumdiagramm zu zeichnen, sondern nur diesen einen Pfad.

Beispiel 3: Mit 10 idealen Würfeln werde geworfen. Gesucht ist die Wahrscheinlichkeit dafür, daß keine 6 geworfen wird.
Falls man die Würfel unterscheidbar macht oder nacheinander würfelt, erhält man den Pfad

und die Wahrscheinlichkeit $P(\text{keine } 6) = \left(\frac{5}{6}\right)^{10} \approx 0{,}1615$.

Beispiel 4: Unter 20 Personen soll durch das folgende Zufallsexperiment ein Preis verlost werden: In einer Urne befinden sich 20 äußerlich nicht unterscheidbare Lose mit nur einem Gewinnlos. Die Personen dürfen in alphabetischer Reihenfolge so lange ein Los auswählen, bis der Preis gezogen wird. Haben bei dieser Ziehung alle 20 Personen die gleiche Chance, den Preis zu erhalten, oder haben diejenigen Personen, die zuerst ein Los auswählen dürfen, einen Vorteil?

Es sei p_k die Wahrscheinlichkeit dafür, daß die k-te Person den Preis erhält.

Dann gilt $p_1 = \frac{1}{20}$.

Die zweite Person erhält den Preis, wenn die erste eine Niete zieht (die Wahrscheinlichkeit dafür ist $\frac{19}{20}$), und die zweite aus der Restmenge den Preis (die bedingte Wahrscheinlichkeit dafür ist $\frac{1}{19}$). Daraus erhält man

$$p_2 = \frac{19}{20} \cdot \frac{1}{19} = \frac{1}{20}.$$

Das Ereignis, daß die k-te Person den Preis erhält, wird durch einen Pfad mit k Ästen dargestellt. Die ersten k – 1 Personen müssen eine Niete ziehen. Die entsprechenden (bedingten) Wahrscheinlichkeiten lauten für $k \geq 2$ der Reihe nach

$\frac{19}{20}; \frac{18}{19}; \ldots; \frac{20-k+1}{20-k+2}$; beim k-ten Zug muß dann die Person den Gewinn ziehen. Die (bedingte) Wahrscheinlichkeit dafür beträgt $\frac{1}{20-k+1}$.

Multiplikation dieser Wahrscheinlichkeiten ergibt die Wahrscheinlichkeit

$p_k = \frac{19}{20} \cdot \frac{18}{19} \cdot \ldots \cdot \frac{20-k+1}{20-k+2} \cdot \frac{1}{20-k+1}$. Kürzen ergibt $p_k = \frac{1}{20}$ für alle k.

Jede Person hat somit die gleiche Chance.

4. Jemand hat 10 ähnliche Schlüssel, von denen genau einer für die Haustüre paßt. Im Dunkeln erkennt die Person die Schlüssel nicht und geht folgendermaßen vor: Der Reihe nach wird jeweils ein Schlüssel ausgewählt und überprüft, ob er paßt. Falls das nicht der Fall ist, wird er beiseite gelegt. Berechnen Sie die Wahrscheinlichkeit dafür, daß der k-te Schlüssel $(k = 1, 2, \ldots, 10)$ paßt.

5. Aus einer Klasse mit 10 Mädchen und 10 Jungen wird sechsmal hintereinander eine Person ausgewählt, und die ausgewählten Personen werden in einer Reihe aufgestellt. Berechnen Sie die Wahrscheinlichkeit dafür, daß eine gemischte Reihe entsteht, in der keine zwei Mädchen und keine zwei Jungen nebeneinander stehen.

Beispiel 5 (Lotto-System): Bei einem sogenannten Vollsystem werden zunächst 8 Zahlen aus den 49 ausgewählt.

Daraus können die 6 Zahlen auf $\binom{8}{6} = \binom{8}{2} = \frac{8 \cdot 7}{2} = 28$ verschiedene Arten ausgewählt werden. Das Vollsystem muß also aus 28 Tippreihen bestehen. Falls sich unter den 8 ausgewählten Zahlen tatsächlich alle sechs Gewinnzahlen befinden, hat man dann garantiert sechs Richtige.

Gesucht ist die Wahrscheinlichkeit p dafür, daß mit einem Vollsystem mit 8 Zahlen sechs Richtige erzielt werden.

Dieses Ereignis tritt dann ein, wenn sich die erste ausgespielte Zahl unter den 8 Gewinnzahlen, die zweite unter den restlichen 7, die dritte unter den verbleibenden 6 usw. befindet. Die entsprechenden (bedingten) Wahrscheinlichkeiten auf den Zweigen des Pfades lauten der Reihe nach $\frac{8}{49}; \frac{7}{48}; \frac{6}{47}; \frac{5}{46}; \frac{4}{45}; \frac{3}{44}$.

Multiplikation ergibt die gesuchte Wahrscheinlichkeit

$$p = \frac{8 \cdot 7 \cdot 6 \cdot 5 \cdot 4 \cdot 3}{49 \cdot 48 \cdot 47 \cdot 46 \cdot 45 \cdot 44} = \frac{8 \cdot 7}{\frac{49 \cdot 48 \cdot 47 \cdot 46 \cdot 45 \cdot 44}{3 \cdot 4 \cdot 5 \cdot 6}}$$

$$= \frac{4 \cdot 7}{\frac{49 \cdot 48 \cdot 47 \cdot 46 \cdot 45 \cdot 44}{1 \cdot 2 \cdot 3 \cdot 4 \cdot 5 \cdot 6}} = \frac{28}{\binom{49}{6}} = \frac{\binom{8}{6}}{\binom{49}{6}} \approx 0{,}0000020023.$$

Im Nenner steht die Anzahl der möglichen Tippreihen und im Zähler die Anzahl der Reihen, aus denen das Vollsystem besteht. Die Wahrscheinlichkeit, mit einem solchen Vollsystem sechs Richtige zu erzielen, ist also genauso groß wie die Wahrscheinlichkeit, mit 28 beliebigen verschiedenen Reihen sechs Richtige zu haben.

Aufgaben

6. Mit welcher Wahrscheinlichkeit hat ein zufällig ausgewähltes Ehepaar mit vier Kindern
a) vier Töchter,
b) drei Söhne und eine Tochter,
wenn die Wahrscheinlichkeit einer Mädchengeburt 0,4865 beträgt?

7. Unter 10 Werkstücken befinden sich vier fehlerhafte. Aus der Gesamtmenge werde viermal hintereinander ohne zwischenzeitliches Zurücklegen ein Stück entnommen.
Berechnen Sie die Wahrscheinlichkeiten für folgende Ereignisse:
A: "Alle vier Werkstücke sind fehlerhaft";
B: "Alle vier Werkstücke sind fehlerfrei";
C: "Zuerst wird ein fehlerhaftes und danach werden lauter fehlerfreie Werkstücke gezogen".

8. Berechnen Sie die Wahrscheinlichkeit dafür, daß beim Modell der ersten Ausspielung der Glücks-Spirale (s. Aufgabe 18 Seite 61) eine Zahl mit lauter verschiedenen Ziffern gezogen wird.

9. Eine Schulklasse besteht aus 10 Schülerinnen und 10 Schülern. Alle 20 Personen werden zufällig in einer Reihe aufgestellt. Berechnen Sie die Wahrscheinlichkeit dafür, daß in der Reihe alle Schülerinnen und alle Schüler nebeneinander stehen.

L 10. Bei einem Faschingsball sind nur n Ehepaare anwesend. Alle n Frauen sind maskiert, wobei keiner der Männer das Kostüm seiner Ehefrau kennt. Jeder Mann wählt zufällig eine Frau zum Tanz aus. Mit welcher Wahrscheinlichkeit tanzt jeder mit seiner Ehefrau?

L 11. Ein Lotto-Vollsystem bestehe aus 10 Zahlen.
a) Aus wie vielen Tippreihen muß dieses System bestehen, damit man garantiert sechs Richtige erzielt, falls sich unter den 10 ausgewählten Zahlen tatsächlich alle 6 Gewinnzahlen befinden?
b) Mit welcher Wahrscheinlichkeit erzielt man mit diesem Vollsystem 6 Richtige?
c) Mit welcher Wahrscheinlichkeit gewinnt man mit diesem System überhaupt?

8 Unabhängige Ereignisse

8.1 Unabhängigkeit bei zwei Ereignissen

Das Eintreten eines Ereignisses B kann die Wahrscheinlichkeit für ein anderes Ereignis ändern oder auch unverändert lassen. So hängt beim Ziehen ohne Zurücklegen die Ergebnismenge beim zweiten Zug vom Ergebnis des ersten Zugs ab. Beim Ziehen mit Zurücklegen dagegen bleibt die Ergebnismenge bei jedem Zug gleich, da ja immer aus der gleichen Grundgesamtheit gezogen wird. Auch beim Werfen zweier Würfel kann man davon ausgehen, daß die Ergebnisse der beiden Einzelwürfe voneinander unabhängig sind.

Beispiel 1: Aus einem Skatblatt werde eine Karte zufällig gezogen.

a) Wir betrachten die Ereignisse D: "Eine Dame wird gezogen" und R: "Eine Karte mit einer roten Farbe wird gezogen".
Das Ereignis $D \cap R$ tritt ein, wenn entweder die Herz- oder die Karo-Dame gezogen wird. Damit gilt

$$P(D \cap R) = \frac{2}{32} = \frac{1}{16}\,; \quad P(D) = \frac{4}{32} = \frac{1}{8}\,; \quad P(R) = \frac{16}{32} = \frac{1}{2}\,.$$

Hier gilt die Produktdarstellung

$$P(D \cap R) = P(D) \cdot P(R).$$

b) Für die Ereignisse D: "Eine Dame wird gezogen" und A: "Kein König wird gezogen" gilt entsprechend

$$P(D \cap A) = P(D) = \frac{4}{32} = \frac{1}{8}\,; \quad P(A) = \frac{28}{32} = \frac{7}{8}\,.$$ Wegen

$$P(D \cap A) \neq P(D) \cdot P(A)$$

gilt in diesem Fall die Produktdarstellung nicht.

Falls die Produktdarstellung gilt, nennt man zwei Ereignisse unabhängig.

Definition: Die beiden Ereignisse A und B heißen (voneinander) **unabhängig**, wenn gilt

$$P(A \cap B) = P(A) \cdot P(B)\,.$$

Beispiel 2: Beim Werfen eines idealen Würfels betrachten wir die Ereignisse
A: "Die Augenzahl ist gerade"; B: "Die Augenzahl ist durch 3 teilbar";
C: "Die Augenzahl ist eine Primzahl".

Wegen $A = \{2, 4, 6\}$, $B = \{3, 6\}$, $C = \{2, 3, 5\}$ gilt

$$P(A) = P(C) = \frac{1}{2}\,; \quad P(B) = \frac{1}{3}\,; \quad P(A \cap B) = P(A \cap C) = P(B \cap C) = \frac{1}{6}\,.$$

Hieraus folgt

$$P(A \cap B) = P(A) \cdot P(B)\,; \quad P(A \cap C) \neq P(A) \cdot P(C)\,; \quad P(B \cap C) = P(B) \cdot P(C).$$

Die Ereignisse A und B bzw. B und C sind unabhängig, nicht jedoch die Ereignisse A und C.

1. Beim Roulett werden folgende Ereignisse betrachtet:
U: "Ungerade Augenzahl"; $B = \{13, 14, \ldots, 23, 24\}$ (2. Dutzend);
$C = \{25, 26, 27, 28, 29, 30\}$.
Welche Paare von Ereignissen sind unabhängig?

2. Aus einem Skatblatt werde zufällig eine Karte gezogen. Dabei werden folgende Ereignisse betrachtet:
A: "Die gezogene Karte ist Herz", B: "Die gezogene Karte ist ein Bube",
C: "Die gezogene Karte ist ein As",
D: "Die gezogene Karte ist eine 7, 8 oder 9".
Welche Ereignispaare sind unabhängig?

3. Zwei ideale Münzen werden voneinander unabhängig geworfen. Dabei werden folgende Ereignisse betrachtet:
A: "Es tritt höchstens einmal Wappen auf",
B: "Es tritt mindestens jede Seite einmal auf".
Sind die Ereignisse A und B unabhängig?

Satz: A und B seien unabhängige Ereignisse. Dann sind auch folgende Paare von Ereignissen unabhängig: $\overline{A}$ und B, A und $\overline{B}$ sowie $\overline{A}$ und $\overline{B}$.

Beweis: Wir zeigen, daß $\overline{A}$ und B unabhängig sind, also $P(\overline{A} \cap B) = P(\overline{A}) \cdot P(B)$. Dann folgt aus Symmetriegründen, daß auch A und $\overline{B}$ sowie $\overline{A}$ und $\overline{B}$ unabhängig sind. Es gilt

$$B = (A \cap B) \cup (\overline{A} \cap B).$$

Dann ist

$$\begin{aligned} P(B) &= P(A \cap B) + P(\overline{A} \cap B) && (A \cap B \text{ und } \overline{A} \cap B \text{ sind unvereinbar}) \\ &= P(A) \cdot P(B) + P(\overline{A} \cap B) && (\text{A und B sind unabhängig}), \end{aligned}$$

also

$$\begin{aligned} P(\overline{A} \cap B) &= P(B) - P(A) \cdot P(B) = [1 - P(A)] \cdot P(B) \\ &= P(\overline{A}) \cdot P(B). \end{aligned}$$

Damit sind auch die Ereignisse $\overline{A}$ und B unabhängig.

L 4. Beweisen Sie folgende Eigenschaft:
Die beiden Ereignisse A und B mit $P(B) > 0$ sind genau dann unabhängig, wenn für die bedingte Wahrscheinlichkeit gilt

$$P(A \mid B) = P(A).$$

L 5. Beweisen Sie folgende Eigenschaft:
Die beiden Ereignisse A und B mit $0 < P(B) < 1$ sind genau dann unabhängig, wenn für die bedingten Wahrscheinlichkeiten gilt

$$P(A \mid B) = P(A \mid \overline{B}).$$

Hinweis: Benutzen Sie die Eigenschaft $P(A) = P(A \cap B) + P(A \cap \overline{B})$.

6. Beim Werfen eines idealen Würfels werden folgende Ereignisse betrachtet:

G: "Die Augenzahl ist gerade"; $A = \{4;5\}$; $B = \{2\}$.

a) Sind A und G unabhängig?

b) Sind B und G unabhängig?

c) Sind A und B unabhängig?

7. Beweisen Sie: Ein Ereignis A ist von sich selbst genau dann unabhängig, wenn gilt $P(A) = 0$ oder $P(A) = 1$.

8. Es seien A und B zwei unvereinbare Ereignisse mit $P(A) > 0$ und $P(B) > 0$. Zeigen Sie, daß A und B nicht unabhängig sein können.

L 9. Eine Urne enthält drei rote und sieben weiße Kugeln. Daraus werden nacheinander
a) mit Zurücklegen
b) ohne Zurücklegen
zwei Kugeln zufällig ausgewählt.
R_1 sei das Ereignis, daß beim ersten Zug eine rote gezogen wird,
R_2 das Ereignis, daß die Kugel beim zweiten Zug rot ist.
Zeigen Sie, daß im Modell a) R_1 und R_2 unabhängig sind, nicht jedoch im Modell b). Benutzen Sie dabei das Ergebnis von Beispiel 1 aus Abschnitt 6.3.

L 10. Drei ideale Münzen werden unabhängig voneinander geworfen. Dabei werden folgende Ereignisse betrachtet:
A: "Es tritt höchstens einmal Wappen auf",
B: "Es tritt mindestens jede Seite einmal auf".
Sind die Ereignisse A und B unabhängig?

L 11. Es sei $A \subseteq B$. Welche Bedingung muß gelten, damit die Ereignisse A und B unabhängig sind?

L 12. Es seien A und B unabhängige Ereignisse mit den Wahrscheinlichkeiten P(A) und P(B). Berechnen sie mit diesen Wahrscheinlichkeiten die Wahrscheinlichkeit p_k dafür, daß von den beiden Ereignissen A und B genau k eintreten für $k = 0, 1, 2$.

L 8.2 Unabhängigkeit bei mehreren Ereignissen

Beispiel: Das Werfen eines weißen und eines roten Würfels sei ein Laplace-Experiment. Dabei betrachten wir die Ereignisse
A_1: "Die Augenzahl des weißen Würfels ist gerade",
A_2: "Die Augenzahl des roten Würfels ist ungerade",
A_3: "Die Augensumme ist gerade".

Durch Abzählen der günstigen Fälle in der auf Seite 20 angegebenen Tabelle erhält man unmittelbar folgende Wahrscheinlichkeiten

$$P(A_1) = P(A_2) = P(A_3) = \frac{1}{2} \ ;$$
$$P(A_1 \cap A_2) = P(A_1 \cap A_3) = P(A_2 \cap A_3) = \frac{1}{4} = \frac{1}{2} \cdot \frac{1}{2} \ .$$

Von den drei Ereignissen A_1, A_2, A_3 sind wegen

$$P(A_i \cap A_j) = P(A_i) \cdot P(A_j) \quad \text{für} \quad i \neq j$$

jeweils zwei unabhängig.

Man nennt die drei Ereignisse daher **paarweise unabhängig.**

Wegen $A_1 \cap A_2 \cap A_3 = \emptyset$ können nicht alle drei gleichzeitig eintreten. Somit gilt

$$0 = P(A_1 \cap A_2 \cap A_3) \neq P(A_1) \cdot P(A_2) \cdot P(A_3) \ .$$

Für die Wahrscheinlichkeit des Durchschnitts aller drei Ereignisse gilt hier die Produktdarstellung nicht.

Definition: Die n Ereignisse $A_1, A_2, \ldots, A_n$ heißen **paarweise unabhängig,** falls für alle Paare A_i, A_k mit $i \neq k$ gilt

$$P(A_i \cap A_k) = P(A_i) \cdot P(A_k) \ .$$

Die n Ereignisse $A_1, A_2, \ldots, A_n$ heißen **vollständig unabhängig,** wenn für jede Auswahl von r Ereignissen $A_{i_1}, A_{i_2}, \ldots, A_{i_r}$, $r \leq n$ mit lauter verschiedenen Indizes gilt

$$P(A_{i_1} \cap A_{i_2} \cap \ldots \cap A_{i_r}) = P(A_{i_1}) \cdot P(A_{i_2}) \cdot \ldots \cdot P(A_{i_r}) \ .$$

Bemerkung: Vollständig unabhängige Ereignisse sind auch paarweise unabhängig. Die Umkehrung braucht nicht zu gelten, wie das Beispiel zeigt.

Aufgaben

1. Eine Maschine besteht aus 4 Teilen, die unabhängig voneinander arbeiten. Die Wahrscheinlichkeiten dafür, daß die Teile während einer Woche ausfallen, sind in der nebenstehenden Tabelle angegeben.

Teil 1	Teil 2	Teil 3	Teil 4
0,1	0,2	0,15	0,18

Die Maschine ist nur betriebsbereit, wenn alle Teile funktionieren. Mit welcher Wahrscheinlichkeit ist die Maschine eine Woche lang funktionsfähig?

2. Lösen Sie die Aufgabe 1 für den Fall, daß die Maschine betriebsbereit ist, wenn mindestens 3 Teile funktionieren.

3. Die vier Seiten eines (regelmäßigen) Tetraeders seien wie folgt gefärbt: Fläche I rot, Fläche II blau, Fläche III grün, Fläche IV rot, blau und grün zugleich. Der Tetraeder werde geworfen. Sind die drei Ereignisse, die unten liegende Fläche enthält die rote bzw. blaue bzw. grüne Farbe, paarweise bzw. vollständig unabhängig?

4. Von n Elementen $E_1, E_2, \ldots, E_n$ arbeitet jedes unabhängig von den anderen mit der Wahrscheinlichkeit p.

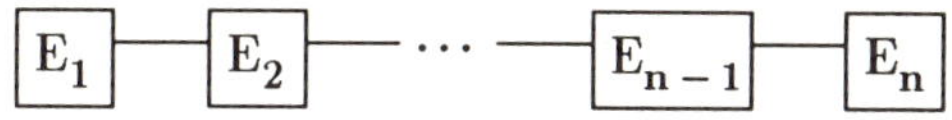

a) Ein *Reihensystem* fällt aus, wenn von den Elementen mindestens eines ausfällt. Mit welcher Wahrscheinlichkeit arbeitet das Reihensystem?

b) Ein *Parallelsystem* ist in Betrieb, wenn wenigstens eines der Elemente arbeitet. Mit welcher Wahrscheinlichkeit ist dies der Fall?

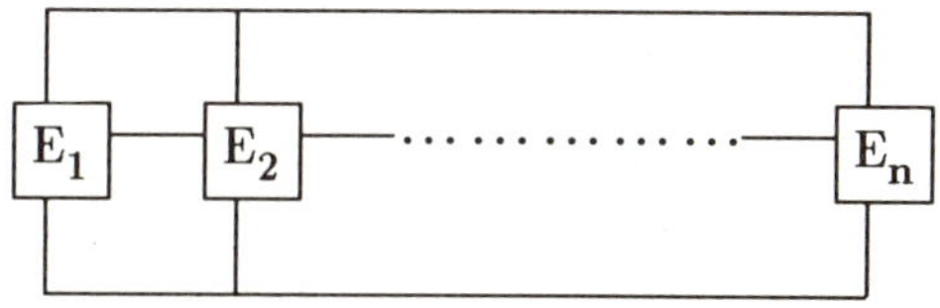

c) Jedes Element arbeite mit einer Wahrscheinlichkeit $p = 0{,}8$. Aus wie vielen Elementen muß ein Parallelsystem mindestens bestehen, damit es mit einer Wahrscheinlichkeit von mindestens 0,99999 arbeitet?

5. Die Ereignisse A, B und C seien vollständig unabhängig. Zeigen Sie, daß dann auch die Ereignisse A und $(B \cup C)$ unabhängig sind.

6. Drei Ärzte stellen in 80, 90 bzw. 95 % der Fälle beim Auftreten einer bestimmten Krankheit die richtige Diagnose. Unabhängig voneinander untersuchen die Ärzte einen an der Krankheit leidenden Patienten. Mit welcher Wahrscheinlichkeit stellen k der Ärzte die richtige Diagnose für $k = 0, 1, 2, 3$?

7. Es seien A, B und C drei vollständig unabhängige Ereignisse mit
$P(A) = 0{,}2$; $P(B) = 0{,}5$; $P(C) = 0{,}7$.
Berechnen Sie hieraus die Wahrscheinlichkeiten für die Ereignisse "Von den drei Ereignissen treten genau k ein" für $k = 0, 1, 2, 3$.

L 9 Unabhängige mehrstufige Zufallsexperimente

In diesem Kapitel sollen mehrere Zufallsexperimente untersucht werden, die voneinander unabhängig durchgeführt und zu einem mehrstufigen Zufallsexperiment zusammengesetzt werden.

L 9.1 Unabhängige zweistufige Zufallsexperimente

Gegeben sind zwei Zufallsexperimente, und zwar:
1. Zufallsexperiment mit der Ergebnismenge Ω_1 und der Wahrscheinlichkeit P_1;
2. Zufallsexperiment mit der Ergebnismenge Ω_2 und der Wahrscheinlichkeit P_2.

Werden beide Experimente gleichzeitig oder nacheinander durchgeführt, so sind die Versuchsergebnisse dieses zweistufigen Gesamtexperiments geordnete Paare (a, b) mit $a \in \Omega_1$, $b \in \Omega_2$. Diese geordneten Paare können in einem Baumdiagramm dargestellt werden.

Beispiel 1: Ein idealer Würfel und eine Münze werden geworfen. Als Versuchsergebnis tritt ein Paar auf, z.B. (6, W), wenn der Würfel eine 6 zeigt und Wappen geworfen wird.

Oft interessiert man sich nur dafür, ob beim ersten Experiment ein Ereignis $A_1 \subseteq \Omega_1$ und beim zweiten Experiment ein Ereignis $A_2 \subseteq \Omega_2$ eingetreten ist.

Dieses Ereignis bezeichnen wir mit (A_1, A_2). Es läßt sich als Durchschnitt der beiden Ereignisse (A_1, Ω_2) und (Ω_1, A_2) darstellen, die nur durch das erste bzw. zweite Zufallsexperiment bestimmt sind, also

$$(A_1, A_2) = (A_1, \Omega_2) \cap (\Omega_1, A_2).$$

Es ist naheliegend, für die Wahrscheinlichkeit P des zweistufigen Gesamtexperiments

$$P\big((A_1, \Omega_2)\big) = P_1(A_1) \quad \text{und} \quad P\big((\Omega_1, A_2)\big) = P_2(A_2)$$

zu setzen.
Die beiden Ereignisse (A_1, Ω_2) und (Ω_1, A_2) sind im Gesamtexperiment unabhängig, wenn die Produktdarstellung

$$\begin{aligned} P\big((A_1, A_2)\big) &= P\big((A_1, \Omega_2) \cap (\Omega_1, A_2)\big) = P\big((A_1, \Omega_2)\big) \cdot P\big((\Omega_1, A_2)\big) \\ &= P_1(A_1) \cdot P_2(A_2) \end{aligned}$$

gilt.

Diese Eigenschaft legt folgende Definition nahe:

Definition: Zwei Einzelexperimente mit den Ergebnismengen Ω_1, Ω_2 und den Wahrscheinlichkeiten P_1, P_2 heißen **unabhängig**, wenn für alle Ereignisse $A_1 \subseteq \Omega_1$ und $A_2 \subseteq \Omega_2$ bezüglich der Wahrscheinlichkeit P des Gesamtexperiments die Produktdarstellung gilt:

$$P\big((A_1, A_2)\big) = P_1(A_1) \cdot P_2(A_2).$$

Beispiel 2 (vgl. Beispiel 1 aus Abschnitt 6.3): Eine Urne enthalte 3 rote und 7 weiße Kugeln. Daraus werden nacheinander zwei Kugeln gezogen mit folgenden Ergebnissen:

R_i: "Beim i-ten Zug wird eine rote Kugel gezogen", $i = 1, 2$;
W_i: "Beim i-ten Zug wird eine weiße Kugel gezogen", $i = 1, 2$.

Die Ergebnismenge des zweistufigen Zufallsexperiments besteht aus den vier Paaren (R_1, R_2), (R_1, W_2), (W_1, R_2), (W_1, W_2).

a) Ziehen ohne Zurücklegen:

Nach Beispiel 1 und 2 und Aufgabe 1 aus Abschnitt 6.3 lauten die Wahrscheinlichkeiten

$$P((R_1, R_2)) = \tfrac{1}{15}; \quad P((R_1, W_2)) = \tfrac{7}{30}; \quad P((W_1, R_1)) = \tfrac{7}{30}; \quad P((W_2, W_2)) = \tfrac{14}{30}.$$

$$P(R_1) = \tfrac{3}{10}; \quad P(W_1) = \tfrac{7}{10}; \quad P(R_2) = \tfrac{3}{10}; \quad P(W_2) = \tfrac{7}{10}.$$

Wegen $P((R_1, R_2)) = \tfrac{1}{15} \neq P(R_1) \cdot P(R_2) = \tfrac{3}{10} \cdot \tfrac{3}{10}$ sind die beiden Einzelexperimente "Ziehen einer Kugel" beim Ziehen ohne Zurücklegen nicht unabhängig.

b) Ziehen mit Zurücklegen:

Hier gilt zum Beispiel

$$P((R_1, R_2)) = P(R_2 \mid R_1) \cdot P(R_1) = P(R_2) \cdot P(R_1) = 0{,}09.$$

Die Produktdarstellung gilt für alle vier Ereignispaare, wie die nachfolgende Aufgabe 1 zeigt. Daher sind die beiden Einzelexperimente "Ziehen einer Kugel" beim Ziehen mit zwischenzeitlichem Zurücklegen unabhängig.

1. Berechnen Sie in Beispiel 2b) folgende Wahrscheinlichkeiten:

$$P((R_1, W_2)), \quad P((W_1, R_2)), \quad P((W_1, W_2)).$$

Aufgaben

2. In einer Kiste befinden sich 70 Schrauben vom Typ I und 30 Schrauben vom Typ II. In einer zweiten Kiste befinden sich die zugehörigen Muttern in der gleichen Anzahl, wobei die Muttern nur für jeweils einen der beiden Schraubentypen passen. Aus den Kisten werden zufällig eine Schraube und eine Mutter entnommen. Mit welcher Wahrscheinlichkeit passen sie zusammen?

3. Zwei Schützen schießen unabhängig voneinander auf ein Ziel. Die Trefferwahrscheinlichkeit von Schütze I sei gleich 0,6, die von Schütze II sei 0,7.
Jeder Schütze gibt einen Schuß ab. Berechnen Sie die Wahrscheinlichkeit p_k dafür, daß von den beiden Schüssen k treffen für $k = 0, 1, 2$.

L 9.2 Unabhängige mehrstufige Zufallsexperimente

Wir betrachten nun den allgemeinen Fall, daß n Zufallsexperimente mit den jeweiligen Ergebnismengen Ω_i und den Wahrscheinlichkeiten P_i, $i = 1, 2, \ldots, n$ gleichzeitig oder nacheinander durchgeführt werden. Das Ereignis $A_i \subseteq \Omega_i$ sei nur durch das i-te Zufallsexperiment bestimmt und besitze die Wahrscheinlichkeit $P_i(A_i)$ für $i = 1, 2, \ldots, n$. $(A_1, A_2, \ldots, A_n)$ sei das Ereignis, daß beim i-ten Einzelexperiment jeweils das Ereignis A_i eintritt für $i = 1, 2, \ldots, n$.

Die Unabhängigkeit der n Einzelexperimente wird analog zum Fall $n = 2$ in Abschnitt 9.1 durch die entsprechende Produktdarstellung erklärt.

Definition: Die n Einzelexperimente mit den Ergebnismengen Ω_i und den Einzelwahrscheinlichkeiten P_i, $i = 1, 2, \ldots, n$ heißen **unabhängig**, falls im Gesamtexperiment für alle Ereignisse $(A_1, A_2, \ldots, A_n)$ mit $A_i \subseteq \Omega_i$ für $i = 1, 2, \ldots, n$ die Produktdarstellung gilt

$$P((A_1, A_2, \ldots, A_n)) = P_1(A_1) \cdot P_2(A_2) \cdot \ldots \cdot P_n(A_n).$$

Beispiel: Beim Roulett spielt eine Person gleichzeitig an drei benachbarten Spieltischen. Dabei setzt sie jeweils 10 DM, und zwar bei Tisch 1 auf das erste Dutzend $A=\{1,2,\ldots,12\}$, bei Tisch 2 auf das zweite Dutzend $B=\{13,14,\ldots,24\}$ und bei Tisch drei auf das dritte Dutzend $C=\{25,26,\ldots,36\}$.

a) Mit Wahrscheinlichkeit $\left(\frac{25}{37}\right)^3 \approx 0{,}3085$ gewinnt sie überhaupt nicht;

b) mit Wahrscheinlichkeit $3 \cdot \frac{12}{37} \cdot \left(\frac{25}{37}\right)^2 \approx 0{,}4442$ gewinnt sie einmal;

c) mit Wahrscheinlichkeit $3 \cdot \left(\frac{12}{37}\right)^2 \cdot \frac{25}{37} \approx 0{,}2132$ gewinnt sie zweimal;

d) mit Wahrscheinlichkeit $\left(\frac{12}{37}\right)^3 \approx 0{,}0341$ gewinnt sie dreimal.

Aufgaben

1. Ein Produkt wird dreifach kontrolliert. Bei der ersten Kontrolle werden 90 % der Fehler entdeckt und aussortiert, bei der zweiten Kontrolle 70 % und bei der dritten 60 %. Mit welcher Wahrscheinlichkeit durchläuft ein fehlerhaftes Stück alle drei Kontrollen, ohne entdeckt zu werden?

2. Drei verfälschte Würfel besitzen die in der nachfolgenden Tabelle angegebenen Wahrscheinlichkeiten

Augenzahl	1	2	3	4	5	6
Würfel 1	0,1	0,15	0,15	0,15	0,15	0,3
Würfel 2	0,05	0,1	0,1	0,1	0,1	0,55
Würfel 3	0,02	0,05	0,05	0,05	0,05	0,78

a) Mit Würfel 1 und Würfel 2 werde unabhängig geworfen. Berechnen Sie die Wahrscheinlichkeiten für die Augensummen.

b) Mit allen drei Würfeln werde geworfen. Mit welcher Wahrscheinlichkeit ist die Augensumme größer als 16?

3. In Aufgabe 3 aus Abschnitt 9.1 gebe jeder der beiden Schützen zwei Schüsse ab. Berechnen Sie die Wahrscheinlichkeit p_k dafür, daß von den vier Schüssen k treffen für $k = 0, 1, 2, 3, 4$.

4. Drei Personen werfen gleichzeitig je einmal auf ein Ziel. Eine Person habe die Trefferwahrscheinlichkeit 0,7, die zweite eine von 0,6 und die dritte eine von 0,4. Mit welcher Wahrscheinlichkeit p_k wird von den drei Würfen das Ziel k-mal getroffen für $k = 0, 1, 2, 3$?

5. Mit dem Glücksrad wird eine vierstellige Zahl ausgelost. Berechnen Sie die Wahrscheinlichkeiten

Zahl	1	2	3	4
Wahrsch.	0,1	0,2	0,3	0,4

$P(\{1111\})$, $P(\{1234\})$, $P(\{1212\})$, $P(\{4444\})$.

6. Die Ausschußwahrscheinlichkeiten der von drei Maschinen produzierten Werkstücke seien 0,1 bzw. 0,2 bzw. 0,3. Von jeder Maschinenproduktion wird ein Werkstück zufällig ausgewählt. Berechnen Sie die Wahrscheinlichkeit dafür, daß von den drei ausgewählten Werkstücken k fehlerhaft sind für $k = 0, 1, 2, 3$. Probe!

7. Fritz möchte gegen seine Eltern abwechselnd höchstens dreimal Mühle spielen. Die Gewinnwahrscheinlichkeit gegenüber dem Vater ist 0,6, die gegen seine Mutter 0,3. Fritz gewinnt eine Wette, falls er zwei Spiele hintereinander gewinnt. Berechnen Sie die Wahrscheinlichkeit, mit der Fritz die Wette gewinnt, falls er zuerst

a) gegen seinen Vater, b) gegen seine Mutter spielt.

8. Zwei Spieler spielen mit einem idealen Würfel folgendes Spiel: Spieler I gewinnt, falls er eine der Zahlen 1, 2 wirft, Spieler II gewinnt bei 3, 4 oder 5. Gewürfelt wird abwechselnd, bis ein Spieler gewinnt, wobei Spieler I beginnt. Berechnen Sie die Gewinnwahrscheinlichkeiten für die Spieler.

9. Ein Sportschütze treffe bei einem Schuß mit Wahrscheinlichkeit 0,6 ein Ziel. Wie oft muß er mindestens schießen, damit er mit einer Wahrscheinlichkeit von mindestens

a) 0,95, b) 0,99, c) 0,999

das Ziel mindestens einmal trifft? Dabei soll es sich um unabhängige Wiederholungen desselben Zufallsexperiments handeln.

10 Unabhängige Wiederholungen eines Zufallsexperiments und spezielle Verteilungen

In diesem Kapitel soll das gleiche Zufallsexperiment unabhängig und unter denselben Bedingungen mehrfach durchgeführt werden. Die einzelnen Versuchsdurchführungen werden zu einem mehrstufigen Zufallsexperiment zusammengesetzt. Bei den speziellen Verteilungen wird der Spezialfall behandelt, daß man sich bei jedem Einzelexperiment nur für das gleiche Ereignis A interessiert.

10.1 Unabhängige Wiederholungen desselben Zufallsexperiments

Das gleiche Zufallsexperiment mit der Ergebnismenge Ω und der Wahrscheinlichkeit P werde n-mal unabhängig durchgeführt.
$(A_1, A_2, A_3, \ldots, A_n)$ sei das Ereignis: "Beim ersten Experiment tritt A_1, beim zweiten A_2, beim dritten $A_3, \ldots$, schließlich beim n-ten A_n ein". Hier handelt es sich praktisch um den Durchschnitt der n Ereignisse $A_1, A_2, \ldots, A_n$. Wegen der vorausgesetzten Unabhängigkeit gilt dann für die Wahrscheinlichkeit dieses Ereignisses im Gesamtexperiment die Darstellung

$$P\big((A_1, A_2, A_3, \ldots, A_n)\big) = P(A_1) \cdot P(A_2) \cdot P(A_3) \cdot \ldots \cdot P(A_n).$$

(Hinweis für den Leistungskurs: Die Formel folgt aus Abschnitt 9.2).

Beispiel 1 (Tennis auf 2 Gewinnnsätze): Beim Tennis auf zwei Gewinnsätze gewinne Spielerin A gegen eine bestimmte Gegnerin jeweils einen Satz mit Wahrscheinlichkeit p, unabhängig von den Ausgängen der übrigen Sätze. Im nachfolgenden Baumdiagramm bedeutet G (bzw. $\overline{G}$): Die Spielerin A gewinnt (bzw. verliert) den entsprechenden Satz. In jeder Stufe besitzt das Ereignis G die Wahrscheinlichkeit p und das Komplement $\overline{G}$ die Wahrscheinlichkeit $1-p$.

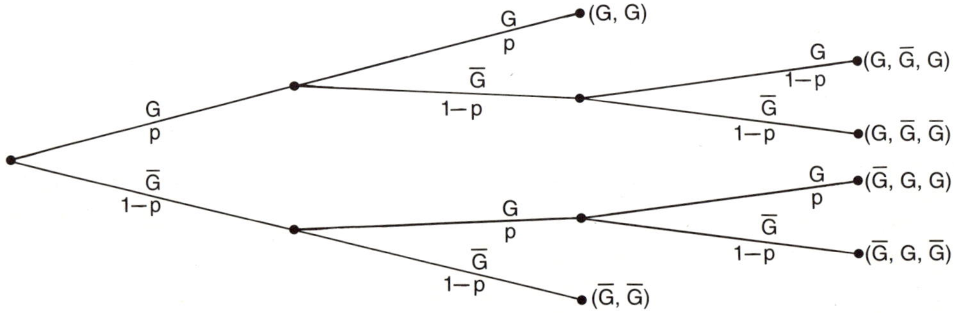

Die Spielerin A gewinnt, falls eines der Ereignisse (G, G), (G, $\overline{G}$, G), ($\overline{G}$, G, G) eintritt. Die entsprechenden Pfadwahrscheinlichkeiten lauten

$$P\big((G,G)\big) = p^2\ ; \quad P\big((G,\overline{G},G)\big) = P\big((\overline{G},G,G)\big) = p^2 \cdot (1-p).$$

Daraus erhält man die Siegeswahrscheinlichkeit für die Spielerin A

$$s = p^2 + 2p^2(1-p) = 3p^2 - 2p^3.$$

Für $p = \frac{1}{2}$ erhält man $s = p = \frac{1}{2}$.

$p < \frac{1}{2}$ ergibt $s < p$.

$p > \frac{1}{2}$ liefert $s > p$.

p	$s = 3p^2 - 2p^3$
0,25	0,156
0,5	0,5
0,75	0,844
0,9	0,972

Beim Spiel auf 2 Gewinnsätze vergrößert sich also die Gewinnwahrscheinlichkeit der stärkeren Spielerin. Diese kann beim Spiel auf 3 Gewinnsätze, wie es bei den Männern meistens üblich ist, nochmals erhöht werden.

Beispiel 2 (Lotto): Auf Grund des Ausspielungsmodus und der Beschaffenheit des Ziehungsgeräts kann man wohl davon ausgehen, daß es sich bei der Lotto-Ausspielung um ein Laplace-Experiment handelt.

a) Die Wahrscheinlichkeit, mit einer beliebig ausgewählten Tippreihe 6 Richtige zu erzielen, beträgt beim Lotto "6 aus 49"

$$p = \frac{1}{\binom{49}{6}} = \frac{1}{13\,983\,816}.$$

b) Beim Mittwochs-Lotto nimmt jede Tippreihe an der Ausspielung A und an der Ausspielung B, also gleichzeitig an zwei Ausspielungen teil. Die Wahrscheinlichkeit, daß eine von einem Spieler getippte Reihe in beiden Ausspielungen gleichzeitig gezogen wird, ist wegen der Unabhängigkeit der einzelnen Ziehungen gleich $p^2 = \left(\frac{1}{13\,983\,816}\right)^2$.

c) G sei das Ereignis, daß bei beiden Mittwochs-Ziehungen die gleiche Reihe ausgespielt wird. Dabei spielt es keine Rolle, um welche Reihe es sich handelt. Das Ergebnis ist von dem in b) berechneten verschieden, da dort eine feste Reihe vorgegeben wurde. Die Wahrscheinlichkeit P(A) soll mit Hilfe zweier verschiedener Modelle berechnet werden:

1. Modell: Bei der Ziehung A darf eine beliebige Reihe ausgespielt werden. Dann muß bei der Ziehung B diese feste Reihe gezogen werden. Die Wahrscheinlichkeit dafür ist $P(G) = p = \frac{1}{13\,983\,816}$.

2. Modell: Betrachtet werden alle Paare von zwei unabhängigen Reihen. Dafür gibt es insgesamt $(13\,983\,816)^2$ mögliche Fälle. Bei 13 983 816 dieser Paare stimmen beide Reihen überein (günstige Fälle). Division ergibt ebenfalls das obige Ergebnis.

$p = \frac{1}{13\,983\,816}$ ist auch die Wahrscheinlichkeit dafür, daß an zwei fest vorgegebenen Sonnabenden jeweils die gleichen Gewinnzahlen ausgespielt werden. Dabei darf eine Ausspielung schon durchgeführt sein. So ist z. B. $p = \frac{1}{13\,983\,816}$ die Wahrscheinlichkeit dafür, daß bei der nächsten Ausspielung die gleiche Reihe gezogen wird wie bei der letzten Ziehung.

Beispiel 3: Bei einem Zufallsexperiment besitzt das Ereignis A die Wahrscheinlichkeit $p = P(A)$. Das Experiment werde dreimal unabhängig durchgeführt, wobei man sich in jeder Stufe nur dafür interessiert, ob das Ereignis A oder das Komplement $\overline{A}$ mit $P(\overline{A}) = 1 - p$ eingetreten ist. Das dreistufige Baumdiagramm besitzt $2^3 = 8$ verschiedene Pfade mit den Wahrscheinlichkeiten

$$P((A, A, A)) = p^3 ;$$

$$P((\overline{A}, A, A)) = P((A, \overline{A}, A)) = P((A, A, \overline{A})) = p^2 \cdot (1 - p) ;$$

$$P((A, \overline{A}, \overline{A})) = P((\overline{A}, A, \overline{A})) = P((\overline{A}, \overline{A}, A)) = p \cdot (1 - p)^2 ;$$

$$P((\overline{A}, \overline{A}, \overline{A})) = (1 - p)^3 .$$

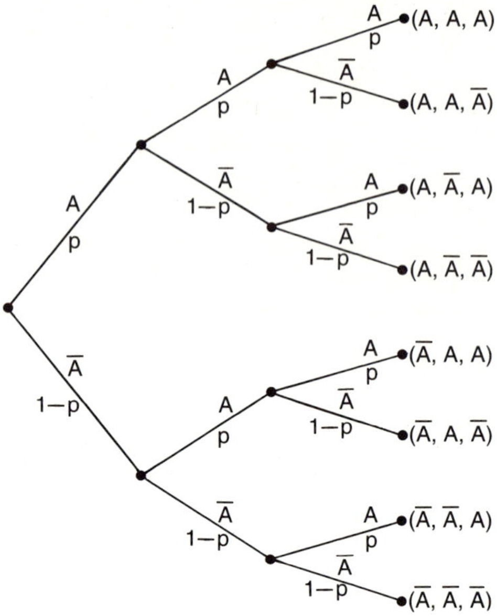

Bei der Berechnung dieser Pfadwahrscheinlichkeiten ist nur wichtig, wie oft das Ereignis A und wie oft $\overline{A}$ in dem Pfad erscheint. Die Reihenfolge spielt dabei keine Rolle. Für jedes A tritt der Faktor p und für jedes $\overline{A}$ der Faktor $1 - p$ auf.

Aufgaben

1. Ein idealer Würfel werde dreimal unabhängig geworfen. Mit welcher Wahrscheinlichkeit werden
a) drei gleiche Zahlen,
b) lauter verschiedene Zahlen geworfen?

2. Ein Medikament besitzt die Heilungswahrscheinlichkeit $p = 0{,}90$. Das Medikament werde n erkrankten Personen verabreicht. Bei welchem minimalen n ist die Wahrscheinlichkeit dafür, daß nicht alle n Personen geheilt werden,
a) mindestens gleich 0,9; b) mindestens gleich 0,99?

3. Mit wie vielen idealen Würfeln muß man werfen, damit die Wahrscheinlichkeit dafür, daß dabei wenigstens eine Sechs geworfen wird, mindestens gleich 0,999 ist?

4. Beim Tennis gewinne ein Spieler gegen einen bestimmten Gegner jeden einzelnen Satz mit Wahrscheinlichkeit p unabhängig vom Ausgang der übrigen Sätze. Gespielt wird auf drei Gewinnsätze.
Mit welcher Wahrscheinlichkeit gewinnt der Spieler das Match?
Berechnen Sie diese Wahrscheinlichkeit für $p = 0{,}5$ und $p = 0{,}9$.

10.2 Binomialverteilung (Verteilung der absoluten Häufigkeit)

Beispiel 1: In Beispiel 3 von Abschnitt 10.1 sei A_k das Ereignis: "In der Versuchsserie vom Umfang 3 tritt das Ereignis A genau k-mal ein" für $k = 0, 1, 2, 3$. Aus den Pfadwahrscheinlichkeiten erhält man die Wahrscheinlichkeiten:

$$p_0 = P(A_0) = P\big((\overline{A}, \overline{A}, \overline{A})\big) = (1-p)^3;$$
$$p_1 = P(A_1) = P\big((A, \overline{A}, \overline{A})\big) + P\big((\overline{A}, A, \overline{A})\big) + P\big((\overline{A}, \overline{A}, A)\big) = 3 \cdot p \cdot (1-p)^2;$$
$$p_2 = P(A_2) = P\big((\overline{A}, A, A)\big) + P\big((A, \overline{A}, A)\big) + P\big((A, A, \overline{A})\big) = 3 \cdot p^2 \cdot (1-p);$$
$$p_3 = P(A_3) = P\big((A, A, A)\big) = p^3 \quad \text{(Summe = 1)}.$$

Allgemein werde ein Zufallsexperiment n-mal unabhängig durchgeführt, wobei in jeder Stufe das gleiche Ereignis A mit der Wahrscheinlichkeit $p = P(A)$ betrachtet wird. Es handelt sich dabei um eine sogenannte **Bernoulli-Kette vom Umfang n.**

In der Versuchsserie soll nur die Anzahl der Versuche gezählt werden, bei denen das Ereignis A eintritt, wobei die Reihenfolge keine Rolle spielt. Festgestellt wird also nur die absolute Häufigkeit des Ereignisses A. Die Ergebnismenge lautet dann $\Omega = \{0, 1, 2, \ldots, n\}$.

Es sei A_k das Ereignis, daß in der Serie vom Umfang n das Ereignis A genau k-mal eintritt für $k = 0, 1, 2, \ldots, n$. Gesucht sind die Wahrscheinlichkeiten $p_k = P(A_k)$, $k = 0, 1, 2, \ldots, n$. Für $n = 3$ sind diese Wahrscheinlichkeiten in dem Beispiel 1 berechnet worden.

Das zu einer Bernoulli-Kette vom Umfang n gehörige Baumdiagramm hat 2^n verschiedene Pfade. Für große n ist es kaum möglich, alle Pfade zu zeichnen. Aus diesem Grund sollen die Wahrscheinlichkeiten p_k durch eine andere Überlegung berechnet werden.

Das Ereignis A_k tritt z. B. ein, wenn bei den ersten k Versuchsdurchführungen jeweils das Ereignis A und bei den restlichen $n-k$ Versuchen immer das Komplement $\overline{A}$ eintritt, also bei der Serie

$$\underbrace{A, A, \ldots, A}_{\text{k-mal}}, \underbrace{\overline{A}, \overline{A}, \ldots, \overline{A}}_{(n-k)\text{-mal}}.$$

Diese Serie besitzt die Wahrscheinlichkeit $p^k \cdot (1-p)^{n-k}$. Jede andere Serie, bei der an k beliebigen Stellen A und an den restlichen $n-k$ Stellen $\overline{A}$ steht, hat dieselbe Wahrscheinlichkeit $p^k \cdot (1-p)^{n-k}$. Damit müssen wir nur abzählen, wie viele verschiedene solche Serien es gibt, bei denen genau k Plätze mit A belegt sind. Zu ihrer Berechnung müssen aus den n möglichen Plätzen k Stück ohne Berücksichtigung der Reihenfolge ausgewählt werden, die mit A versehen werden (die restlichen $n-k$ Plätze werden dann mit $\overline{A}$ versehen). Dafür gibt es insgesamt $\binom{n}{k}$ Möglichkeiten. Somit gibt es $\binom{n}{k}$ verschiedene Serien, welche alle die oben berechnete Wahrscheinlichkeit besitzen.

Damit gilt

$$p_k = P(A_k) = P(\text{A tritt genau k-mal ein}) = \binom{n}{k} \cdot p^k \cdot (1-p)^{n-k}$$

für $k = 0, 1, 2, \dots, n$.

Satz: Ein Zufallsexperiment werde n-mal unabhängig durchgeführt, wobei das Ereignis A in jeder einzelnen Stufe die Wahrscheinlichkeit $p = P(A)$ besitzt mit $0 < p < 1$. Dann gilt

$$p_k = P(\text{A tritt genau k-mal ein}) = \binom{n}{k} \cdot p^k \cdot (1-p)^{n-k}$$

für $k = 0, 1, 2, \dots, n$.

Die Menge aller Paare $\left\{\left(k, \binom{n}{k} \cdot p^k \cdot (1-p)^{n-k}\right) \middle| k = 0, 1, 2, \dots, n\right\}$ heißt **Binomialverteilung**.

Beispiel 2: Mit drei idealen Würfeln werde gleichzeitig geworfen. Dabei interessiere nur die Anzahl der geworfenen Sechsen. Mit $A = \{6\}$, $p = \frac{1}{6}$ erhält man die Wahrscheinlichkeiten $p_k = P(\text{genau k Sechsen werden geworfen})$

$$p_0 = \left(1 - \tfrac{1}{6}\right)^3 \approx 0{,}5787\,;$$

$$p_1 = \binom{3}{1} \cdot \tfrac{1}{6} \cdot \left(\tfrac{5}{6}\right)^2 \approx 0{,}3472\,;$$

$$p_2 = \binom{3}{1} \cdot \left(\tfrac{1}{6}\right)^2 \cdot \tfrac{5}{6} \approx 0{,}0694\,;$$

$$p_3 = \left(\tfrac{1}{6}\right)^3 \approx 0{,}0046\,.$$

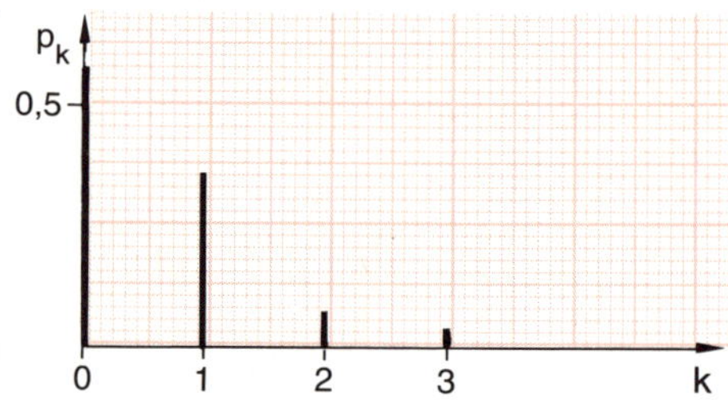

Bemerkungen:

1) Es ist $\sum\limits_{k=0}^{n} p_k = 1$ wegen

$$1 = \big(p + (1-p)\big)^n = \sum_{k=0}^{n} \binom{n}{k} \cdot p^k \cdot (1-p)^{n-k} = \sum_{k=0}^{n} p_k\,.$$

2) Setzt man im Urnenmodell II beim Ziehen mit Zurücklegen $\frac{M}{N} = p$, so geht die auf Seite 56 abgeleitete Formel über in die im Satz angegebene.

1. Eine ideale Münze werde 10mal geworfen. Berechnen Sie die Wahrscheinlichkeiten folgender Ereignisse:
a) Jedesmal wird das gleiche Symbol geworfen;
b) beide Symbole treten gleich oft auf;
c) es entsteht eine Reihe mit alternierenden (abwechselnden) Symbolen.

2. Mit welcher Wahrscheinlichkeit haben von 100 zufällig ausgewählten Personen mindestens zwei am 25. Dezember Geburtstag?
Dabei seien die Geburtstage unabhängig voneinander gleichmäßig auf die 365 Tage eines Jahres verteilt.

3. Von einer sehr großen Menge von Werkstücken sind 1 % fehlerhaft. Wie viele Werkstücke dürfen höchstens zufällig ausgewählt werden, damit mit einer Wahrscheinlichkeit von mindestens 0,9 kein fehlerhaftes dabei ist?

Für $1-p \neq 0$ gilt

$$p_{k+1} = \binom{n}{k+1} \cdot p^{k+1} \cdot (1-p)^{n-k-1}$$

$$= \frac{n \cdot (n-1) \cdot \ldots \cdot (n-k+1) \cdot (n-k)}{1 \cdot 2 \cdot \ldots \cdot k \cdot (k+1)} \cdot \frac{p}{1-p} \cdot p^k \cdot (1-p)^{n-k}$$

$$= \frac{n-k}{k+1} \cdot \frac{p}{1-p} \cdot \binom{n}{k} \cdot p^k \cdot (1-p)^{n-k} = \frac{n-k}{k+1} \cdot \frac{p}{1-p} \cdot p_k$$

für $k = 0, 1, 2, \ldots, n-1$.

Damit erhält man eine für die praktische Rechnung nützliche Formel:

Rekursionsformel: Es gilt

$$p_{k+1} = \frac{n-k}{k+1} \cdot \frac{p}{1-p} \cdot p_k \quad \text{für } k = 0, 1, 2, \ldots, n-1$$

mit $p_0 = (1-p)^n$

Beispiel 3 (Multiple-Choice): Bei einer Prüfung sind 10 Fragen vorgegeben. Bei jeder Frage sind in zufälliger Reihenfolge 4 Antworten angegeben, von denen genau eine richtig ist. Wie viele richtige Antworten müssen zum Bestehen der Prüfung mindestens verlangt werden, damit jemand durch zufälliges Ankreuzen jeweils einer Antwort die Prüfung höchstens mit Wahrscheinlichkeit 0,025 besteht?

Mit i bezeichnen wir die gesuchte Mindestanzahl. $p_k = \binom{10}{k} \cdot \left(\frac{1}{4}\right)^k \cdot \left(\frac{3}{4}\right)^{10-k}$ ist die Wahrscheinlichkeit dafür, daß man durch Raten genau k richtige Antworten erzielt. Die Wahrscheinlichkeit, daß man durch zufälliges Ankreuzen mindestens i richtige Antworten erreicht, lautet

$$p_i + p_{i+1} + \ldots + p_{10}.$$

Diese Wahrscheinlichkeit darf höchtens gleich 0,025 sein. Alle anderen Wahrscheinlichkeiten müssen dann zusammen mindestens gleich 0,975 sein. Damit erhält man die Bedingung

$$p_1 + p_2 + \ldots + p_{i-1} \geq 0{,}975.$$

Mit Wahrscheinlichkeit $p = 0{,}25$ trifft man durch zufälliges Ankreuzen bei einer Frage die richtige Antwort. Mit $\frac{p}{1-p} = \frac{0{,}25}{0{,}75} = \frac{1}{3}$ erhält man aus der Rekursionsformel die Wahrscheinlichkeiten $p_k = P$ (genau k richtige Antworten):

Wahrscheinlichkeiten		aufsummierte Wahrscheinlichkeiten
$p_0 = 0{,}75^{10}$	$\approx$ 0,05631	0,05631
$p_1 = \frac{10}{1} \cdot \frac{1}{3} \cdot p_0$	$\approx$ 0,18771	0,24403
$p_2 = \frac{9}{2} \cdot \frac{1}{3} \cdot p_1$	$\approx$ 0,28157	0,52559
$p_3 = \frac{8}{3} \cdot \frac{1}{3} \cdot p_2$	$\approx$ 0,25028	0,77588
$p_4 = \frac{7}{4} \cdot \frac{1}{3} \cdot p_3$	$\approx$ 0,14600	0,92187 $<$ 0,975
$p_5 = \frac{6}{5} \cdot \frac{1}{3} \cdot p_4$	$\approx$ 0,05840	0,98027 $>$ 0,975

Hieraus folgt $p_6 + p_7 + p_8 + p_9 + p_{10} \approx 0{,}021 < 0{,}025$.

Es müssen also mindestens 6 richtige Antworten verlangt werden, um die angegebene Bedingung zu erfüllen. Dann besteht man die Prüfung durch zufälliges Ankreuzen sogar nur mit Wahrscheinlichkeit 0,021.

Aufgaben

4. Von einer Mannschaft sei bekannt, daß sie ein Einzelspiel in der entsprechenden Klasse mit Wahrscheinlichkeit 0,7 gewinnt. Wie groß ist die Wahrscheinlichkeit dafür, daß in einer Serie von 5 Spielen die Gewinnspiele überwiegen? Die Einzelspiele sollen dabei als unabhängig vorausgesetzt werden.

5. Bei einer Serienfertigung wird jeder Artikel dreimal unabhängig voneinander kontrolliert. Ein fehlerhafter Artikel wird mit Wahrscheinlichkeit 0,9 bei jeder dieser Kontrollen entdeckt.
a) Mit welcher Wahrscheinlichkeit wird ein fehlerhafter Artikel in der Gesamtkontrolle entdeckt?
Wie groß ist die Wahrscheinlichkeit, daß von 10 fehlerhaften Artikeln
b) alle entdeckt werden, c) mindestens 8 entdeckt werden?

6. Eine Firma behauptet, die Ausschußwahrscheinlichkeit für jedes Stück eines bestimmten Produktes sei höchstens 0,04. Eine Abnehmerfirma benutzt folgenden Prüfplan: Sie wählt 5 Stücke zufällig aus. Falls darunter kein fehlerhaftes ist, nimmt sie die Lieferung an, sonst wird sie zurückgewiesen. Mit welcher Wahrscheinlichkeit wird die Annahme der Sendung zu Unrecht verweigert?

7. Eine Firma behauptet, in einer Produktionsmenge sei jedes einzelne Stück mit Wahrscheinlichkeit $p = 0{,}05$ fehlerhaft. In einer Eingangskontrolle werden aus der Lieferung 50 Stück zufällig ausgewählt.
a) Falls sich in dieser Stichprobe mehr als drei fehlerhafte Stücke befinden, wird die Sendung nicht angenommen. Mit welcher Wahrscheinlichkeit wird die Annahme zu Unrecht verweigert?
b) Die Annahme werde bei mehr als k fehlerhaften Stücken in der Stichprobe vom Umfang 50 verweigert. Wie groß muß k mindestens sein, damit die Sendung mit einer Wahrscheinlichkeit von höchstens 0,1 zu Unrecht nicht angenommen wird?

L 10.3 Geometrische Verteilung (Warten auf den ersten Erfolg)

Ein Zufallsexperiment werde so lange unabhängig wiederholt, bis zum ersten Mal das Ereignis A eintritt. Dabei werde die Anzahl der notwendigen Versuche gezählt. Die Ergebnismenge ist also $\Omega = \{1, 2, 3, ...\}$. Genau i Versuche sind notwendig, wenn bei den ersten $i-1$ Versuchen das Komplementärereignis $\overline{A}$ und beim i-ten Versuch A eintritt, also bei der Serie

$$\underbrace{\overline{A}, \overline{A}, \dots, \overline{A}}_{(i-1)\text{-mal}}, A .$$

Bei jedem Einzelexperiment besitze das Ereignis A die Wahrscheinlichkeit p. Dann besitzt diese Serie die Wahrscheinlichkeit

$$P\left((\overline{A}, \overline{A}, \dots, \overline{A}, A)\right) = (1-p)^{i-1} \cdot p \quad \text{für } i = 1, 2, \dots$$

Damit gilt:

Satz: Bei einem Zufallsexperiment besitze ein Ereignis A die Wahrscheinlichkeit $p = P(A)$ mit $0 < p < 1$. Das Zufallsexperiment werde so lange unabhängig durchgeführt, bis das Ereignis A erstmals eintritt. Dann gilt

$$p_i = P(\text{genau i Versuche sind notwendig}) = p \cdot (1-p)^{i-1} \text{ für } i = 1, 2, \dots$$

Für die praktische Berechnung nützlich ist die

Rekursionsformel $p_{i+1} = (1-p) \cdot p_i, \quad i = 1, 2, \dots \quad$ mit $p_1 = p$.

Bemerkung: Die Zahlen $p_i = p \cdot (1-p)^{i-1}$, $i = 1, 2, \dots$ bilden eine geometrische Folge mit der Summe

$$\sum_{i=1}^{\infty} p_i = p \cdot \sum_{i=1}^{\infty} (1-p)^{i-1} = p \cdot \sum_{k=0}^{\infty} (1-p)^k = \frac{p}{1-(1-p)} = 1 .$$

Die Menge aller Paare $\left\{\left(i, p \cdot (1-p)^{i-k}\right) \middle| \, i = 1, 2, \dots\right\}$ nennt man **geometrische Verteilung.**

Die Wahrscheinlichkeit dafür, daß bis zum erstmaligen Eintreten des Ereignisses A höchstens n Versuche notwendig sind, erhält man in der Form

$$\sum_{i=1}^{n} p_i = p \cdot \sum_{k=0}^{n-1} (1-p)^k = p \cdot \frac{1-(1-p)^n}{1-(1-p)} = 1-(1-p)^n .$$

Die Wahrscheinlichkeit dafür, daß mindestens n Versuche benötigt werden, erhält man hieraus in der Form

$$P_n = P(\text{mindestens n Versuche sind notwendig}) = (1-p)^{n-1}$$

für $n = 1, 2, \dots$

Diese Wahrscheinlichkeit erhält man wesentlich einfacher durch folgende Überlegung: Mindestens n Versuche sind notwendig, wenn bei den ersten $n-1$ Versuchen jeweils das Ereignis $\overline{A}$ eintritt. Danach spielt es keine Rolle, ob A oder $\overline{A}$ eintritt. Die Wahrscheinlichkeit dafür ist $(1-p)^{n-1}$.

Für $p > 0$ gilt $\lim\limits_{n \to \infty} (1-p)^{n-1} = 0.$

Die Wahrscheinlichkeit, daß bis zum erstmaligen Eintreten des Ereignisses A mindestens n Versuchsdurchführungen notwendig sind, wird beliebig klein, wenn n nur groß genug gewählt wird.

Beispiel 1 ("Mensch ärgere Dich nicht"): Beim Spiel "Mensch ärgere Dich nicht" muß ein Spieler bis zum Start solange würfeln, bis erstmals eine Sechs erscheint. Falls das Spiel mit einem idealen Würfel durchgeführt wird, erhält man

$$P(\text{bis zum Start sind i Würfe notwendig}) = p_i = \frac{1}{6} \cdot \left(\frac{5}{6}\right)^{i-1} \quad \text{für } i = 1, 2, \ldots$$

Mit Wahrscheinlichkeit $P_n = \left(\frac{5}{6}\right)^{n-1}$ werden bis zum Start mindestens n Würfe benötigt.

Aufgaben

1. Eine ideale Münze werde so lange geworfen, bis erstmals Wappen auftritt.
a) Mit welcher Wahrscheinlichkeit werden genau k Würfe benötigt?
b) Mit welcher Wahrscheinlichkeit sind höchstens 5 Würfe notwendig?

2. Ein idealer Würfel wird so lange geworfen, bis erstmals eine 5 oder 6 erscheint. Mit welcher Wahrscheinlichkeit sind höchstens n Würfe notwendig?

3. Bei einem verfälschten Würfel besitze die Augenzahl 6 die Wahrscheinkeit 0,3. Der Würfel wird so lange geworfen, bis die Augenzahl 6 erstmals auftritt.
a) Berechnen Sie die Wahrscheinlichkeit P_n dafür, daß dazu höchstens n Würfe notwendig sind.
b) Bestimmen Sie den Grenzwert $\lim\limits_{n \to \infty} P_n$.

4. Zwei Kinder K_1 und K_2 werfen abwechselnd Ringe auf ein Ziel. Das Kind, welches zuerst trifft, gewinnt. Die Trefferwahrscheinlichkeiten für beide Kinder seien $p \neq 0$.
a) Mit welcher Wahrscheinlichkeit gewinnt das erste (zweite) Kind, falls K_1 beginnt?
b) Vor dem Start werde eine ideale Münze geworfen. K_1 beginnt, wenn Wappen geworfen wird, sonst beginnt K_2. Mit welcher Wahrscheinlichkeit gewinnt K_1 bzw. K_2 ?

5. Lösen Sie die Aufgabe 4, falls die Trefferwahrscheinlichkeit von K_1 gleich p_1 und die von K_2 gleich p_2 ist mit $0 < p_i < 1$ für $i = 1, 2$.

11 Diskrete Zufallsvariable

Bei vielen Zufallsexperimenten tritt als Versuchsergebnis unmittelbar eine reelle Zahl auf. Auch wenn die Versuchsergebnisse selbst keine reelle Zahlen sind, können ihnen durch eine bestimmte Zuordnungsvorschrift reelle Zahlen zugeordnet werden. Dadurch entsteht eine sogenannte Zufallsvariable.

11.1 Verteilung einer diskreten Zufallsvariablen

Beispiel 1 (dreifacher Münzwurf): Für einen Einsatz von 2 DM wird folgendes Spiel angeboten: Beim Werfen dreier Münzen wird die Anzahl der geworfenen Wappen in DM ausgezahlt. Damit wird jedem der 8 möglichen Versuchsergebnisse eine Zahl als Auszahlung zugeordnet. Diese Zuordnung ist in der nebenstehenden Abbildung dargestellt.

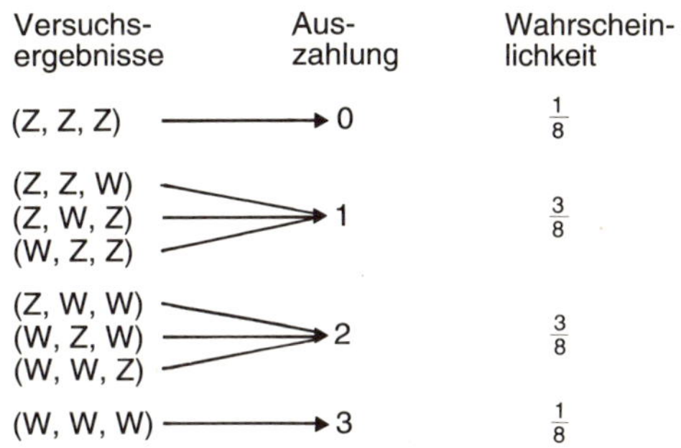

Durch die Auszahlungsvorschrift wird die Ergebnismenge Ω abgebildet in die Zahlenmenge $W = \{0, 1, 2, 3\}$. Die Abbildung $\Omega \to W$ bezeichnen wir mit X und nennen sie **Zufallsvariable.** Die Zufallsvariable X nimmt den Wert 0 mit der Wahrscheinlichkeit $\frac{1}{8}$, die Werte 1 und 2 jeweils mit der Wahrscheinlichkeit $\frac{3}{8}$ und den Wert 3 mit der Wahrscheinlichkeit $\frac{1}{8}$ an.

> **Definition:** Eine auf Ω definierte Funktion $X\colon \Omega \to \mathbb{R}$ heißt **Zufallsvariable.** Die Zufallsvariable X ordnet jedem Versuchsergebnis $\omega \in \Omega$ eine reelle Zahl $X(\omega) \in \mathbb{R}$ zu.

Für eine beliebige reelle Zahl $x \in \mathbb{R}$ bezeichnen wir mit $(X = x)$ bzw. A_x das Ereignis

$$(X = x) = A_x = \{\omega \mid X(\omega) = x \text{ mit } \omega \in \Omega\}.$$

Dieses Ereignis besteht aus allen Versuchsergebnissen $\omega \in \Omega$, welche durch die Zufallsvariable X auf den gleichen Zahlenwert $x \in \mathbb{R}$ abgebildet werden.
Von einer Zufallsvariablen X wird zusätzlich verlangt, daß für jedes $x \in \mathbb{R}$ die Wahrscheinlichkeit

$$P(X = x) = P(A_x) = P(\{\omega \mid X(\omega) = x\})$$

existiert. Entsprechend müssen für $a \leq b$ folgende Wahrscheinlichkeiten existieren

$$P(a \leq X \leq b) = P(\{\omega \mid a \leq X(\omega) \leq b\});$$

$$P(a < X \leq b) = P(\{\omega \mid a < X(\omega) \leq b\});$$

$$P(a \leq X < b) = P(\{\omega \mid a \leq X(\omega) < b\});$$

$$P(a < X < b) = P(\{\omega \mid a < X(\omega) < b\}).$$

Beispiel 2 (dreifacher Münzwurf): In Beispiel 1 gilt

$$P(X=0) = P(\{(Z,Z,Z)\}) = \tfrac{1}{8};$$

$$P(X=1) = P\big(\{(Z,Z,W),(Z,W,Z),(W,Z,Z)\}\big) = \tfrac{3}{8}.$$

1. Berechnen Sie in Beispiel 1 folgende Wahrscheinlichkeiten:
$P(X=2)$; $P(X=3)$; $P(X=4)$; $P(1 < X \leq 3)$; $P(2 \leq X < 3)$.

> **Definition:** Eine Zufallsvariable X heißt **diskret**, wenn ihre Wertemenge W endlich oder abzählbar unendlich ist.

In Beispiel 1 besteht die Wertemenge $W = \{0, 1, 2, 3\}$ der Zufallsvariablen X aus vier verschiedenen Werten. Daher ist die Zufallsvariable X diskret.

Verteilung einer diskreten Zufallsvariablen X

Beispiel 3 (Lostrommel): In einer Lostrommel befinden sich 1000 Lose, die von 1 bis 1000 numeriert sind. Jedes Los mit den beiden Endziffern 33, 44, 55, 66 oder 77 gewinnt 5 DM, auf jedes Los mit den Endziffern 0, 1, 2 oder 8 entfallen 2 DM, alle anderen Lose sind Nieten. Die Zufallsvariable X beschreibe den Gewinn, der auf ein zufällig ausgewähltes Los ausgezahlt wird. Dabei gilt

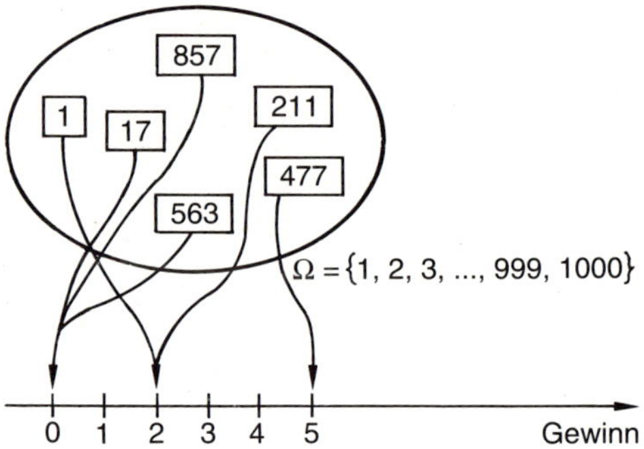

$$P(X=5) = P(\{\omega \mid X(\omega) = 5\})$$
$$= P(\{33, 44, 55, 66, 77, 133, ..., 933, 944, 955, 966, 977\}) = \frac{50}{1\,000} = 0{,}05;$$

$$P(X=2) = P(\{\omega \mid X(\omega) = 2\}) = \frac{|A_2|}{1\,000} = \frac{400}{1\,000} = 0{,}4.$$

Außer den Werten 5 und 2 kann die Zufallsvariable X nur noch den Wert 0 annehmen. Das entsprechende Ereignis tritt ein, wenn eine Niete gezogen wird. Da es 450 Gewinne gibt, sind 550 Lose Nieten mit

$$P(X=0) = P(\{\omega \mid X(\omega) = 0\}) = \frac{550}{1\,000} = 0{,}55.$$

Die Funktionswerte der Zufallsvariablen X und die Wahrscheinlichkeiten, mit denen diese angenommen werden, sind in der nachfolgenden Tabelle zusammengestellt

Werte x_i von X	0	2	5
Wahrscheinlichkeiten $p_i = P(X=x_i)$	0,55	0,40	0,05

Definition: Die Gesamtheit aller Paare (x_i, p_i) mit $p_i = P(X = x_i)$ heißt die **Verteilung (Wahrscheinlichkeitsverteilung)** der diskreten Zufallsvariablen X.

Sind x_i und x_j zwei verschiedene Werte der diskreten Zufallsvariablen X, so sind die Ereignisse $A_{x_i} = \{\omega \mid X(\omega) = x_i\}$ und $A_{x_j} = \{\omega \mid X(\omega) = x_j\}$ wegen der Eindeutigkeit von X unvereinbar. In der Folge $A_{x_1}, A_{x_2}, \ldots$ sind somit alle Paare von Ereignissen unvereinbar. Bei jedem Versuchsergebnis tritt aber genau eines dieser Ereignisse ein. Daher gilt

$$1 = P(\Omega) = P(A_{x_1} \cup A_{x_2} \cup \ldots) = P(A_{x_1}) + P(A_{x_2}) + \ldots = \sum_i p_i \,.$$

Die Wahrscheinlichkeitsverteilung einer diskreten Zufallsvariablen X kann anschaulich in einem sogenannten **Stabdiagramm** graphisch dargestellt werden. Dazu trägt man auf der x-Achse die Werte x_i der Zufallsvariablen X auf und senkrecht nach oben Stäbe, deren Längen gleich den Wahrscheinlichkeiten $P(X = x_i)$ sind. Alle Stäbe zusammen besitzen die gesamte Länge Eins. Nebenstehend ist das Stabdiagramm der Zufallsvariablen X dargestellt, welche den Gewinn beim Ziehen eines Loses aus der Lostrommel in Beispiel 3 beschreibt.

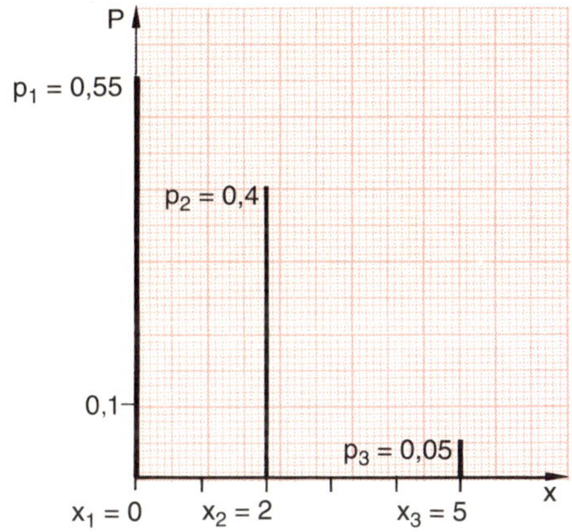

L 2. Zeigen Sie, daß durch $P^*(\{x_i\}) = p_i = P(X = x_i)$ auf der neuen Ergebnismenge (Wertemenge) $W = \{x_1, x_2, x_3, \ldots\}$ eine allgemeine Wahrscheinlichkeit P^* erklärt wird.

3. Die Zufallsvariable X beschreibe die Augenzahl beim Werfen eines idealen Würfels.
a) Bestimmen Sie die Verteilung von X.
b) Zeichnen Sie ein Stabdiagramm.

4. Beim Roulett mit der Ergebnismenge $\Omega = \{0, 1, 2, \ldots, 35, 36\}$ setzt ein Spieler 10 DM auf das erste Dutzend $D = \{1, 2, \ldots, 11, 12\}$. Im Falle eines Gewinnes erhält er den dreifachen Einsatz ausgezahlt. Sonst verliert er den Einsatz. Die Zufallsvariable X beschreibe den Reingewinn (Auszahlung minus Einsatz).
a) Bestimmen Sie die Verteilung von X.
b) Zeichnen Sie ein Stabdiagramm.

Beispiel 4 (dreifacher Münzwurf): Zu der in Beispiel 1 erklärten Zufallsvariablen X gehört das unten links auf dieser Seite dargestellte Stabdiagramm.

Es erfolgt keine Auszahlung, falls das Ereignis $B_0 = \{\omega \mid X(\omega) = 0\}$ eintritt. Die Wahrscheinlichkeit dafür ist $P(B_0) = \frac{1}{8}$.

Gesucht ist nun die Wahrscheinlichkeit dafür, daß man bei einem Einzelspiel höchstens 1 DM ausgezahlt bekommt. Das entsprechende Ereignis bezeichnen wir mit $B_1 = \{\omega \mid X(\omega) \leq 1\} = (X \leq 1)$. Aus

$$B_1 = \{\omega \mid X(\omega) \leq 1\} = \{\omega \mid X(\omega) = 0\} \cup \{\omega \mid X(\omega) = 1\}$$

erhält man die gesuchte Wahrscheinlichkeit

$$P(B_1) = P(X \leq 1\} = P(X = 0) + P(X = 1\} = \frac{1}{8} + \frac{3}{8} = \frac{1}{2}.$$

Höchstens 2 DM erhält man ausgezahlt, falls das Ereignis

$$B_2 = \{\omega \mid X(\omega) \leq 2\} = \{\omega \mid X(\omega) = 0\} \cup \{\omega \mid X(\omega) = 1\} \cup \{\omega \mid X(\omega) = 2\}$$

eintritt. Es besitzt die Wahrscheinlichkeit

$$P(B_2) = P(X \leq 2\} = P(X = 0) + P(X = 1\} + P(X = 2)$$
$$= P(B_1) + P(X = 2) = \frac{1}{2} + \frac{3}{8} = \frac{7}{8}.$$

Das Ereignis $B_3 = \{\omega \mid X(\omega) \leq 3\} = (X \leq 3)$ tritt immer ein mit $P(X \leq 3) = 1$.

Man kann z. B. auch nach der Wahrscheinlichkeit dafür fragen, daß die Auszahlung bei einem Spiel höchstens 2,5 DM beträgt. Dabei gilt

$$P(X \leq 2{,}5) = P(X \leq 2) = P(X = 0) + P(X = 1) + P(X = 2) = \frac{7}{8}.$$

Für jedes $x \in \mathbb{R}$ kann die Wahrscheinlichkeit $F(x) = P(X \leq x)$ berechnet werden. Die Funktion F heißt die **Verteilungsfunktion** der Zufallsvariablen X. Sie ist unten rechts auf dieser Seite graphisch dargestellt.

Für $x < 0$ ist $(X \leq x)$ das unmögliche Ereignis mit $F(x) = P(X \leq x) = 0$.

Für $0 \leq x < 1$ gilt $F(x) = P(X \leq x) = P(X = 0) = \frac{1}{8}$.

$1 \leq x < 2$ ergibt $F(x) = P(X \leq x) = P(X = 0) + P(X = 1) = \frac{1}{8} + \frac{3}{8} = \frac{1}{2}$.

Für $2 \leq x < 3$ erhält man $F(x) = P(X \leq x) = P(X=0)+P(X=1)+P(X=2) = \frac{7}{8}$.

Für $x \geq 3$ ist $(X \leq x) = \Omega$ das sichere Ereignis mit $F(x) = P(X \leq x) = 1$.

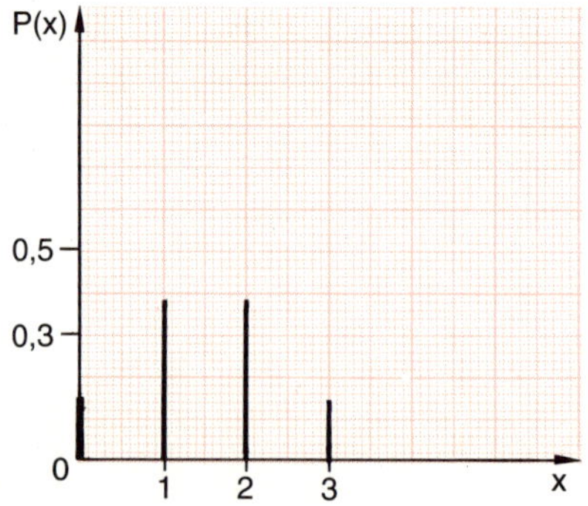

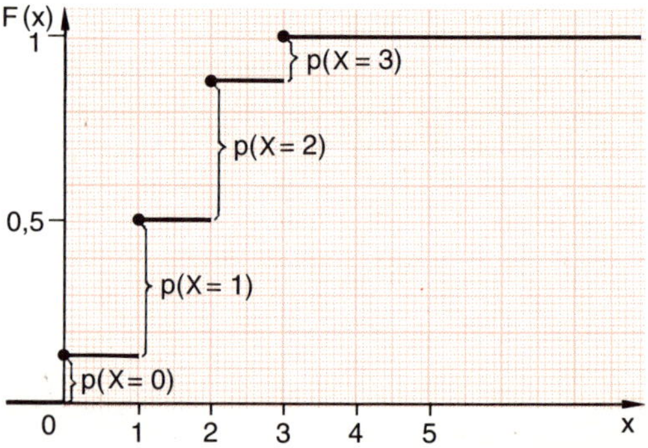

Definition: Es sei X eine beliebige diskrete Zufallsvariable mit der endlichen Wertemenge $W = \{x_1, x_2, \ldots, x_n\}$ und den Wahrscheinlichkeiten $P(X = x_k)$. Dann heißt die durch

$$F(x) = P(X \leq x) = \sum_{x_k \leq x} P(X = x_k), \quad x \in \mathbb{R}$$

definierte Funktion F die **Verteilungsfunktion** der Zufallsvariablen X.

5. Die Zufallsvariable X beschreibe die Augenzahl beim Werfen eines idealen Würfels. Zeichnen Sie die Verteilungsfunktion von X.

6. Zeichnen Sie die Verteilungsfunktion der Zufallsvariablen X aus Beispiel 3.

Die Verteilungsfunktion F einer diskreten Zufallsvariablen X ist eine monoton wachsende **Treppenfunktion**, die von Null an auf Eins ansteigt. Sie hat Sprünge der Höhe $p_k = P(X = x_k)$ genau an den Stellen x_k des Wertebereichs W. An den Sprungstellen ist der Wert der oberen Treppenstufe der Funktionswert. Links vom kleinsten Wert x_{min} verschwindet die Verteilungsfunktion:

$$F(x) = 0 \text{ für } x < x_{min} .$$

Vom größten Wert x_{max} an ist die Verteilungsfunktion gleich Eins:

$$F(x) = 1 \text{ für } x \geq x_{max} .$$

Aus der Verteilungsfunktion F läßt sich die Wahrscheinlichkeitsverteilung der Zufallsvariablen X bestimmen. Der Wertebereich besteht aus den Sprungstellen, die zugehörigen Wahrscheinlichkeiten sind die Sprunghöhen.

Bei jeder beliebigen diskreten Zufallsvariablen X gilt:

Satz: Aus der Verteilungsfunktion $F(x) = P(X \leq x)$ erhält man für $a < b$ die Wahrscheinlichkeiten

$$P(X > a) = 1 - F(a);$$

$$P(a < X \leq b) = F(b) - F(a);$$

$$P(a < X < b) = F(b) - F(a) - P(X = b);$$

$$P(a \leq X \leq b) = F(b) - F(a) + P(X = a);$$

$$P(a \leq X < b) = F(b) - F(a) + P(X = a) - P(X = b).$$

7. Beweisen Sie die im obigen Satz angegebenen Eigenschaften.

8. Gegeben sei die Verteilung

x_k	-5	$-1{,}5$	1	$1{,}5$	$2{,}7$
$p_k = P(X=x_k)$	0,1	0,4	0,1	0,25	0,15

a) Zeichnen Sie ein Stabdiagramm.
b) Zeichnen Sie die Verteilungsfunktion.
c) Berechnen Sie folgende Wahrscheinlichkeiten:
$P(1 \leq X \leq 2)$; $P(-1{,}5 \leq X \leq 1{,}5)$; $P(-1 < X < 2{,}7)$; $P(X \geq 0)$.

9. Gegeben sei die Verteilung

x_k	-3	2	4	5	3
$P(X=x_k)$	0,2	a	0,3	0,1	0,1

a) Berechnen Sie $a = P(X = 2)$.
b) Mit welcher Wahrscheinlichkeit nimmt X einen positiven (negativen) Wert an?
c) Zeichnen Sie ein Stabdiagramm und die Verteilungsfunktion.

10. Der Wertebereich der Zufallsvariablen X sei $W = \{1, 2, 3, 4, 5, 6, 7, 8, 9, 10\}$.
Für jedes $k \in W$ gelte $P(X = k) = a \cdot k^2$ mit einer Konstanten a.
a) Bestimmen Sie die Konstante a.
b) Berechnen Sie $P(X \leq 4)$; $P(X > 8)$; $P(2 \leq X < 5)$.

11. Gegeben ist die Verteilungsfunktion F der Zufallsvariablen X durch

$$F(x) = \begin{cases} 0 & \text{für} \quad x < 1 \\ \frac{1}{3} & \text{für} \quad 1 \leq x < 1{,}5 \\ \frac{1}{2} & \text{für} \quad 1{,}5 \leq x < 3 \\ 1 & \text{für} \quad x \geq 3. \end{cases}$$

a) Zeichnen Sie ein Stabdiagramm.
b) Berechnen Sie $P(X < 2)$; $P(X > 3)$; $P(1{,}5 < X \leq 3)$.

12. In einer Sendung von zehn Artikeln befinden sich vier fehlerhafte. Vier Artikel werden zufällig entnommen. X beschreibe die Anzahl der fehlerhaften unter den ausgewählten Artikeln.
a) Wie lautet die Verteilung von X? b) Berechnen Sie $P(X > 0)$ und $P(X \leq 2)$.

13. Die Zufallsvariable X beschreibe die Augensumme beim Werfen zweier idealer Würfel. Bestimmen Sie die Verteilung von X und zeichnen Sie ein Stabdiagramm.

11.2 Erwartungswert einer diskreten Zufallsvariablen mit endlicher Wertemenge

Beispiel 1 (dreifacher Münzwurf): Das in Beispiel 1 in Abschnitt 11.1 beschriebene Zufallsexperiment werde n-mal unabhängig durchgeführt, wobei n groß ist. Bei diesen n Spielen werde an den Spieler h_0-mal nichts, h_1-mal 1 DM, h_2-mal 2 DM und h_3-mal 3 DM ausbezahlt. Die Verteilung der Zufallsvariablen X der Auszahlung ist mit den absoluten Häufigkeiten in der Tabelle zusammengestellt:

Werte von X	0	1	2	3
Wahrscheinlichkeiten	$\frac{1}{8}$	$\frac{3}{8}$	$\frac{3}{8}$	$\frac{1}{8}$
absolute Häufigkeiten	h_0	h_1	h_2	h_3

Bei diesen n Spielen beträgt die Gesamtauszahlung

$$x = 0 \cdot h_0 + 1 \cdot h_1 + 2 \cdot h_2 + 3 \cdot h_3 .$$

Division durch n liefert die durchschnittliche Auszahlung pro Spiel

$$\bar{x} = 0 \cdot \frac{h_0}{n} + 1 \cdot \frac{h_1}{n} + 2 \cdot \frac{h_2}{n} + 3 \cdot \frac{h_3}{n} = 0 \cdot r_0 + 1 \cdot r_1 + 2 \cdot r_2 + 3 \cdot r_3 .$$

Wegen des in Abschnitt 2.3 beschriebenen Stabilisierungseffekts werden für große n die relativen Häufigkeiten $r_i = \frac{h_i}{n}$ meistens in der Nähe der entsprechenden Wahrscheinlichkeiten liegen, d.h.

$$\bar{x} \approx 0 \cdot P(X=0) + 1 \cdot P(X=1) + 2 \cdot P(X=2) + 3 \cdot P(X=3) = 0 + \frac{3}{8} + \frac{6}{8} + \frac{3}{8} = 1{,}5.$$

1,5 stellt den mittleren Gewinn pro Spiel für große n dar. Man bezeichnet ihn als **Erwartungswert** der Zufallsvariablen X. Zu seiner Berechnung müssen die Werte der Zufallsvariablen X mit den entsprechenden Wahrscheinlichkeiten multipliziert und aufaddiert werden.

1. Welcher Einsatz pro Spiel ist für das in Beispiel 1 beschriebene Spiel fair? Geben Sie dafür eine Begründung an.

Definition: Es sei X eine diskrete Zufallsvariable mit der endlichen Wertemenge $W = \{x_1, x_2, \dots, x_n\}$ und den Wahrscheinlichkeiten $p_i = P(X = x_i)$, $i = 1, 2, \dots, n$. Dann heißt

$$E(X) = \mu = x_1 \cdot p_1 + x_2 \cdot p_2 + \dots\dots + x_n \cdot p_n = \sum_{i=1}^{n} x_i \cdot P(X = x_i)$$

der **Erwartungswert** der Zufallsvariablen X.

Beispiel 2 (idealer Würfel): Die Zufallsvariable X beschreibe die Augenzahl beim einmaligen Werfen eines idealen Würfels. Wegen $P(X=i) = \frac{1}{6}$ lautet der Erwartungswert

$$E(X) = 1\cdot\frac{1}{6} + 2\cdot\frac{1}{6} + 3\cdot\frac{1}{6} + 4\cdot\frac{1}{6} + 5\cdot\frac{1}{6} + 6\cdot\frac{1}{6} = \frac{1}{6}\cdot 21 = 3{,}5.$$

Bei sehr vielen Würfen wird also die mittere Augenzahl in der Nähe von 3,5 liegen.

Der Erwartungswert kann also eine Zahl sein, die als Wert der Zufallsvariablen überhaupt nicht auftritt.

2. Wir betrachten einen einfachen Spielautomaten, der aus zwei Scheiben besteht, die unabhängig voneinander drehbar gelagert sind. Auf beiden Scheiben sind jeweils 10 gleich große Sektoren eingezeichnet, die von 0 bis 9 numeriert sind (s. nebenstehendes Bild). Beide Scheiben werden gedreht. Nach dem Stillstand zahle der Automat folgende Gewinne aus: 5 DM, wenn zweimal die 0 auftritt; 2 DM, wenn irgend ein anderes Paar gleicher Zahlen auftritt; 0,50 DM, wenn genau eine 0 auftritt. Berechnen Sie den Erwartungswert der Zufallsvariablen X, welche den Gewinn bei einem Einzelspiel beschreibt.

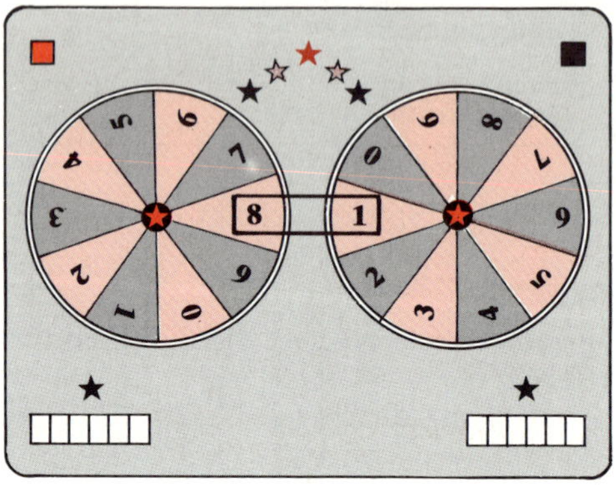

3. Jemand hat vier äußerlich nicht unterscheidbare Schlüssel, von denen aber nur einer für die Wohnungstür paßt. Er wählt zufällig einen nach dem anderen (ohne Zurücklegen) aus. X bezeichne die Anzahl der Schlüssel, die er auswählen muß, bis er den passenden findet. Bestimmen Sie den Erwartungswert von X.

Beispiel 3 (allgemeine Roulett-Strategien): Beim Roulett mit der Ergebnismenge $\Omega = \{0, 1, 2, ..., 35, 36\}$ setze eine Person eine Einheit gleichzeitig auf k Zahlen, sofern dies möglich ist. Mögliche Werte sind $k=1$ (eine bestimmete Zahl), $k = 2$ (zwei benachbarte Zahlen), $k = 3$ (Querreihe), $k = 4$ (Viererblock), $k = 6$ (zwei Querreihen), $k=12$ (Dutzend) und $k = 18$ (einfache Chance). Die Zufallsvariable X_k beschreibe den Reingewinn bei dieser Strategie.

Die Gewinnwahrscheinlichkeit beträgt $\frac{k}{37}$. Im Falle eines Gewinns bekommt die Person $\frac{36}{k}$ Einheiten ausbezahlt, so daß ihr ein Reingewinn von $\frac{36}{k} - 1$ verbleibt. Andernfalls verliert sie den Einsatz.

Wegen $P(X_k = -1) = 1 - \frac{k}{37}$; $P(X_k = \frac{36}{k}) = \frac{k}{37}$

besitzt die Zufallsvariable X_k die Verteilung

$$\left\{(-1, 1-\frac{k}{37}),\ (\frac{36}{k}-1, \frac{k}{37})\right\}.$$

Hieraus erhält man den Erwartungswert

$$E(X_k) = (-1)\cdot(1-\frac{k}{37}) + (\frac{36}{k}-1)\cdot\frac{k}{37} = -1+\frac{k}{37}+\frac{36}{37}-\frac{k}{37} = -\frac{1}{37}.$$

Der Erwartungswert ist für alle k gleich. Bei all diesen Strategien wird der Spieler auf Dauer pro Spiel ungefähr $\frac{1}{37}$ Einheit verlieren, unabhängig davon, auf welche Zahlen er setzt.

Indikatorvariable: Es sei A ein beliebiges Ereignis mit der Wahrscheinlichkeit $p = P(A)$. Dann heißt die durch

$$I_A(\omega) = \begin{cases} 1, & \text{falls } \omega \in A \\ 0, & \text{falls } \omega \notin A \end{cases}$$

definierte Zufallsvariable I_A **Indikatorvariable.**

4. Zeigen Sie, daß die Indikatorvariable I_A den Erwartungswert $E(I_A) = p$ besitzt.

Deterministische (konstante) Zufallsvariable: Eine Zufallsvariable D, die auf ganz Ω den gleichen Wert c annimmt mit $D(\omega) = c$ für alle $\omega \in \Omega$ heißt deterministisch (konstant). Wegen

$$(D = c) = \{\omega \mid D(\omega) = c\} = \Omega, \quad P(D = c) = 1, \; P(D \neq c) = 0$$

besitzt die deterministische Zufallsvariable D den Erwartungswert

$$E(D) = c.$$

Man schreibt dafür auch $E(c) = c$ für jedes $c \in \mathbb{R}$. Der Erwartungswert einer konstanten Zufallsvariablen c ist gleich der Konstanten c.

5. Beim Roulett setzt ein Spieler jeweils zwei Einheiten auf das erste Dutzend und fünf Einheiten auf $B=\{10,11,12,13,14,15\}$. Die Zufallsvariablen X und Y beschreiben bei einem Einzelspiel den Reingewinn bei den jeweiligen Strategien. Berechnen Sie die Erwartungswerte von X und Y.

6. Zwei ideale Würfel werden gleichzeitig geworfen. Die Zufallsvariable X beschreibe die Augensumme. Berechnen Sie den Erwartungswert von X.

7. Das folgende Spiel wird ihnen angeboten. Sie dürfen mit einer idealen Münze dreimal werfen. Sie erhalten 1 DM ausbezahlt, wenn Sie dreimal Wappen werfen, 0,50 DM bei zweimal Wappen, 0,30 DM bei einmal Wappen. Wenn Wappen nicht erscheint, erhalten Sie 0,20 DM.
Wie groß darf der Einsatz pro Spiel höchstens sein, damit Sie auf Dauer keinen Verlust erleiden ?

Beispiel 4: Beim Roulett setzt ein Spieler jeweils 5 DM auf das erste Dutzend. Die Zufallsvariable X beschreibe die Auszahlung pro Spiel. Im Falle eines Gewinns erhält er 15 DM ausgezahlt, sonst verliert er seinen Einsatz. Mit den Wahrscheinlichkeiten $P(X = 0) = \frac{25}{37}$ und $P(X = 15) = \frac{12}{37}$ erhält man den Erwartungswert der Zufallsvariablen X

$$E(X) = 0 \cdot \frac{25}{37} + 15 \cdot \frac{12}{37} = \frac{180}{37}.$$

Der Spieler verzehnfache nun seinen Einsatz. Bei dieser neuen Strategie beschreibe Y die Auszahlung pro Spiel. Die Wertemenge der Zufallsvariablen Y lautet $W_Y = \{0, 150\}$. Wegen

$$P(Y = 150) = P(Y = 10 \cdot 15) = P(X = 15) \; ; \; P(Y = 0) = P(X = 0)$$

nennt man die Zufallsvariable Y das Zehnfache der Zufallsvariablen X und bezeichnet sie mit $Y = 10 \cdot X$.

Ihr Erwartungswert lautet $E(Y) = \frac{10 \cdot 180}{37} = 10 \cdot E(X)$.

Allgemein werde jeder Wert x_i der Zufallsvariablen X mit einer Konstanten a multipliziert. Anschließend werde die Konstante b addiert. Dadurch werden die Werte x_i abgebildet auf

$$y_i = a x_i + b.$$

Durch $P(Y = y_i) = P(X = x_i) = p_i$ wird die Verteilung der diskreten Zufallsvariablen Y definiert. Die Zufallsvariable Y bezeichnet man mit

$$Y = aX + b$$

und nennt sie eine **Lineartransformation** der Zufallsvariablen X.

In Beispiel 4 ist $a = 10$ und $b = 0$.

Satz (Linearität des Erwartungswertes): Es sei X eine diskrete Zufallsvariable mit der Verteilung $\{(x_1, p_i) \mid i = 1, 2, \ldots, n\}$ und dem Erwartungswert E(X). Dann besitzt die Zufallsvariable $Y = aX + b$ mit beliebigen reellen Zahlen a und b den Erwartungswert

$$E(Y) = E(aX + b) = a\,E(X) + b.$$

Beweis: 1. Mit $a = 0$ wird der Zufall ausgeschaltet. Dann ist die Zufallsvariable $Y = b$ determistisch. Aus $P(Y = b) = 1$ folgt $E(Y) = b \cdot 1 = b$.

2. Für $a \neq 0$ besitzt Y die Verteilung $\{(a x_i + b, p_i) \mid i = 1, 2, \ldots, n\}$ und damit den Erwartungswert

$$E(Y) = \sum_{i=1}^{n} (a x_i + b) \cdot p_i = a \underbrace{\sum_{i=1}^{n} x_i \cdot p_i}_{= E(X)} + b \underbrace{\sum_{i=1}^{n} p_i}_{= 1} = a \cdot E(X) + b.$$

Beispiel 5: Die Zufallsvariable X besitze die Verteilung

x_i	0,120	0,121	0,122	0,123	0,124	0,125	0,126
p_i	0,10	0,12	0,18	0,18	0,16	0,14	0,12

Zur Berechnung des Erwartunsgwertes E(X) gehen wir zunächst von der Zufallsvariablen $Y = 1000\,X - 120$ aus, weil die Werte dieser Zufallsvariablen für das numerische Rechnen günstiger sind. Die Verteilung von Y lautet

y_i	0	1	2	3	4	5	6
p_i	0,10	0,12	0,18	0,18	0,16	0,14	0,12

Die Zufallsvariable Y besitzt den Erwartungswert

$$E(Y)=0\cdot 0{,}10 + 1\cdot 0{,}12 + 2\cdot 0{,}18 + 3\cdot 0{,}18 + 4\cdot 0{,}16 + 5\cdot 0{,}14 + 6\cdot 0{,}12=3{,}08.$$

Aus $Y = 1000\,X - 120$ folgt $E(Y) = 1000\,E(X) - 120$, also

$$E(X) = \frac{E(Y) + 120}{1000} = 0{,}12308.$$

8. In Beispiel 3 setze der Spieler nicht eine, sondern 25 Einheiten auf k Zahlen. Die Zufallsvariable Y_k beschreibe den Reingewinn bei einem einzelnen Spiel. Berechnen Sie den Erwartungswert von Y_k.

9. Die Zufallsvariable X besitze den Erwartungswert $E(X) = 500$. Berechnen Sie den Erwartungswert der Zufallsvariablen $Y = \frac{X - 250}{100}$.

10. Die Zufallsvariable X besitze den Erwartungswert μ. Wie muß die Konstante c sein, damit die Zufallsvariable $Y = X + c$ den Erwartungswert Null besitzt?

Summe von zwei Zufallsvariablen

Sind X und Y zwei auf der gleichen Ergebnismenge Ω definierte diskrete Zufallsvariable, so wird durch $Z(\omega) = X(\omega) + Y(\omega)$ ebenfalls eine diskrete Zufallsvariable $Z = X + Y$ definiert, die sogenannte **Summe** der beiden Zufallsvariablen X und Y. Der Wertebereich besteht aus allen verschiedenen Summen $x_i + y_j$, wobei x_i zur Wertemenge der Zufallsvariablen X und y_j zur Wertemenge von Y gehört.

Zur Berechnung des Erwartungswertes von $X + Y$ muß die Verteilung der Summenvariablen $X + Y$ nicht bestimmt werden. Allgemein gilt eine Eigenschaft, die ohne Beweis mitgeteilt werden soll.

Satz (Additivität des Erwartungswertes): Es seien X und Y zwei auf derselben Ergebnismenge Ω definierte Zufallsvariable mit den Erwartungswerten E(X) und E(Y). Dann besitzt die Summenvariable X + Y den Erwartungswert

$$E(X + Y) = E(X) + E(Y).$$

11. Die Zufallsvariable X beschreibe die Augensumme beim Werfen zweier idealer Würfel. Berechnen Sie den Erwartungswert von X, ohne die Verteilung von X exakt zu bestimmen.

Aus der Additivität und der Linearität des Erwartungswertes erhält man allgemein die Eigenschaft:

$E(aX + bY) = a \cdot E(X) + b \cdot E(Y)$ für beliebige reelle Zahlen a und b.

Beispiel 6: Beim Roulett setzt ein Spieler 20 DM auf das erste Dutzend und 5 DM auf die Zahlen $\{10, 11, 12, 13, 14, 15\}$. Die Zufallsvariable Y beschreibe den Reingewinn pro Spiel aus beiden Einsätzen zusammen. Gesucht ist der Erwartungswert E(Y).
Falls der Spieler jeweils eine Einheit setzt, besitzen die beiden Zufallsvariablen X_{12} und X_6 nach Beispiel 3 die Erwartungswerte $E(X_{12}) = E(X_6) = -\frac{1}{37}$. Die Zufallsvariable Y besitzt die Darstellung

$$Y = 20 \cdot X_{12} + 5 \cdot X_6 .$$

Aus der Additivität und der Linearität des Erwartungswertes folgt

$$\begin{aligned} E(Y) &= E(20 \cdot X_{12} + 5 \cdot X_6) = E(20 \cdot X_{12}) + E(5 \cdot X_6) \\ &= 20 \cdot E(X_{12}) + 5 \cdot E(X_6) = (20 + 5) \cdot \left(-\frac{1}{37}\right) = -\frac{25}{37} . \end{aligned}$$

Die Additivität des Erwartungswertes läßt sich auf mehrere Summanden übertragen. Allgemein gilt folgende Eigenschaft:

Es seien $X_1, X_2, \dots, X_n$ auf derselben Ergebnismenge Ω definierte Zufallsvariable mit den Erwartungswerten $E(X_i)$, $i=1, 2, \dots, n$. Dann besitzt die Summe $X_1 + X_2 + \dots + X_n$ den Erwartungswert

$$E(X_1 + X_2 + \dots + X_n) = E(X_1) + E(X_2) + \dots + E(X_n) .$$

Der Erwartungswert einer Summe ist gleich der Summe der einzelnen Erwartungswerte.

Beispiel 7: Ein Bauer besitzt einen Schweinestall mit 10 Koben, in denen jeweils 5 Schweine stehen. Es besteht der Verdacht, daß einige Tiere von einer bestimmten, nicht übertragbaren Krankheit befallen sind, die durch einen Bluttest nachgewiesen werden kann. Der Arzt will bei jedem Schwein für ein Honorar von 10 DM den Bluttest machen. Sein Gesamthonorar wäre demnach 500 DM. Da dies dem Bauern zu hoch ist, schlägt er ein anderes Verfahren vor. Der Tierarzt solle das von den Tieren eines Kobens entnommene Blut mischen und erst dann den Test durchführen. Nur wenn hierbei ein Befund eintritt, soll er bei jedem Schwein dieses Kobens einen weiteren Bluttest vornehmen. Wie hoch ist der Erwartungswert des Arzthonorars unter der Annahme, daß jedes Tier unabhängig von den anderen mit der Wahrscheinlichkeit 0,06 erkrankt ist?

X_i beschreibe das Arzthonorar für die Untersuchung des i-ten Kobens. Dann ist X_i eine Zufallsvariable, die nur die Werte 10 bzw. 60 annehmen kann. X_i nimmt genau dann den Wert 10 an, falls sämtliche 5 Tiere des i-ten Kobens nicht erkrankt sind. Jedes der 5 Tiere ist mit Wahrscheinlichkeit 0,94 nicht erkrankt. Wegen der vorausgesetzten Unabhängigkeit sind dann mit Wahrscheinlichkeit $(0{,}94)^5$ alle 5 Tiere nicht erkrankt. Damit gilt

$$P(X_i = 10) = (0{,}94)^5 \;;\; P(X_i = 60) = 1 - P(X_i = 10) = 1 - (0{,}94)^5.$$

Damit besitzt X_i den Erwartungswert

$$E(X_i) = 10 \cdot (0{,}94)^5 + 60 \cdot [1 - (0{,}94)^5] = 23{,}305.$$

Für das Gesamthonorar X gilt

$$X = X_1 + X_2 + \dots + X_{10} \,.$$

Aus der Additivität des Erwartungswertes folgt

$$E(X) = E(X_1) + E(X_2) + \dots + E(X_{10}) = 10 \cdot E(X_1) = 233{,}05 \text{ DM}\,.$$

Der Erwartungswert ist bei der von dem Bauern vorgeschlagenen Strategie nicht einmal halb so groß wie das Honorar auf Grund des ursprünglichen Vorschlags des Tierarztes.

12. Ein Bus startet vom Flughafen und steuert fünf Haltestellen an. Es steigen zehn Fahrgäste ein, von denen wir annehmen, daß sie unabhängig voneinander mit der gleichen Wahrscheinlichkeit zu jeder der fünf Haltestellen fahren.
a) Wie groß ist die Wahrscheinlichkeit, daß niemand zur 2. Haltestelle fährt?
b) X beschreibe die Anzahl der Haltestellen, an denen der Bus anhalten muß, um Fahrgäste aussteigen zu lassen. Berechnen Sie den Erwartungswert von X.
Hinweis: Setzen Sie $X = X_1 + X_2 + \dots + X_5$ mit $X_i = 0$, wenn niemand zu der i-ten Haltestelle fährt, und $X_i = 1$ sonst.

13. Wie lautet der Erwartungswert der Zufallvariablen X aus Aufgabe 12, wenn sich unter den zehn Fahrgästen zwei Ehepaare befinden, von denen wir annehmen, daß Ehepartner jeweils zusammen aussteigen?

Beispiel 8 (Augensumme zweier idealer Würfel): Beim Werfen zweier idealer Würfel beschreibe X die Augensumme. Aus der auf Seite 20 angegebenen Tabelle erhält man die Verteilung von X:

x_i	2	3	4	5	6	7	8	9	10	11	12
p_i	$\frac{1}{36}$	$\frac{2}{36}$	$\frac{3}{36}$	$\frac{4}{36}$	$\frac{5}{36}$	$\frac{6}{36}$	$\frac{5}{36}$	$\frac{4}{36}$	$\frac{3}{36}$	$\frac{2}{36}$	$\frac{1}{36}$

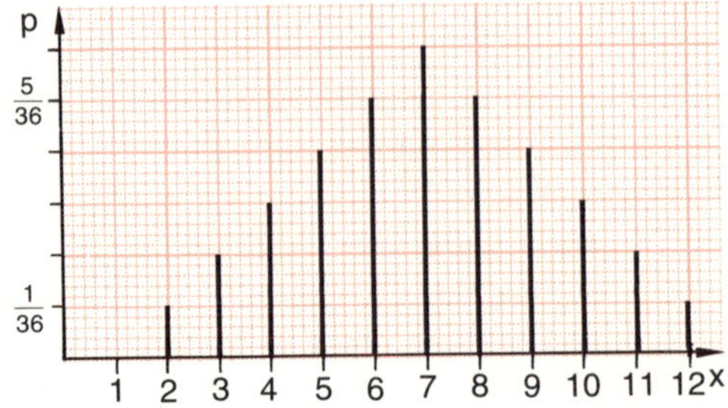

Das nebenstehende Stabdiagramm ist symmetrisch zur Stelle s = 7. Die Werte, die symmetrisch zu s = 7 liegen, besitzen jeweils die gleiche Wahrscheinlichkeit.
Die Verteilungen der Zufallsvariablen $X-7$ und $-(X-7) = 7-X$ sind gleich. Sie sind in der nachfolgenden Tabelle dargestellt.

Werte von $X-7$	-5	-4	-3	-2	-1	0	1	2	3	4	5
Werte von $7-X$	5	4	3	2	1	0	-1	-2	-3	-4	-5
Wahrscheinlichk.	$\frac{1}{36}$	$\frac{2}{36}$	$\frac{3}{36}$	$\frac{4}{36}$	$\frac{5}{36}$	$\frac{6}{36}$	$\frac{5}{36}$	$\frac{4}{36}$	$\frac{3}{36}$	$\frac{2}{36}$	$\frac{1}{36}$

Die Erwartungswerte dieser beiden Zufallsvariablen sind dann ebenfalls gleich. Es gilt also

$$E(X-7) = E(7-X).$$

Mit der Eigenschaft der Linearität des Erwartungswertes (s. Seite 112) erhält man hieraus die Gleichung

$$E(X) - 7 = 7 - E(X)$$

mit der Lösung $E(X) = 7$. Der Erwartungswert stimmt also mit der Symmetriestelle $s = 7$ überein.

Allgemein heißt eine diskrete Zufallsvariable **symmetrisch verteilt** bzgl. $x = s$, wenn mit $s + d_i$ auch $s - d_i$ zur Wertemenge von X gehört und für jedes Paar dieser zu s symmetrisch gelegenen Werte gilt

$$P(X = s + d_i) = P(X = s - d_i)\ .$$

Dann besitzen $X - s$ und $-(X-s) = s - X$ die gleiche Verteilung und somit den gleichen Erwartungswert. Es gilt also

$$E(X-s) = E(s-X).$$

Wegen der Linearität des Erwartungswertes erhält man hieraus

$$E(X) - s = s - E(X) \quad \text{und} \quad E(X) = s.$$

Satz: Die Zufallsvariable X mit dem Erwartungswert E(X) sei **symmetrisch verteilt** bezüglich $x = s$. Dann stimmt der Erwartungswert mit der Symmetriestelle s überein. Es gilt also

$$E(X) = s.$$

Bei diskreten Zufallvariablen mit endlicher Wertemenge ist die Symmetriestelle s gleich dem Erwartungswert.

Beispiel 9 (Augenzahl eines Würfels): Die Zufallsvariable X beschreibe die Augenzahl beim Werfen eines idealen Würfels. Da X symmetrisch verteilt ist bezüglich $s = 3{,}5$, ist $E(X) = 3{,}5$ der Erwartungswert.

Aufgaben

14. Es seien X, Y und Z Zufallsvariable mit den Erwartungswerten E(X), E(Y) und E(Z). Vereinfachen Sie $E\left(\frac{45\,X + 60\,Y + 75\,Z}{15}\right)$.

15. Das in Aufgabe 2 beschriebene Spiel werde 100mal gespielt. Berechnen Sie den Erwartungswert des Gesamtgewinns bei 100 Spielen.

16. Es wird mit einem regelmäßigen Oktaeder "gewürfelt". Von den 8 Flächen tragen jeweils 2 die gleiche Aufschrift, und zwar die Zahlen 3, 5, 7 und 9. Berechnen Sie den Erwartungswert für die Zufallsvariable der geworfenen Augenzahl.

17. In einer Familie wird folgendes Spiel gespielt: Geworfen wird mit zehn idealen Würfeln, wobei die Augensumme in Pfennigen ausgezahlt wird.
a) Welcher Einsatz pro Spiel ist fair?
b) Sabine dauert die Rechnerei zu lange. Daher schlägt sie folgende Vereinfachung vor: Es soll nur noch mit einem Würfel geworfen werden und das Zehnfache der geworfenen Augenzahl ausgezahlt werden. Als Begründung gibt sie an, daß die Gewinne auf Dauer gleich groß seien wie beim Werfen mit zehn Würfeln. Hat Sabine recht?

18. Beim Roulett setzt ein Spieler fünfzig Einheiten auf die geraden Zahlen, zwanzig Einheiten auf das erste Dutzend, zehn Einheiten auf den Dreierblock $\{16, 17, 18\}$ und eine Einheit auf die Zahl 13. Die Zufallsvariable Y beschreibe den Reingewinn bei allen Einsätzen zusammen. Berechnen Sie den Erwartungswert der Zufallsvariablen Y. Benutzen Sie das Ergebnis aus Beispiel 3.

11.3 Varianz und Sandardabweichung einer diskreten Zufallsvariablen mit endlicher Wertemenge

Stimmen die Erwartungswerte von zwei Zufallsvariablen überein, so können die Verteilungen dieser Zufallsvariablen trotzdem sehr unterschiedlich sein.

Beispiel 1: Gegeben seien die Verteilungen der Zufallsvariablen X und Y

x_i	-6	-4	-2	0	2	4	6
p_i	$\frac{1}{20}$	$\frac{1}{10}$	$\frac{2}{10}$	$\frac{3}{10}$	$\frac{2}{10}$	$\frac{1}{10}$	$\frac{1}{20}$

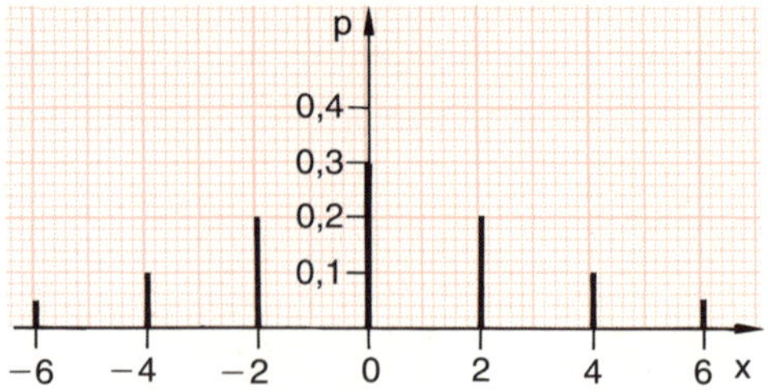

y_j	-6	-5	5	6
q_j	$\frac{3}{10}$	$\frac{2}{10}$	$\frac{2}{10}$	$\frac{3}{10}$

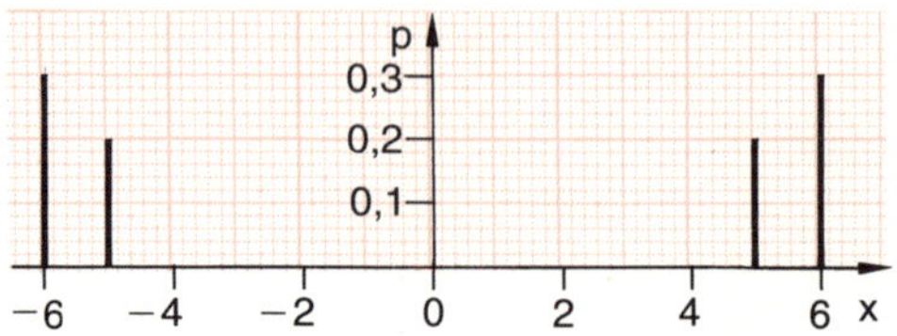

Beide Verteilungen sind symmetrisch zur Stelle $s = 0$. Damit besitzen beide Zufallsvariable den Erwartungswert 0, es gilt also $E(X) = E(Y) = 0$. Die Zufallsvariable X kann den Wert Null annehmen, es ist sogar der wahrscheinlichste Wert. Dagegen kann Y den Erwartungswert nicht annehmen, sämtliche Ausgänge von Y weichen stark von diesem Wert ab.

Die Angabe des Erwartungswertes allein gibt also noch keine besonders gute Kennzeichnung einer Verteilung. Daher ist es naheliegend, noch eine zweite Maßzahl (Kennzahl) zu berechnen, die eine Aussage darüber macht, inwieweit die Werte der Zufallsvariablen vom Erwartungswert $\mu = E(X)$ abweichen bzw. wie stark diese Werte um den Erwartungswert streuen.

Der Erwartungswert der vorzeichenbehafteten Abweichungen, also $E\big(X - E(X)\big)$ ist als solches Maß ungeeignet. Für jede Zufallsvariable X folgt nämlich aus der Linearität des Erwartungswertes (s. Seite 112)

$$E\big(X - E(X)\big) = E(X) - E(X) = 0.$$

Sinnvoller wäre es, als kennzeichnende Größe den Erwartungswert der Beträge der Abweichungen

$$E\big(|X - E(X)|\big) = \sum_i |x_i - E(X)| \cdot p_i$$

zu definieren. Für die Anwendung ist jedoch eine andere Größe praktischer, die bereits von dem deutschen Mathematiker **Gauß** *) eingeführt wurde.

---

*) C.F. Gauß (1777 — 1855) lehrte und forschte in Göttingen auf den Gebieten Mathematik, Physik, Astronomie und Geodäsie. Zur Lösung bestimmter Probleme entwickelte er häufig neue Theorien, die weltweit Anerkennung fanden und oft nach seinem Namen benannt wurden, z.B. die "Gaußsche Methode der kleinsten Abweichungsquadrate".

Definition: Die diskrete Zufallsvariable X besitze die Verteilung $\{(x_i, p_i) \mid i = 1, 2, \dots, n\}$ und den Erwartungswert $\mu = E(X) = \sum_{i=1}^{n} x_i \cdot p_i$. Dann heißt

$$\mathrm{Var}(X) = \sum_{i=1}^{n} (x_i - \mu)^2 \cdot p_i$$

die **Varianz** der Zufallsvariablen X und deren Wurzel

$$\sigma = \sqrt{\mathrm{Var}(X)} = \sqrt{\sum_{i=1}^{n} (x_i - \mu)^2 \cdot p_i}$$

die **Standardabweichung** oder **Streuung** der Zufallsvariablen X.

Beispiel 2 : In Beispiel 1 hat die Zufallsvariable X den Erwartungswert 0. Daraus erhält man die Varianz

$$\mathrm{Var}(X) = 36 \cdot \frac{1}{20} + 16 \cdot \frac{1}{10} + 4 \cdot \frac{2}{10} + 0 \cdot \frac{3}{10} + 4 \cdot \frac{2}{10} + 16 \cdot \frac{1}{10} + 36 \cdot \frac{1}{20} = 8{,}40$$

und die Standardabweichung $\sigma = \sqrt{8{,}40} \approx 2{,}898$.

1. Berechnen Sie die Varianz und Standardabweichung der Zufallsvariablen Y aus Beispiel 1.

2. Berechnen Sie die Varianz und Streuung der Zufallsvariablen X aus Beispiel 1 von Abschnitt 11.2.

Falls die Abweichungsquadrate nicht ganzzahlig sind, ist für die numerische Berechnung der Varianz die Anwendung der folgenden Eigenschaft nützlich.

Satz: Für die Varianz einer diskreten Zufallsvariablen X mit der Verteilung $\{(x_i, p_i) \mid i = 1, 2, \dots, n\}$ und dem Erwartungswert $\mu = E(X)$ gilt

$$\mathrm{Var}(X) = \sum_{i=1}^{n} x_i^2 \cdot p_i - \mu^2 = E(X^2) - [E(X)]^2 .$$

Beweis:

$$\begin{aligned}\mathrm{Var}(X) &= \sum_{i=1}^{n} (x_i - \mu)^2 \cdot p_i = \sum_{i=1}^{n} (x_i^2 - 2\mu x_i + \mu^2) \cdot p_i \\ &= \sum_{i=1}^{n} x_i^2 \cdot p_i - 2\mu \cdot \underbrace{\sum_{i=1}^{n} x_i \cdot p_i}_{=\mu} + \mu^2 \cdot \underbrace{\sum_{i=1}^{n} p_i}_{=1} \\ &= \sum_{i=1}^{n} x_i^2 \cdot p_i - 2\mu\mu + \mu^2 = \sum_{i=1}^{n} x_i^2 \cdot p_i - \mu^2.\end{aligned}$$

Wenn X die Verteilung $\{(x_i, p_i) \mid i = 1, 2, \ldots, n\}$ besitzt, hat die Zufallsvariable X^2 die Verteilung $\{(x_i^2, p_i) \mid i = 1, 2, \ldots, n\}$ mit

$$E(X^2) = \sum_{i=1}^{n} x_i^2 \cdot p_i \, .$$

Beispiel 3 (allgemeine Roulett-Strategien): Die Zufallsvariable X_k aus Beispiel 3 in Abschnitt 11.2 beschreibt den Reingewinn beim Einsatz von einer Einheit auf k Zahlen. Mit dem Erwartungswert $E(X_k) = -\frac{1}{37}$ erhält man nach der Formel des Satzes die Varianz

$$\begin{aligned} Var(X_k) &= 1^2 \cdot \left(1 - \tfrac{k}{37}\right) + \left(\tfrac{36}{k} - 1\right)^2 \cdot \tfrac{k}{37} - \left(\tfrac{1}{37}\right)^2 \\ &= 1 - \tfrac{k}{37} + \left(\tfrac{36^2}{k^2} - \tfrac{72}{k} + 1\right) \cdot \tfrac{k}{37} - \left(\tfrac{1}{37}\right)^2 \\ &= 1 - \tfrac{k}{37} + \tfrac{36^2}{37\,k} - \tfrac{72}{37} + \tfrac{k}{37} - \left(\tfrac{1}{37}\right)^2 \\ &= \tfrac{36^2}{37\,k} - \tfrac{35}{37} - \left(\tfrac{1}{37}\right)^2 . \end{aligned}$$

Sämtliche Zufallsvariablen X_k besitzen zwar den gleichen Erwartungswert $-\frac{1}{37}$. Die Varianz hängt jedoch von k ab. Sie wird mit wachsendem k kleiner. Für $k = 1$ (Einsatz auf eine bestimmte Zahl) ist sie am größten und für $k = 18$ (einfache Chance) am kleinsten ($k > 18$ ist ja nicht möglich). Für $k = 1$ wird man sehr selten gewinnen, dafür aber 35 Einheiten, für $k = 18$ zwar wesentlich öfter, dafür aber jeweils nur eine Einheit. Dieser Sachverhalt wird durch die Varianz beschrieben.

3. Die Zufallsvariable X beschreibe die Augenzahl beim Werfen eines idealen Würfels. Bestimmen Sie Varianz und Standardabweichung von X.

Die Varianz verschwindet nur bei konstanten (deterministischen) Zufallsvariablen D mit $P(D = c) = 1$.

Die diskrete Zufallsvariable X besitze den Erwartungswert E(X) und die Varianz Var(X). Dann besitzt die Lineartransformation $Y = aX + b$ (s. Seite 112) den Erwartungswert $E(aX + b) = a \cdot E(X) + b$. Die Varianz lautet daher

$$\begin{aligned} Var(aX + b) &= \sum_{i=1}^{n} (a x_i + b - a E(X) - b)^2 \cdot p_i \\ &= a^2 \cdot \sum_{i=1}^{n} (x_i - E(X))^2 \cdot p_i = a^2 \cdot Var(X). \end{aligned}$$

Damit gilt :

Satz: Die diskrete Zufallsvariable X besitze die Varianz Var(X). Dann besitzt für beliebige reelle Zahlen a und b die Zufallsvariable $Y = aX + b$ die Varianz

$$Var(aX + b) = a^2 \cdot Var(X).$$

Bemerkung: Im Falle a = 1 handelt es sich um eine reine Verschiebung der Werte um die feste Größe b. Wegen

$$\mathrm{Var}(X + b) = \mathrm{Var}(X)$$

ändert eine solche Parallelverschiebung die Varianz und damit die Standardabweichung nicht. Die Standardabweichung bezieht sich auf die Lage der Werte der Zufallsvariablen in bezug auf den Erwartungswert. Diese Lage wird durch eine reine Verschiebung nicht verändert.

Während zur Berechnung der Varianz von $Y = aX + b$ die Varianz von X mit a^2 multipliziert wird, muß zur Berechnung der Standardabweichung von Y die Standardabweichung von X mit $|a|$ multipliziert werden (a könnte ja negativ sein), es gilt also

$$\sigma_{aX+b} = |a| \cdot \sigma_X \, .$$

4. Die Zufallsvariable X besitzt die Standardabweichung $\sigma = 20$. Berechnen Sie die Standardabweichung der Zufallsvariablen $Y = \frac{X-5}{15}$.

5. Beim Roulett setzt ein Spieler 100 DM auf die Dreierreihe $A = \{1, 2, 3\}$. Die Zufallsvariable X beschreibe den Reingewinn bei einem Einzelspiel. Berechnen Sie die Standardabweichung von X.

6. Die Zufallsvariable X besitze den Erwartungswert $\mu = 5$ und die Varianz 9. Berechnen Sie den Erwarungswert sowie die Varianz der Zufallsvariablen $Y = \frac{X-5}{3}$.

Aufgaben

7. Die Zufallsvariable X besitze die Verteilung

x_i	5	10	15	20	25
p_i	$\frac{1}{20}$	$\frac{1}{4}$	$\frac{2}{5}$	$\frac{1}{5}$	$\frac{1}{10}$

Berechnen Sie den Erwartungswert und die Varianz von X.

8. Die Zufallsvariable X besitze die Varianz Var(X). Vereinfachen Sie

$$\mathrm{Var}\left(\frac{5X + 13}{4}\right).$$

9. Berechnen Sie die Varianz der Indikatorvariablen

$$I_A(\omega) = \begin{cases} 1, & \text{falls } \omega \in A \\ 0, & \text{falls } \omega \notin A \end{cases} \qquad \text{mit } p = P(A).$$

11.4 Vermischte Aufgaben

1. In der folgenden Tabelle ist die Anzahl der Kinder von sechs Personen $P_1, \ldots, P_6$ angegeben

Personen	P_1	P_2	P_3	P_4	P_5	P_6
Anzahl der Kinder	6	2	0	1	2	1

Aus diesen Personen werden zwei zufällig ausgewählt. Die Zufallsvariable X bezeichne die Gesamtzahl der Kinder der beiden Personen. Bestimmen Sie die Verteilung von X.

2. Die Verteilung der Zufallsvariablen X ist gegeben durch

x_i	990	995	1000	1005	1010
p_i	0,1	0,2	0,4	0,2	0,1

Berechnen Sie den Erwartungswert und die Varianz der Zufallsvariablen
$Y = \frac{X - 990}{5}$ und hieraus den Erwartungswert und die Varianz von X.

3. Die Zufallsvariable X besitze den Erwartungswert 5 und die Varianz 64. Bestimmen Sie die Varianz der Zufallsvariablen $Y = 5 \cdot (X - 5)$.

4. Die Zufallsvariable X besitzt die Wahrscheinlichkeitsverteilung

x_i	0,120	0,121	0,122	0,123	0,124	0,125	0,126
p_i	0,10	0,12	0,18	0,18	0,16	0,14	0,12

a) Zeichnen Sie ein Stabdiagramm.
b) Berechnen Sie den Erwartungswert und die Varianz von X.

5. Für die Zufallsvariable X gilt $E(X) = 10$ und $Var(X) = 5$. Berechnen Sie den Erwartungswert von X^2 und die Varianz von $-2X + 1$ und von $3X + 7$ sowie die Streuung von $5X$.

6. Die Zufallsvariable X besitzt die Verteilung

x_i	1	2	3	4	5	6	7	8
p_i	0,10	0,15	0,00	0,10	0,20	0,05	0,25	0,15

a) Zeichnen Sie die Verteilungsfunktion F(x).
b) Berechnen Sie den Erwartungswert und die Streuung von X.
c) Berechnen Sie $P(3 < X \leq 7)$, $P(2{,}5 \leq X < 5)$, $P(X > 4)$.

7. Die Zufallsvariable X besitzt die Verteilung

x_i	90	92	94	96	98	100	102
p_i	0,05	0,2	a	0	a	0,2	0,05

Berechnen Sie die Konstante a, den Erwartungswert, die Varianz und die Standardabweichung von X.

8. Ein Gerät wird aus drei Teilen A_1, A_2 und A_3 in Reihenschaltung zusammengebaut. Es funktioniert genau dann, wenn alle drei Teile einwandfrei arbeiten. Es sei bekannt, daß die Einzelteile A_1, A_2 und A_3 unabhängig voneinander mit Wahrscheinlichkeit 0,05; 0,02 und 0,04 defekt sind.
a) Mit welcher Wahrscheinlichkeit ist ein zusammengesetztes Gerät defekt?
b) Es werden 100 Geräte zusammengesetzt. Berechnen Sie den Erwartungswert und die Streuung für die Anzahl X der defekten Geräte.

9. Wie lauten Erwartungswert und Streuung aus Aufgabe 5, wenn die Geräte mit der Wahrscheinlichkeit 0,05 falsch zusammengebaut werden? Dieser Fehler wird als unabhängig von den Defekten der Einzelteile vorausgesetzt.

10. Ein idealer Würfel werde so lange geworfen, bis zum erstenmal eine 6 erscheint. Berechnen Sie Erwartungswert und Streuung der Zufallsvariablen

$$X = \begin{cases} 0\,, & \text{wenn mehr als 3 Würfe erforderlich sind,} \\ 10^{4-k}, & \text{wenn k Würfe mit } k \leq 3 \text{ erforderlich sind.} \end{cases}$$

11. In einer Warenlieferung von neun Stück befinden sich drei schlechte. Es werden zufällig 4 Stück ausgesucht. X beschreibe die Anzahl der ausgewählten schlechten Stücke. Bestimmen Sie die Verteilung, den Erwartungswert und die Varianz von X.

12. Gegeben ist die Verteilung der Zufallsvariablen X

x_i	1	3	5	7	9
p_i	$4a$	$2a^2$	$3a^2-7a$	$2a-5a^2$	$4a+10a^2$

Berechnen Sie a ; $P(X \leq 5)$ und $P(X > 5)$.

L 13. Beweisen Sie den sogenannten *Steinerschen Verschiebungssatz*:

X sei eine Zufallsvariable mit der Verteilung $\{(x_i, p_i) \mid i = 1, 2, \ldots, n\}$, dem Erwartungswert $\mu = E(X)$ und der Varianz Var(X). Dann gilt für jede reelle Zahl c

$$\operatorname{Var}(X) = \sum_{i=1}^{n} (x_i - c)^2 \cdot P(X = x_i) - (\mu - c)^2.$$

L 11.5 Diskrete Zufallsvariable mit abzählbar unendlicher Wertemenge

In diesem Abschnitt werden nur Zufallsvariable behandelt, deren Wertemenge $W = \{x_1, x_2, x_3, ...\}$ abzählbar unendlich ist.

Verteilungsfunktion

Beispiel 1 ("Mensch ärgere Dich nicht"): Bei diesem Spiel darf ein Spieler erst dann seinen ersten Stein setzen, wenn er zum ersten Mal eine 6 gewürfelt hat. Die Zufallsvariable X beschreibe die Anzahl der Würfe, die bis zum Auftreten der ersten 6 benötigt werden. Dabei werde mit einem idealen Würfel geworfen.

Die Wertemenge der Zufallsvariablen X ist abzählbar unendlich mit

$$W = \{1, 2, 3, ... \} = \mathbb{N}^*.$$

Das Ereignis $(X = k)$ tritt genau dann ein, wenn bei den ersten $k-1$ Versuchen keine 6 und beim k-ten Versuch eine 6 geworfen wird. Falls die einzelnen Würfe voneinander unabhängig sind, gilt (s. Abschnitt 10.3)

$$P(X = k) = P(A_k) = \frac{1}{6} \cdot \left(\frac{5}{6}\right)^{k-1} \quad \text{für } k = 1, 2, 3, ...$$

Im nachfolgenden Stabdiagramm ist die Verteilung der diskreten Zufallsvariablen X für $k \leq 15$ graphisch dargestellt.

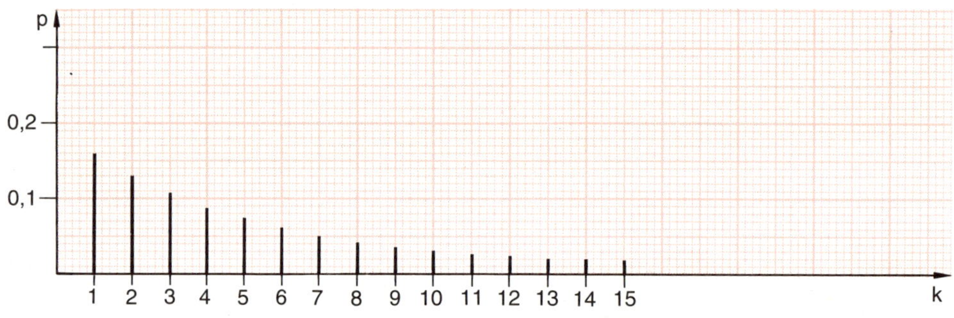

Bei dem Spiel darf man zu Beginn bis zu dreimal hintereinander würfeln, um eine 6 zu erhalten. Gesucht ist die Wahrscheinlichkeit dafür, daß zum Werfen der ersten 6 höchstens drei Würfe benötigt werden. Dieses Ereignis bezeichnen wir mit $B_3 = \{\omega \mid X(\omega) \leq 3\}$. Aus

$$B_3 = (X \leq 3) = (X = 1) \cup (X = 2) \cup (X = 3)$$

erhält man die gesuchte Wahrscheinlichkeit

$$P(B_3) = P(X \leq 3) = P(X = 1) + P(X = 2) + P(X = 3)$$

$$= \frac{1}{6} \cdot \left(1 + \frac{5}{6} + \left(\frac{5}{6}\right)^2\right) = \frac{91}{216} \approx 0{,}421.$$

Allgemein sei $B_n = (X \leq n)$ das Ereignis, daß bis zum Werfen der ersten 6 höchstens n Versuche notwendig sind. Dieses Ereignis besitzt die Wahrscheinlichkeit

$$P(B_n) = P(X \leq n) = \sum_{k=1}^{n} P(X=k) = \frac{1}{6}\sum_{k=1}^{n}\left(\frac{5}{6}\right)^{k-1}$$

$$= \frac{1}{6}\cdot\frac{1-\left(\frac{5}{6}\right)^n}{1-\frac{5}{6}} = 1-\left(\frac{5}{6}\right)^n \quad \text{für } n = 1, 2, 3, ... \; .$$

Für jedes $x \in \mathbb{R}$ kann der Wert $F(x) = P(X \leq x)$ der Verteilungsfunktion berechnet werden. Die Verteilungsfunktion F der Zufallsvariablen X ist für $x \leq 13$ in der nachfolgenden Abbildung graphisch dargestellt.

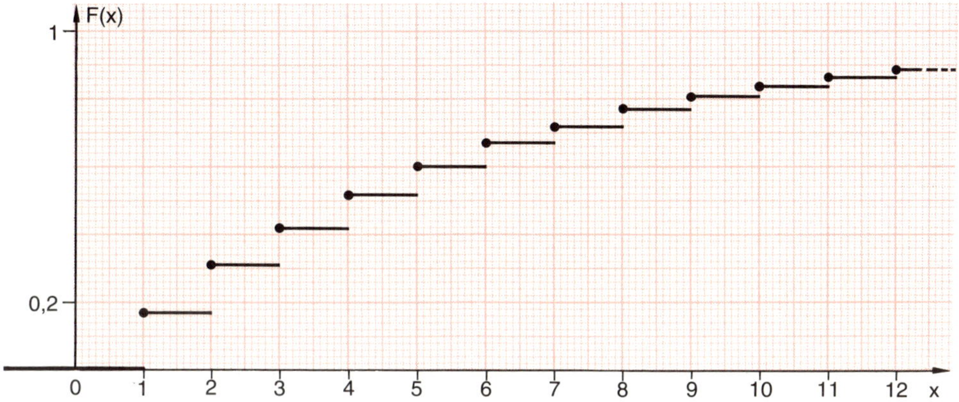

Die Wahrscheinlichkeit dafür, daß man zum erstenmal eine 6 nach dem dritten, aber spätestens beim neunzehnten Wurf erzielt, lautet

$$P(3 < X \leq 19) = p_4 + p_5 + p_6 + ... + p_{19}$$

$$= \frac{1}{6}\cdot\sum_{k=4}^{19}\left(\frac{5}{6}\right)^{k-1} = \frac{1}{6}\cdot\sum_{k=1}^{19}\left(\frac{5}{6}\right)^{k-1} - \frac{1}{6}\cdot\sum_{k=1}^{3}\left(\frac{5}{6}\right)^{k-1}.$$

Auf der rechten Seite steht die Differenz der Verteilungsfunktion an den Stellen $x = 19$ und $x = 3$. Da die Verteilungsfunktion hier in sehr einfacher Form angegeben werden kann, ist es sinnvoll, diese zur Berechnung der gesuchten Wahrscheinlichkeit zu benutzen. Man erhält

$$P(3 < X \leq 19) = F(19) - F(3) = \left[1-\left(\frac{5}{6}\right)^{19}\right] - \left[1-\left(\frac{5}{6}\right)^{3}\right]$$

$$= \left(\frac{5}{6}\right)^{3} - \left(\frac{5}{6}\right)^{19} \approx 0{,}5474 \; .$$

Allgemein wird auch bei abzählbar unendlicher Wertemenge die Verteilungsfunktion erklärt durch

$$F(x) = P(X \leq x) = \sum_{x_k \leq x} P(X = x_k), \quad x \in \mathbb{R} \; .$$

Erwartungswert

Bei einer diskreten Zufallsvariablen X mit abzählbar unendlicher Wertemenge $W = \{x_1, x_2, x_3, \dots\}$ und den Wahrscheinlichkeiten $P(X = x_i)$, $i = 1, 2, 3, \dots$, wäre es naheliegend, den Erwartungswert zu erklären durch

$$E(X) = \sum_{i=1}^{\infty} x_i \cdot P(X = x_i).$$

Diese Summe existiert jedoch nicht für jede Verteilung, d. h. sie nimmt nicht bei jeder Verteilung einen festen, endlichen Wert an.

Beispiel 2: Die Zufallsvariable X besitze die abzählbar unendliche Wertemenge $W = \{2^i \mid i = 1, 2, 3, \dots\}$. Wegen $\sum_{i=1}^{\infty} \frac{1}{2^i} = 1$ ist $\left\{\left(2^i, \frac{1}{2^i}\right) \mid i = 1, 2, \dots\right\}$ eine Verteilung mit $P(X = 2^i) = \frac{1}{2^i}$. In der unendlichen Summe

$$\sum_{i=1}^{\infty} x_i \cdot p_i = \sum_{i=1}^{\infty} 2^i \cdot \frac{1}{2^i} = \sum_{i=1}^{\infty} 1$$

sind alle Summanden gleich Eins. Daher kann diese Summe keinen endlichen Wert annehmen. Sie wird beliebig groß, wenn nur genügend viele Summanden dazugenommen werden. Für diesen Sachverhalt schreibt man auch

$$\sum_{i=1}^{\infty} x_i \cdot p_i = \infty.$$

Die Zufallsvariable X besitzt somit keinen Erwartungswert.

Beispiel 3 : Die Zufallsvariable X besitze die abzählbar unendliche Wertemenge $W = \{\pm 2^i \mid i = 1, 2, 3, \dots\}$.

Wegen $\sum_{i=1}^{\infty} \frac{1}{2^{i+1}} = \frac{1}{2}$ wird durch

$$P(X = 2^j) = \frac{1}{2^{j+1}}, \ j = 1, 2, 3, \dots; \qquad P(X = -2^k) = \frac{1}{2^{k+1}}, \ k = 1, 2, 3, \dots$$

die Verteilung der Zufallsvariablen X definiert. Der Erwartungswert der Zufallsvariablen X sollte erklärt sein durch

$$\sum_{j=1}^{\infty} 2^j \cdot \frac{1}{2^{j+1}} - \sum_{k=1}^{\infty} 2^k \cdot \frac{1}{2^{k+1}} = \sum_{j=1}^{\infty} \frac{1}{2} - \sum_{k=1}^{\infty} \frac{1}{2}.$$

Da beide Summen unendlich sind, erhält man für die Differenz zunächst keinen bestimmten Zahlenwert.

Faßt man paarweise jeweils einen Summanden aus beiden Summen zusammen, so erhält man lauter Summanden 0 mit dem endlichen Summenwert

$$\left(\frac{1}{2} - \frac{1}{2}\right) + \left(\frac{1}{2} - \frac{1}{2}\right) + \dots = 0.$$

Faßt man jeweils zwei Summanden aus der ersten und einen aus der zweiten Summe zusammen, so entstehen lauter Summanden $\frac{1}{2}$ mit der nicht existierenden Summe $\frac{1}{2} + \frac{1}{2} + \dots = \infty$.

Durch Zusammenfassung von jeweils einem Summanden aus der ersten und zwei aus der zweiten Summe erhält man entsprechend die nicht endliche Summe

$$-\frac{1}{2} - \frac{1}{2} - \ldots\ldots = -\infty.$$

Werden zunächst zwei Summanden aus der ersten und einer aus der zweiten Summe zusammengefaßt und danach paarweise jeweils einer aus beiden Summen, so erhält man die endliche Summe

$$\left(\frac{1}{2}+\frac{1}{2}-\frac{1}{2}\right)+\left(\frac{1}{2}-\frac{1}{2}\right)+\ldots\ldots\left(\frac{1}{2}-\frac{1}{2}\right)+\left(\frac{1}{2}-\frac{1}{2}\right)+\ldots\ldots = \frac{1}{2}.$$

Durch geeignetes Zusammenfassen der Summanden lassen sich also für die Summe verschiedene Werte berechnen. Von einem Erwartungswert muß jedoch verlangt werden, daß er existiert (endlich ist) und daß bei jeder beliebigen Summationsreihenfolge der gleiche Wert ensteht. Daher besitzt die Zufallsvariable X keinen Erwartungswert.

Fälle wie in den Beispielen 2 und 3 sollen nun ausgeschlossen werden. Die Summe der Beträge

$$\sum_{i=1}^{\infty} |x_i \cdot P(X = x_i)| = \sum_{i=1}^{\infty} |x_i| \cdot P(X = x_i)$$

sei endlich. Dafür schreiben wir $\sum_{i=1}^{\infty} |x_i| \cdot p_i < \infty$.

Es kann gezeigt werden, daß dann die Summe $\sum_{i=1}^{\infty} x_i \cdot P(X = x_i)$ immer endlich ist und daß sich bei jeder beliebigen Summationsreihenfolge der gleiche Wert ergibt.
Diese Eigenschaft legt folgende Definition nahe:

> **Definition**: Es sei X eine diskrete Zufallsvariable mit der abzählbar unendlichen Wertemenge $W = \{x_1, x_2, x_3, \ldots\}$ und den Wahrscheinlichkeiten $p_i = P(X = x_i)$, $i = 1, 2, \ldots$.
> Im Falle $\sum_{i=1}^{\infty} |x_i| \cdot p_i < \infty$ heißt
>
> $$E(X) = \mu = x_1 \cdot p_1 + x_2 \cdot p_2 + x_3 \cdot p_3 + \ldots = \sum_{i=1}^{\infty} x_i \cdot p_i$$
>
> der **Erwartungswert** der Zufallsvariablen X.

Beispiel 4: Ein idealer Würfel werde so lange geworfen, bis zum ersten Mal eine 6 erscheint.

a) Die Zufallsvariable X sei erklärt durch $X = \frac{1}{2^k}$, falls genau k Würfe benötigt werden. Wegen

$$P(X = \tfrac{1}{2^k}) = \left(\tfrac{5}{6}\right)^{k-1} \cdot \frac{1}{6} \quad \text{für } k = 1, 2, \ldots.$$

besitzt die Zufallsvariable X den Erwartungswert

$$E(X) = \sum_{k=1}^{\infty} \frac{1}{2^k} \cdot \left(\frac{5}{6}\right)^{k-1} \cdot \frac{1}{6} = \frac{1}{6} \cdot \frac{1}{2} \sum_{k=1}^{\infty} \frac{1}{2^{k-1}} \cdot \left(\frac{5}{6}\right)^{k-1}$$

$$= \frac{1}{12} \sum_{k=1}^{\infty} \left(\frac{5}{12}\right)^{k-1} = \frac{1}{12} \sum_{i=0}^{\infty} \left(\frac{5}{12}\right)^{i} = \frac{1}{12} \cdot \frac{1}{1-\frac{5}{12}} = \frac{1}{12} \cdot \frac{12}{7} = \frac{1}{7}.$$

Die Zufallsvariable X besitzt also den Erwartungswert $\frac{1}{7}$.

b) Die Zufallsvariable Y sei erklärt durch $Y = 2^k$, falls genau k Würfe benötigt werden. Wegen

$$\sum_{k=1}^{\infty} 2^k \cdot \left(\frac{5}{6}\right)^{k-1} \cdot \frac{1}{6} = \frac{1}{6} \cdot 2 \sum_{k=1}^{\infty} \left(\frac{10}{6}\right)^{k-1} = \infty$$

besitzt die Zufallsvariable Y keinen Erwartungswert.

1. Beim Werfen einer idealen Münze erhält ein Spieler den doppelten Einsatz ausbezahlt, falls Wappen auftritt, andernfalls verliert er seinen Einsatz. Der Spieler benutzt folgende Strategie: Er setzt eine Einheit und verdoppelt jeweils seinen Einsatz so lange, bis einmal Wappen auftritt, dann hört er auf. Die Zufallsvariable X beschreibe den Gesamteinsatz und Y den Reingewinn pro Spielserie. Bestimmen Sie die Erwartungswerte der beiden Zufallsvariablen für folgende Fälle:
a) Der Spieler verfügt über beliebig viel Kapital;
b) der Spieler kann insgesamt höchstens 1023 Einheiten einsetzen.

2. Beim Roulett benutzt ein Spieler folgende Strategie: Er setzt immer auf das erste Dutzend. Zunächst setzt er eine Einheit und verdoppelt jeweils seinen Einsatz so lange bis er gewinnt. Im Falle eines Gewinns erhält er das Dreifache des laufenden Einsatzes ausbezahlt. Die Zufallsvariable X beschreibe den Reingewinn pro Serie.
a) Zeigen Sie, daß X keinen Erwartungswert besitzt, falls der Einsatz pro Spiel beliebig groß sein darf.
b) Berechnen Sie den Erwartungswert von X, falls der Höchsteinsatz pro Spiel auf 4096 Einheiten beschränkt ist.

Für den Erwartungswert einer diskreten Zufallsvariablen mit abzählbar unendlicher Wertemenge gelten ebenfalls die in Abschnitt 11.2 angegebenen Eigenschaften. Allerdings muß dabei die Existenz des Erwartungswertes gefordert werden.
Falls die Verteilung *symmetrisch* ist zu x = s, muß bei unendlicher Wertemenge W die Symmetriestelle s nicht der Erwartungswert sein. Eine Verteilung kann symmetrisch sein, ohne daß der Erwartungswert existiert. Die Verteilung der in Beispiel 3 angegebenen Zufallsvariablen ist symmetrisch zur Stelle s = 0. Die Zufallsvariable X besitzt jedoch keinen Erwartungswert. Falls der Erwartungswert einer symmetrisch verteilten Zufallsvariablen existiert, stimmt er mit der Symmetriestelle s überein.

Allgemein gilt:

Eigenschaften des Erwartungswertes:

1) Die diskrete Zufallsvariable X besitze den Erwartungswert E(X). Dann besitzt die Zufallsvariable $Y = aX + b$ mit beliebigen reellen Zahlen a und b den Erwartungswert

$$E(Y) = E(aX + b) = aE(X) + b.$$

2) Es seien X und Y zwei auf derselben Ergebnismenge Ω definierte Zufallsvariable mit den Erwartungswerten E(X) und E(Y).
Dann besitzt die Summenvariable X + Y den Erwartungswert

$$E(X + Y) = E(X) + E(Y).$$

Varianz und Standardabweichung

Die Zufallsvariable X mit der Verteilung $\{(x_1; p_i) \mid i = 1, 2, ...\}$ besitze den Erwartungswert $E(X) = \sum_{i=1}^{\infty} x_i \cdot p_i$. In der unendlichen Summe $\sum_{i=1}^{\infty} (x_i - \mu)^2 \cdot p_i$ sind alle Summanden nicht-negativ.

Definition: Die diskrete Zufallsvariable X besitze die Verteilung $\{(x_i, p_i) \mid i = 1, 2, ...\}$ und den Erwartungswert $\mu = E(X) = \sum_{i=1}^{\infty} x_i \cdot p_i$.
Dann heißt im Falle der Existenz

$$Var(X) = \sum_{i=1}^{\infty} (x_i - \mu)^2 \cdot p_i = \sum_{i=1}^{\infty} x_i^2 \cdot p_i - \mu^2$$

die **Varianz** der Zufallsvariablen X und die Wurzel

$$\sigma = \sqrt{Var(X)} = \sqrt{\sum_{i=1}^{\infty} (x_i - \mu)^2 \cdot p_i}$$

die **Standardabweichung** oder **Streuung** der Zufallsvariablen X.

Wie bei einer endlichen Wertemenge, gilt allgemein folgende Eigenschaft:

Die Zufallsvariable X besitze die Varianz Var(X). Dann besitzt für beliebige relle Zahlen a und b die Zufallsvariable $Y = aX + b$ die Varianz

$$Var(aX + b) = a^2 \cdot Var(X)$$

LZ 11.6 Paare von diskreten Zufallsvariablen

Beispiel 1 (Roulett): Beim Roulett mit der Ergebnismenge $\Omega=\{0,1,2,....,35,36\}$ setze ein Spieler jeweils eine Einheit auf "Impair", d. h. auf die ungeraden Zahlen. Die Zufallsvariable X beschreibe den Reingewinn des Spielers bei einem einzelnen Spiel. Falls das Ereignis $U = \{1,3,5,\dots,33,35\}$ eintritt, erhält der Spieler 2 Einheiten ausbezahlt. Abzüglich seines Einsatzes verbleibt ihm dann ein Reingewinn von einer Einheit. Andernfalls verliert er seinen Einatz.

Wegen $P(U) = \frac{18}{37}$ besitzt X die Verteilung

x_i	-1	1
p_i	$\frac{19}{37}$	$\frac{18}{37}$

Zusätzlich setze der Spieler noch eine Einheit auf das erste Dutzend, also auf das Ereignis $D = \{1,2,....,11,12\}$. Tritt D ein, so bekommt er 3 Einheiten ausbezahlt. Sein Reingewinn beträgt dann 2 Einheiten. Andernfalls verliert er seinen Einsatz. Die Zufallsvariable Y beschreibe den Reingewinn bei einem Einzelspiel mit dieser Strategie.

Wegen $P(D) = \frac{12}{37}$ besitzt Y die Verteilung

y_j	-1	2
q_j	$\frac{25}{37}$	$\frac{12}{37}$

Falls das Ereignis $\overline{U} \cap \overline{D} = \{0,14,16,18,....,34,36\}$ eintritt, verliert der Spieler bei beiden Strategien jeweils eine Einheit. Dann treten die beiden Ereignisse $X=-1$ und $Y=-1$ gleichzeitig ein. Dafür schreiben wir $(X=-1, Y=-1)$. Jedem Element der Ereignisses $\overline{U} \cap \overline{D}$ wird also das Zahlenpaar $(-1, -1)$ zugeordnet. Somit gilt

$$P(X=-1, Y=-1) = P(\overline{U} \cap \overline{D}) = \tfrac{13}{37}.$$

Entsprechend erhalten wir

$$P(X=-1, Y=2) = P(\overline{U} \cap D) = P(\{2,4,6,...,10,12\}) = \tfrac{6}{37}.$$
$$P(X=1, Y=-1) = P(U \cap \overline{D}) = P(\{13,15,17,...,33,35\}) = \tfrac{12}{37}.$$
$$P(X=1, Y=2) = P(U \cap D) = P(\{1,3,5,...,9,11\}) = \tfrac{6}{37}.$$

Diese vier Wahrscheinlichkeiten sollen im nachfolgenden Schema übersichtlich dargestellt werden, wobei die Werte von X in der ersten Spalte und die von Y in der ersten Zeile stehen.

x_i \ y_j	-1	2	Zeilensummen
-1	$\frac{13}{37}$	$\frac{6}{37}$	$\frac{19}{37} = P(X=-1)$
1	$\frac{12}{37}$	$\frac{6}{37}$	$\frac{18}{37} = P(X=1)$
Spaltensummen	$\frac{25}{37} = P(Y=-1)$	$\frac{12}{37} = P(Y=2)$	1

Da bei jedem Spiel eines der möglichen Zahlenpaare auftreten muß, ist die Summe aller 4 Wahrscheinlichkeiten gleich Eins.

Die Zeilensummen (Spaltensummen) liefern die Wahrscheinlichkeiten für die Zufallsvariablen X bzw. Y.

Der Reingewinn aus beiden Strategien zusammen wird durch die **Summenvariable** $Z = X + Y$ beschrieben. Falls das Ereignis $(X = -1, Y = -1)$ eintritt, nimmt die Summe den Wert -2 an mit $P(X + Y = -2) = \frac{13}{37}$. Entsprechend erhält man aus der obigen Tabelle

$$P(X + Y = 0) = P(X = 1, Y = -1) = \tfrac{12}{37};$$
$$P(X + Y = 1) = P(X = -1, Y = 2) = \tfrac{6}{37};$$
$$P(X + Y = 3) = P(X = 1, Y = 2) = \tfrac{6}{37}.$$

Damit lautet die Verteilung der Zufallsvariablen der Summe X + Y

Werte von X + Y	-2	0	1	3
Wahrscheinlichkeiten	$\frac{13}{37}$	$\frac{12}{37}$	$\frac{6}{37}$	$\frac{6}{37}$

1. Berechnen Sie für die in Beispiel 1 angegebene Verteilung den Erwartungswert der Summenvariablen X + Y und bestätigen Sie $E(X+Y) = E(X) + E(Y)$.

Allgemein betrachten wir auf einer Ergebnismenge Ω zwei beliebige diskrete Zufallsvariable X und Y mit den Verteilungen

$$\{(x_i, P(X = x_i)), i = 1, 2, ... \} \text{ bzw. } \{(y_j, P(Y = y_j)) \mid j = 1, 2, ... \}.$$

Das Ereignis, daß X den Wert x_i und gleichzeitig Y den Wert y_j annimmt, bezeichnen wir mit

$$\begin{aligned} A_{ij} &= (X = x_i, Y = y_j) = \{\omega \mid X(\omega) = x_i \text{ und } Y(\omega) = y_j\} \\ &= \{\omega \mid X(\omega) = x_i\} \cap \{\omega \mid Y(\omega) = y_j\}, \quad i = 1, 2, ... ; \; j = 1, 2, ... \end{aligned}$$

Durch

$$P(X = x_i, Y = y_j) = P(A_{ij})$$

sind dann die gemeinsamen Wahrscheinlichkeiten der beiden Zufallsvariablen bestimmt. Wegen

$$\{\omega \mid X(\omega) = x_i\} = \bigcup_j \{\omega \mid (X(\omega) = x_i, Y(\omega) = y_j\}$$
$$\{\omega \mid Y(\omega) = y_j\} = \bigcup_i \{\omega \mid (X(\omega) = x_i, Y(\omega) = y_j\}$$

erhält man aus den gemeinsamen Wahrscheinlichkeiten die Wahrscheinlichkeiten der einzelnen Zufallsvariablen X und Y durch Summenbildung

$$P(X = x_i) = \sum_j P(X = x_i, Y = y_j) \quad \text{für } i = 1, 2, ...$$
$$P(Y = y_j) = \sum_i P(X = x_i, Y = y_j) \quad \text{für } j = 1, 2, ...$$

Definition: X und Y seien zwei diskrete Zufallsvariable mit der Wertemenge $\{(x_i, y_j), i = 1, 2, \ldots ; j = 1, 2, \ldots \}$. Dann heißt

$$\left\{\left((x_i, y_j), P(X = x_i, Y = y_j)\right) \mid i = 1, 2, \ldots ; j = 1, 2, \ldots \right\}$$

die **gemeinsame Verteilung** der diskreten Zufallsvariablen X und Y.

Die daraus berechneten Verteilungen der Zufallsvariablen X

$$\left\{\left(x_i, \sum_j P(X = x_i, Y = y_j)\right) \mid i = 1, 2, \ldots \right\}$$

und der Zufallsvariablen Y

$$\left\{\left(y_j, \sum_i P(X = x_i, Y = y_j)\right) \mid j = 1, 2, \ldots \right\}$$

heißen **Randverteilungen.**

Beispiel 2 (Ziehen zweier Werkstücke): Aus einer Kiste mit 3 fehlerhaften und 7 brauchbaren Werkstücken werden zwei Stücke nacheinander ausgewählt. Die Zufallsvariable X bzw. Y beschreibe die Anzahl der fehlerhaften Stücke beim ersten bzw. zweiten Zug. Die Wertemengen der beiden Zufallsvariablen lauten $W_X = W_Y = \{0, 1\}$.

Zur Berechnung der gemeinsamen Wahrscheinlichkeiten muß unterschieden werden, ob die Ziehung mit oder ohne Zurücklegen erfolgt.

a) Ziehen ohne Zurücklegen:

Das beim ersten Zug ausgewählte Werkstück werde vor dem zweiten Zug nicht in die Kiste zurückgelegt. Dann erhält man aus dem Multiplikationssatz für bedingte Wahrscheinlichkeiten die gemeinsamen Wahrscheinlichkeiten

$$P(X = 0, Y = 0) = P(Y = 0 \mid X = 0) \cdot P(X = 0) = \frac{6}{9} \cdot \frac{7}{10} = \frac{7}{15};$$

$$P(X = 0, Y = 1) = P(Y = 1 \mid X = 0) \cdot P(X = 0) = \frac{3}{9} \cdot \frac{7}{10} = \frac{7}{30};$$

$$P(X = 1, Y = 0) = P(Y = 0 \mid X = 1) \cdot P(X = 1) = \frac{7}{9} \cdot \frac{3}{10} = \frac{7}{30};$$

$$P(X = 1, Y = 1) = P(Y = 1 \mid X = 1) \cdot P(X = 1) = \frac{2}{9} \cdot \frac{3}{10} = \frac{1}{15}.$$

Somit besitzen die beiden Zufallsvariablen die in der nachfolgenden Tabelle angegebene gemeinsame Verteilung mit den zugehörigen Randverteilungen

x_i \ y_j	0	1	Zeilensummen
0	$\frac{7}{15}$	$\frac{7}{30}$	$\frac{7}{10} = P(X=0)$
1	$\frac{7}{30}$	$\frac{1}{15}$	$\frac{3}{10} = P(X=1)$
Spaltensummen	$\frac{7}{10} = P(Y=0)$	$\frac{3}{10} = P(Y=1)$	1

b) Ziehen mit Zurücklegen:

Das beim ersten Zug ausgewählte Werkstück werde vor dem zweiten Zug in die Kiste zurückgelegt. Nach dem Mischen wird ein zweites Stück gezogen. Dabei gilt

$$P(X=0) = P(Y=0) = 0{,}7 \; ; \; P(X=1) = P(Y=1) = 0{,}3 \; .$$

Da es sich hier um eine unabhängige Wiederholung eines Einzelexperiments handelt, gilt

$$P(X = i, Y = j) = P(Y = j \mid X = i) \cdot P(X = i) = P(X = i) \cdot P(Y = j) \; ; \; i, j=0, 1.$$

Somit erhält man die gemeinsame Verteilung sowie die Randverteilungen

x_i \ y_j	0	1	Zeilensummen
0	0,49	0,21	0,7 = P(X=0)
1	0,21	0,09	0,3 = P(X=1)
Spaltensummen	0,7 = P(Y=0)	0,3 = P(Y=1)	1

In Beispiel 2 gilt in b) für alle Paare (i, j) die Produktdarstellung

$$P(X = i, Y = j) = P(X = i) \cdot P(Y = j).$$

Diese Produktdarstellung gilt in a) jedoch nicht. Der Grund dafür ist die Tatsache, daß es sich in b) um unabhängige Versuchsdurchführungen handelt und in a) nicht. Diese Eigenschaft gibt Anlaß zu folgender Definition:

Definition: Zwei auf Ω definierte diskrete Zufallsvariable X und Y mit der gemeinsamen Verteilung

$$\{(x_i, y_j), P(X = x_i, Y = y_j)), i = 1, 2, ... \; ; \; j = 1, 2, ... \}$$

heißen **unabhängig**, wenn für alle Wertepaare (x_i, y_j) die Produktdarstellung gilt:

$$P(X = x_i, Y = y_j) = P(X = x_i) \cdot P(Y = y_j) \; .$$

2. Sind die beiden Zufallsvariablen X und Y aus dem Beispiel 1 (Roulett) unabhängig ?

Produkt von unabhängigen Zufallsvariablen

Beispiel 3 (Augenprodukt): Zwei ideale Würfel werden gleichzeitig voneinander unabhängig geworfen. Ausgezahlt wird das Produkt der beiden geworfenen Augenzahlen in DM. Die Zufallsvariable, die das Produkt beschreibt, besitzt die Darstellung $X \cdot Y$, wobei X bzw. Y die Augenzahlen der beiden Würfel beschreiben mit $E(X) = E(Y) = 3{,}5$.
Zur Berechnung des Erwartungswerts $E(X \cdot Y)$ müßte zunächst aus der gemeinsamen Verteilung der beiden Zufallsvariablen X und Y die Verteilung der Produktvariablen $X \cdot Y$ bestimmt werden. Wegen der Unabhängigkeit der Einzelwürfe läßt sich der Erwartungswert jedoch wesentlich einfacher bestimmen. Dazu betrachten wir zunächst allgemeine diskrete Zufallsvariable.

Sind X und Y zwei auf der gleichen Ergebnismenge Ω definierte diskrete Zufallsvariable, so wird durch $Z(\omega) = X(\omega) \cdot Y(\omega)$ eine diskrete Zufallsvariable $Z = X \cdot Y$ erklärt, das sogenannte **Produkt** von X und Y. Die Wertemenge der Produktvariablen besteht aus allen verschiedenen Produkten $x_i \cdot y_j$, wobei x_i zur Wertemenge der Zufallsvariablen X und y_j zur Wertemenge von Y gehört. Im allgemeinen Fall benötigt man zur Berechnung des Erwartungswerts des Produkts $X \cdot Y$ die Verteilung dieser Zufallsvariablen.

Für unabhängige Zufallsvariable gilt folgende Eigenschaft, die ohne Beweis mitgeteilt werden soll.

Satz: Sind X und Y unabhängige diskrete Zufallsvariable mit den Erwartungswerten E(X) und E(Y), so besitzt die Produktvariable $X \cdot Y$ ebenfalls einen Erwartungswert, und es gilt

$$E(X \cdot Y) = E(X) \cdot E(Y) .$$

Beispiel 4 (Augenprodukt): Für die Zufallsvariablen der Augenzahlen gilt die Produktdarstellung

$$P(X=i\,,\ Y=j) = \frac{1}{36} = P(X=i) \cdot P(Y=j) \quad \text{für } i\,, j = 1, 2, \dots, 6.$$

Daher sind X und Y unabhängig. Daraus folgt

$$E(X \cdot Y) = E(X) \cdot E(Y) = 3{,}5 \cdot 3{,}5 = 12{,}25.$$

3. Eine ideale Münze werde dreimal hintereinander geworfen. Dabei beschreibe die Zufallsvariable X die Anzahl der auftretenden Wappen. Die Zufallsvariable Y beschreibe die Anzahl der Wechsel von Wappen nach Zahl und umgekehrt, also die Anzahl der Symbolwechsel.
a) Bestimmen Sie die gemeinsame Verteilung von X und Y sowie die beiden Randverteilungen.
b) Sind X und Y unabhängig?

4. Lösen Sie Aufgabe 3, falls die Münze nur zweimal geworfen wird.

5. Beim Werfen von fünf idealen Würfeln erhalten Sie als Gewinn das Augenprodukt (in DM) ausgezahlt. Welchen Einsatz pro Spiel können Sie höchstens riskieren (Begründung) ?

6. Die beiden Zufallsvariablen X und Y besitzen die nebenstehende gemeinsame Verteilung.
a) Sind X und Y unabhängig?
b) Bestimmen Sie die Verteilung und den Erwartungswert der Produktvariablen $X \cdot Y$. Gilt $E(X \cdot Y) = E(X) \cdot E(Y)$?

x_i \ y_j	0	1
0	0,1	0,3
1	0,2	0,4

7. Zeigen Sie, daß für die in Aufgabe 3 angegebenen Zufallsvariablen X und Y für den Erwartungswert die Produktdarstellung $E(X \cdot Y) = E(X) \cdot E(Y)$ gilt, obwohl die beiden Zufallsvariablen nicht unabhängig sind.

Summe von unabhängigen Zufallsvariablen (vgl. Seite 113)

Für die Anwendung sehr wichtig ist die folgende Eigenschaft.

Satz (Additivität der Varianz bei unabhängigen Zufallsvariablen): Die Zufallsvariablen X und Y seien unabhängig und besitzen eine Varianz. Dann besitzt auch die Summe $X + Y$ eine Varianz, und es gilt

$$\mathrm{Var}(X + Y) = \mathrm{Var}(X) + \mathrm{Var}(Y).$$

Beweis: Für unabhängige Zufallsvariable X und Y gilt $E(X \cdot Y) = E(X) \cdot E(Y)$.

Mit der Additivität des Erwartungswertes erhält man

$$\mathrm{Var}(X + Y) = E\left([X + Y - E(X+Y)]^2\right) = E\left([X - E(X) + Y - E(Y)]^2\right)$$

$$= E\left([X - E(X)]^2 + [Y - E(Y)]^2 + 2\,[X - E(X)] \cdot [Y - E(Y)]\right)$$

$$= \mathrm{Var}(X) + \mathrm{Var}(Y) + 2\,E\,([X - E(X)] \cdot [Y - E(Y)])$$

$$= \mathrm{Var}(X) + \mathrm{Var}(Y) + 2\,E\big[X \cdot Y - E(X) \cdot Y - X \cdot E(Y) + E(X) \cdot E(Y)\big].$$

Die Eigenschaft ist bewiesen, wenn gezeigt ist, daß der letzte Summand gleich Null ist. Aus

$$E(X \cdot Y) = E(X) \cdot E(Y)$$

folgt

$$E\,[(X \cdot Y - E(X) \cdot Y - X \cdot E(Y) + E(X) \cdot E(Y)]$$

$$= E(X) \cdot E(Y) - E(X) \cdot E(Y) - E(X) \cdot E(Y) + E(X) \cdot E(Y) = 0.$$

8. Berechnen Sie in Beispiel 1 die Varianz der Summenvariablen X + Y. Gilt hier die Eigenschaft $Var(X + Y) = Var(X) + Var(Y)$?

9. a) Die Zufallsvariable X beschreibe die Augensumme beim Werfen zweier idealer Würfel. Berechnen Sie die Varianz von X.
b) Die Zufallsvariable Y beschreibe die doppelte Augenzahl beim Werfen eines Würfels. Berechnen Sie die Varianz von Y.
Interpretieren Sie die Ergebnisse.

Aus dem obigen Satz erhält man folgende Eigenschaft.

Die Varianzen der Zufallsvariablen $X_1, X_2, \dots, X_n$ sollen existieren. Ferner seien die n Zufallsvariablen paarweise unabhängig, d. h. jeweils zwei sind voneinander unabhängig. Dann besitzt die Summenvariable $X_1 + X_2 + \dots + X_n$ ebenfalls eine Varianz, und es gilt

$$Var(X_1 + X_2 + \dots + X_n) = Var(X_1) + Var(X_2) + \dots + Var(X_n).$$

Beispiel 5: In Beispiel 7 Abschnitt 11.2 wurde der Erwartungswert für das Honorar des Tierarztes ermittelt. Es betrug 233,05 DM. Gesucht ist nun die Standardabweichung.
Wegen der vorausgesetzten Unabhängigkeit und weil alle Zufallsvariablen die gleiche Verteilung besitzen, gilt

$$Var(X) = Var(X_1) + Var(X_2) + \dots + Var(X_{10}) = 10 \cdot Var(X_1).$$

Die Varianz berechnen wir nach der Formel

$$Var(X_1) = E(X_1^2) - [E(X_1)]^2 .$$

$$E(X_1^2) = 10^2 \cdot (0{,}94)^5 + 60^2 \cdot [1 - (0{,}94)^5] = 1\,031{,}34;$$

$$Var(X_1) \approx 1\,031{,}34 - (23{,}305)^2 \approx 488{,}213; \qquad Var(X) \approx 4\,882{,}13;$$

$$\sigma \approx \sqrt{4\,882{,}13} \approx 69{,}87 \text{ DM}.$$

Die Interpretation der Standardabweichung kann erst später bei der Tschebyscheffschen Ungleichung erfolgen.

Aufgaben

10. Die Sterbewahrscheinlichkeit der Ehepartner einer bestimmten Altersgruppe seien in einer Sterbetafel gegeben als
P(beide überleben) = 0,98407 ;
P(nur der Mann stirbt) = P(nur die Frau stirbt) = 0,00793.
Beide Ehepartner schließen jeweils eine Risikolebensversicherung über 10 000 DM ab, deren Jahreprämie für jede Person 100 DM beträgt. Die Zufallsvariablen X und Y beschreiben den Reingewinn pro Jahr der Versicherungsgesellschaft bezüglich der einzelnen Verträge.

a) Bestimmen Sie die gemeinsame Verteilung sowie die Randverteilungen.
b) Bestimmen Sie die Verteilung der Summenvariablen $X + Y$.
c) Sind die Zufallsvariablen X und Y unabhängig?

11. Ein Kaufhaus veranstaltet eine Verlosung. Teilnehmen dürfen alle Ehepaare mit mindestens zwei Kindern. Auf der Einsendekarte soll das Geschlecht der beiden ältesten Kinder in der Reihenfolge ihrer Geburt aufgeschrieben werden. Aus allen Einsendungen wird eine Karte zufällig ausgewählt. Der Gewinner kann unter Umständen mehr als einen Preis erhalten, denn der Gewinnplan lautet: Es gibt

1. 20 000 DM, wenn beide Kinder von gleichem Geschlecht sind.
2. 10 000 DM, wenn das erste Kind ein Mädchen ist.
3. 8 000 DM, wenn das erste Kind ein Junge ist.

Die Zufallsvariablen, welche die drei Preise in der angegebenen Reihenfolge beschreiben, seien X_1, X_2, X_3. Welche Paare von Zufallsvariablen sind unabhängig?

12. Es wird mit zwei idealen Würfeln geworfen. Die Zufallsvariable X ist gleich 1, wenn die Augensumme größer als 4 ist, und gleich 0 sonst. Die Zufallsvariable Y ist definiert als 1, wenn die Augensumme gerade ist und 0 sonst. Sind X und Y unabhängig?

13. Beim Roulett setzt ein Spieler jeweils eine Einheit auf das erste und das zweite Dutzend. Die Zufallsvariablen X bzw. Y beschreiben die jeweiligen Reingewinne. Weshalb sind diese beiden Zufallsvariablen nicht unabhängig?

14. Bestimmen Sie für das Beispiel 2 (Ziehen zweier Werkstücke) für beide Ziehungsmodelle jeweils die Verteilung der Summenvariablen $X + Y$.

15. Mit einem idealen Würfel werde n-mal unabhängig geworfen. Die Zufallsvariable X_i beschreibe die Augenzahl beim $i-$ten Wurf.
Berechnen Sie Erwartungswerte und Varianzen von folgenden Zufallsvariablen:

a) $X_1 + X_2 + \dots + X_n$ (Augensumme);

b) $n \cdot X_1$ (n-fache Augenzahl);

c) $\frac{1}{n} \cdot (X_1 + X_2 + \dots + X_n)$ (mittlere Augenzahl pro Wurf).

d) Wie groß muß n mindestens sein, damit die Standardabweichung der Zufallsvariablen $\frac{1}{n} \cdot (X_1 + X_2 + \dots + X_n)$ höchstens gleich 0,1 ist?

16. Berechnen Sie in Aufgabe 3 die Verteilung und die Varianz der Zufallsvariablen $X + Y$. Zeigen Sie, daß in diesem Beispiel die Additivität der Varianz $\text{Var}(X + Y) = \text{Var}(X) + \text{Var}(Y)$ gilt, obwohl die beiden Zufallsvariablen X und Y nicht unabhängig sind.

12 Spezielle diskrete Verteilungen

12.1 Gleichmäßige Verteilung auf $W = \{1, 2, \ldots, n\}$

Die diskrete Zufallsvariable X besitze die Wertemenge $W = \{1, 2, \ldots, n\}$ und die gleichen Wahrscheinlichkeiten $P(X = i) = \frac{1}{n}$ für $i = 1, 2, \ldots, n$. Dann nennt man X **gleichmäßig verteilt** auf $\{1, 2, \ldots, n\}$.

Beispiel 1 (Augenzahl eines idealen Würfels): Die Zufallsvariable X, die beim Werfen eines idealen Würfels die Augenzahl beschreibt, ist gleichmäßig verteilt mit der Verteilung $\{(i, \frac{1}{6}) \mid i = 1, 2, \ldots, 6\}$. Im nachfolgenden Stabdiagramm besitzt jeder Stab die gleiche Länge $\frac{1}{6}$.

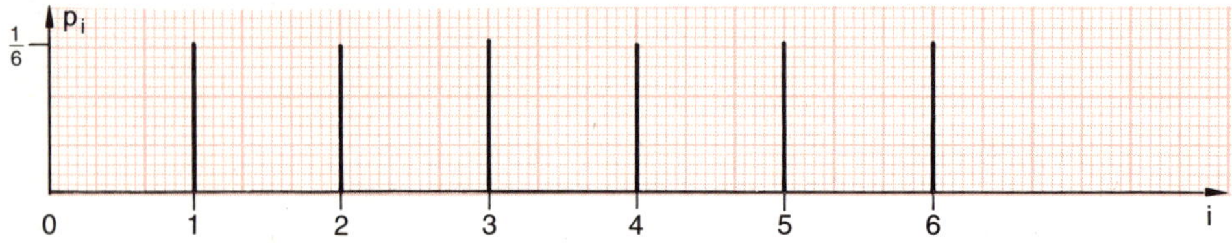

Satz: Eine auf $\{1, 2, \ldots, n\}$ gleichmäßig verteilte Zufallsvariable besitzt den Erwartungswert $E(X) = \frac{n+1}{2}$ und die Varianz $Var(X) = \frac{n^2 - 1}{12}$.

Beweis:

Mit Hilfe der Formeln

$$\sum_{i=1}^{n} i = \frac{n(n+1)}{2} \quad ; \quad \sum_{i=1}^{n} i^2 = \frac{n(n+1)(2n+1)}{6}$$

erhält man den Erwartungswert

$$E(X) = \sum_{i=1}^{n} i \cdot \frac{1}{n} = \frac{n(n+1)}{2} \cdot \frac{1}{n} = \frac{n+1}{2}$$

und die Varianz

$$\begin{aligned} Var(X) &= E(X^2) - [E(X)]^2 = \sum_{i=1}^{n} i^2 \cdot \frac{1}{n} - \frac{(n+1)^2}{4} \\ &= \frac{1}{n} \cdot \frac{n(n+1)(2n+1)}{6} - \frac{(n+1)^2}{4} \\ &= \frac{n+1}{12} \cdot (4n + 2 - 3n - 3) = \frac{(n+1) \cdot (n-1)}{12} = \frac{n^2 - 1}{12}. \end{aligned}$$

Das Stabdiagramm der gleichmäßig verteilten Zufallsvariablen ist symmetrisch zur Stelle $s = \frac{n+1}{2}$ (= Erwartungswert).

1. Die Zufallsvariable X beschreibe die Augenzahl beim Werfen eines idealen Würfels. Berechnen Sie den Erwartungswert und die Varianz von X.

12.2 Binomialverteilung

In Abschnitt 10.2 wurde bereits die Binomialverteilung behandelt, ohne daß der Begriff Zufallsvariable benutzt wurde. Dort wurde die Frage beantwortet, mit welcher Wahrscheinlichkeit in einer Folge von n unabhängigen Versuchen das Ereignis A genau k-mal eintritt. Beschreibt die Zufallsvariable X in einer solchen Serie die Anzahl der Versuche, bei denen das Ereignis A eintritt, so ist X eine diskrete Zufallsvariable mit der Wertemenge $\{0, 1, 2, ..., n\}$. Tritt bei jedem Einzelversuch das Ereignis A mit Wahrscheinlichkeit $p = P(A)$ ein, so gilt nach Abschnitt 10.2

$$p_k = P(X = k) = \binom{n}{k} p^k (1-p)^{n-k} \quad \text{für } k = 0, 1, ..., n.$$

Zur praktischen Berechnung dieser Wahrscheinlichkeiten benutzt man am besten die in Abschnitt 10.2 angegebene Rekursionsformel.

Die Verteilung $\{(k, p_k) \mid k = 0, 1, ..., n\}$ heißt **Binomialverteilung.** Die Wahrscheinlichkeiten p_k hängen von den beiden Parametern n (Anzahl der unabhängigen Versuche) und p (Wahrscheinlichkeit des Ereignisses A bei einem Einzelversuch) ab.

Ist p klein, so tritt A relativ selten ein; dann nimmt X mit größerer Wahrscheinlichkeit kleine Werte an. Bei großem p wird A sehr oft eintreten, d.h. X wird mit großer Wahrscheinlichkeit Werte nahe bei n annehmen. Für $p = \frac{1}{2}$ ist die Verteilung symmetrisch zum Erwartungswert $E(X) = \frac{n}{2}$. Auf der nachfolgenden Seite sind Stabdiagramme für verschiedene Werte dieser Parameter dargestellt.

Zur Berechnung des Erwartungswertes und der Varianz führen wir die Indikatorvariablen (Bernoulli-Variablen) ein durch

$$X_i = \begin{cases} 1, & \text{falls beim i-ten Versuch A eintritt,} \\ 0, & \text{sonst} \end{cases} \qquad \text{für } i = 1, 2, ..., n.$$

Damit erhält man die Darstellung

$$X = X_1 + X_2 + ... + X_n .$$

Diese Zählvariablen besitzen den Erwartungswert und die Varianz

$$E(X_i) = p; \qquad Var(X_i) = E(X_i^2) - [E(X_i^2)]^2 = p - p^2 = p(1-p).$$

Aus der Additivität des Erwartungswertes folgt

$$E(X) = E(X_1) + E(X_2) + ... + E(X_n) = n \cdot p .$$

Der Erwartungswert $n \cdot p$ kann interpretiert werden als erwartete Häufigkeit. Falls Versuchserien mit gleichem Umfang n sehr oft durchgeführt werden, sind die absoluten Häufigkeiten $h_n(A)$ des Ereignisses A im Mittel gleich $n \cdot p$. Dabei ist $p = P(A)$ die Wahrscheinlichkeit des Ereignisses A bei einem Einzelversuch.

L1. Zeigen Sie, daß die binomialverteilte Zufallsvariable X die Varianz

$$Var(X) = n \cdot p \cdot (1-p)$$

besitzt.

Damit gilt:

Satz: Für eine mit den Parametern n und p binomialverteilte Zufallsvariable X gilt

$$E(X) = n \cdot p; \qquad Var(X) = n \cdot p \cdot (1-p).$$

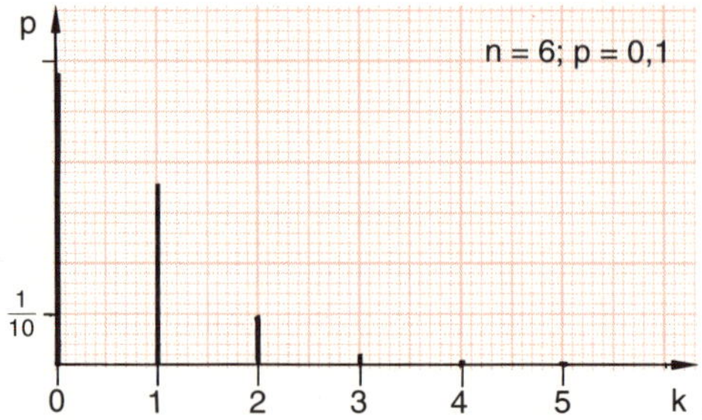

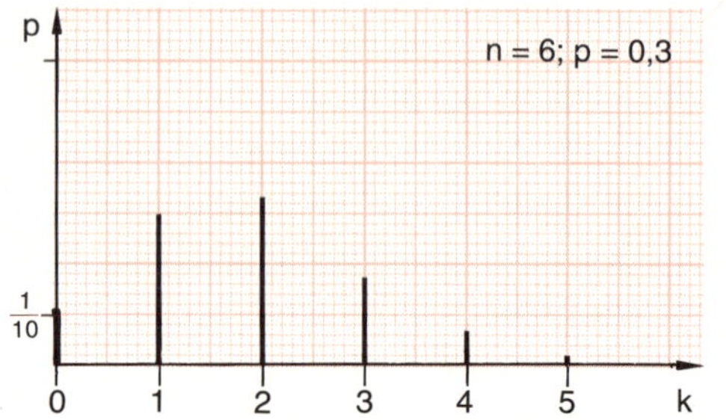

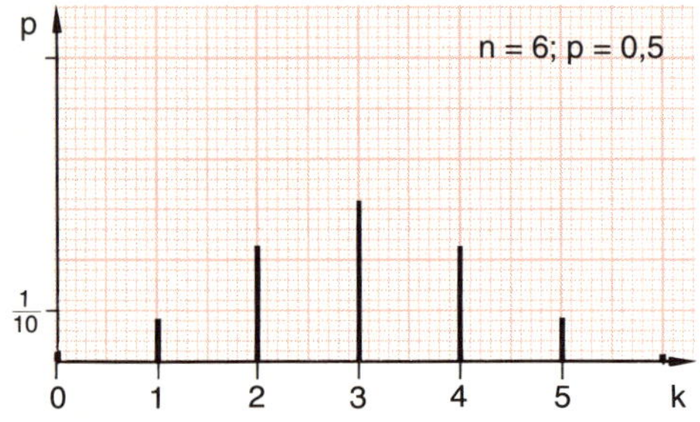

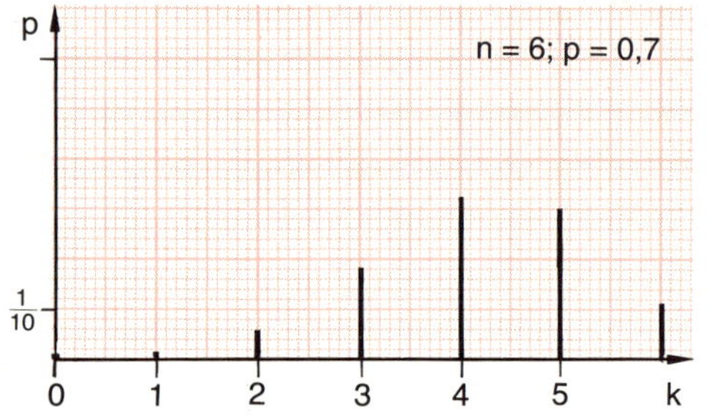

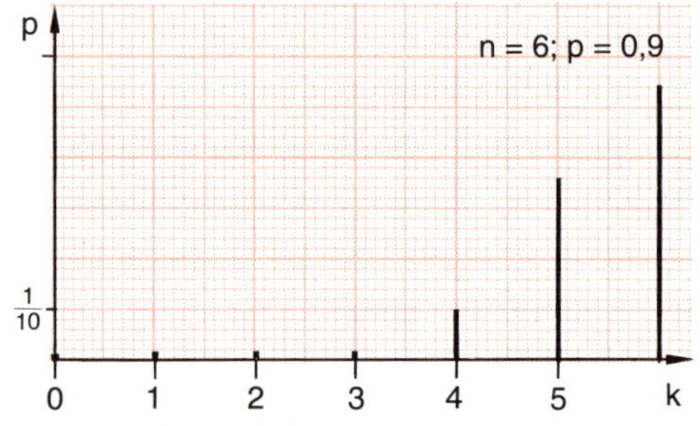

Beispiel 1 (Multiple-Choice) : Bei dem in Beispiel 3 Abschnitt 10.2 behandelten Multiple-Choice-Test beschreibe die Zufallsvariable X die Anzahl der richtigen Antworten, die man durch zufälliges Ankreuzen je einer Antwort erhält. X ist binomialverteilt mit $n = 10$ und $p = 0{,}25$. Diese Zufallsvariable besitzt den Erwartungswert

$$E(X) = n \cdot p = 10 \cdot 0{,}25 = 2{,}5$$

und die Varianz

$$Var(X) = n \cdot p \cdot (1-p) = 10 \cdot 0{,}25 \cdot 0{,}75 = 1{,}875.$$

Hieraus erhält man die Standardabweichung $\sigma \approx 1{,}369$. Im Mittel erzielt man durch Raten 2,5 richtige Antworten.

Beim Urnenmodell II (Ziehen mit Zurücklegen) aus Abschnitt 4.4 werden aus N Kugeln, unter denen sich M rote befinden, n Stück mit zwischenzeitlichem Zurücklegen zufällig ausgewählt. Die Zufallsvariable X, welche die Anzahl der ausgewählten roten Kugeln beschreibt, ist binomialverteilt mit den Parametern n und $p = \frac{M}{N}$. Damit besitzt X die Kenngrößen

$$E(X) = n \cdot \frac{M}{N}; \quad Var(X) = n \cdot \frac{M}{N} \cdot \left(1 - \frac{M}{N}\right).$$

Aufgaben

2. Belgien hat ungefähr 9,5 Millionen Einwohner, von denen ein Drittel Wallonen sind. Berechnen Sie die Wahrscheinlichkeit, daß unter 12 zufällig ausgewählten Belgiern a) genau 3, b) höchstens 3 Personen wallonisch sind.

3. Für das einwandfreie Arbeiten einer mit zehn Transistoren bestückten Apparatur ist das gleichzeitige unabhängige Funktionieren aller zehn Transistoren Voraussetzung. Wie groß ist die Wahrscheinlichkeit für das Versagen der Apparatur, wenn die Transistoren aus einem sehr großen Vorrat, der 5 % Ausschuß enthält, zufällig herausgegriffen werden?

4. Eine große Lieferung von Tulpenzwiebeln enthält zur Hälfte Zwiebeln rot-blühender Tulpen. Es werden 10 Zwiebeln zufällig herausgegriffen. Mit welcher Wahrscheinlichkeit blühen
a) alle rot, b) mehr als 7 rot, c) genau 5 rot?

5. Die Zufallsvariable X sei binomialverteilt mit dem Erwartungswert 2 und der Varianz $\frac{4}{3}$. Bestimmen Sie die Parameter n und p sowie die Verteilung von X.

6. Aus Erfahrung weiß man, daß 20 % des in einem Produktionsverfahren hergestellten Massenartikels Ausschuß sind. Wie groß ist die Wahrscheinlichkeit, daß eine zufällig zusammengestellte Warenlieferung von 10 Stück
a) keinen Ausschuß, b) höchstens 2 Ausschußartikel enthält?

7. Deutschland hat ungefähr 78 Millionen Einwohner. $\frac{1}{9}$ der Bevölkerung sei zuckerkrank. Es werden zufällig 15 Personen aus der gesamten Bevölkerung ausgewählt. Wie groß ist die Wahrscheinlichkeit, daß davon
a) genau 3 Personen,
b) höchstens 3 Personen zuckerkrank sind?

8. Die Zufallsvariable X sei binomialverteilt mit den Parametern $n = 6$ und $p = 0{,}2$. Berechnen Sie die Wahrscheinlichkeiten $P(X \leq 2)$ und $P(X = 5)$.

L 12.3 Hypergeometrische Verteilung

Eine Urne enthalte N Kugeln, von denen M rot sind. Daraus werden $n \leq N$ Kugeln ohne zwischenzeitliches Zurücklegen zufällig ausgewählt. Die Zufallsvariable X, welche die Anzahl der gezogenen roten Kugeln beschreibt, besitzt nach dem Urnenmodell I aus Abschnitt 4.4 die Verteilung

$$\left\{ \left(k\,,\, p_k = \frac{\binom{M}{k}\binom{N-M}{n-k}}{\binom{N}{n}} \right) \;\middle|\; \max(0,\, n-(N-M)) \leq k \leq \min(M,\, n) \right\}.$$

Die Zufallsvariable X heißt **hypergeometrisch verteilt.**

In Analogie zur Binomialverteilung setzen wir

$$X_i = \begin{cases} 1\,, & \text{falls die beim i-ten Zug gezogene Kugel rot ist,} \\ 0\,, & \text{sonst} \end{cases} \qquad \text{für } i = 1, 2, \ldots, n.$$

Dann gilt auch hier die Darstellung

$$X = X_1 + X_2 + \ldots + X_n\,.$$

Für den ersten Zug gilt $P(X_1 = 1) = \frac{M}{N} = p, \quad P(X_1 = 0) = 1 - p.$

Aus dem Satz von der vollständigen Wahrscheinlichkeit aus Abschnitt 6.5 erhält man

$$\begin{aligned} P(X_2 = 1) &= P(X_2 = 1 \mid X_1 = 1) \cdot P(X_1 = 1) + P(X_2 = 1 \mid X_1 = 0) \cdot P(X_1 = 0) \\ &= \frac{M-1}{N-1} \cdot \frac{M}{N} + \frac{M}{N-1} \cdot \frac{N-M}{N} = \frac{M}{N}\left(\frac{M-1}{N-1} + \frac{N-M}{N-1}\right) = \frac{M}{N} = p. \end{aligned}$$

Die Zufallsvariable X_2 besitzt somit die gleiche Verteilung wie X_1. Durch vollständige Induktion folgt dann, daß alle n Zufallsvariablen $X_1, X_2, \ldots, X_n$ dieselbe Verteilung und damit den gleichen Erwartungswert besitzen. Mit

$$E(X_i) = 0 \cdot P(X_i = 0) + 1 \cdot P(X_i = 1) = \frac{M}{N}$$

erhält man aus der Additivität des Erwartungswertes

$$E(X) = n \cdot \frac{M}{N}\,.$$

Die Zufallsvariablen $X_1, X_2, \ldots, X_n$ sind nicht paarweise unabhängig. Daher ist die Varianz nicht gleich der Summe der einzelnen Varianzen. Die Varianz ist nicht elementar berechenbar. Sie soll nur angegeben werden.

Satz: Für eine hypergeometrisch verteilte Zufallsvariable X gilt

$$E(X) = n \cdot \frac{M}{N}; \qquad \operatorname{Var}(X) = n \cdot \frac{M}{N} \cdot \left(1 - \frac{M}{N}\right) \cdot \frac{N-n}{N-1}\,.$$

Der Erwartungswert stimmt mit dem beim Ziehen mit Zurücklegen (Urnenmodell II) überein. Die Varianzen unterscheiden sich durch den Faktor $\frac{N-n}{N-1}$.

Für $n > 1$ ist die Varianz beim Ziehen ohne Zurücklegen kleiner als beim Ziehen mit Zurücklegen. Diese Eigenschaft ist auch plausibel, da das Ziehen ohne Zurücklegen mehr Information über die Grundgesamtheit liefert als das Ziehen mit Zurücklegen. Beim Ziehen mit Zurücklegen können gleiche Kugeln mehrfach gezogen werden, was mit einem Informationsverlust verbunden ist. Für $n = N$ verschwindet die Varianz beim Ziehen ohne Zurücklegen. Die Zufallsvariable X nimmt dann immer den Wert M an, da alle Kugeln gezogen werden.

Ist n sehr viel kleiner als N, so sind beide Varianzen ungefähr gleich. Auch diese Eigenschaft ist plausibel, da durch das Ziehen weniger Kugeln die Grundgesamtheit kaum geändert wird. Dann spielt es keine große Rolle, ob zur Berechnung wahrscheinlichkeitstheoretischer Größen die Formeln aus dem Urnenmodell I oder aus dem Urnenmodell II benutzt werden.
Als Faustregel gilt, daß für $n < \frac{N}{10}$ beide Modelle bereits sehr gut übereinstimmen.

Aufgaben

1. Aus 20 Eiern, unter denen sich zwei faule befinden, werden 3 zufällig ausgewählt. X beschreibe die Anzahl der faulen Eier unter den 3 ausgewählten.
a) Bestimmen Sie die Verteilung von X.
b) Berechnen Sie Erwartungswert und Streuung von X.

2. Die Zufallsvariable X beschreibe die Anzahl der Buben im Skat. Bestimmen Sie Verteilung, Erwartungswert und Streuung von X.

3. Bei der Lieferung von 100 Werkstücken behauptet der Lieferant, die Ausschußquote sei 5 %. Dabei ist ein Fehler nur durch aufwendige Überprüfung feststellbar. Der Abnehmer benutzt folgenden Prüfplan: Er wählt 5 Stück zufällig aus. Falls darunter kein fehlerhaftes Stück ist, nimmt er die Lieferung an, sonst läßt er sie zurückgehen. Mit welcher Wahrscheinlichkeit wird die Annahme der Sendung zu Unrecht verweigert?

4. Beim Zahlenlotto 6 aus 49 beschreibe X die Anzahl der Richtigen, die man mit einer zufällig getippten Reihe erzielt. Berechnen Sie den Erwartungswert und die Streuung von X.

5. Aus der Menge von 120 Schülerinnen und 100 Schülern werden zufällig 15 Personen ausgewählt. X beschreibe die Anzahl der ausgewählten Schülerinnen. Berechnen Sie den Erwartungswert und die Streuung von X
a) exakt,
b) näherungsweise nach dem Urnenmodell mit Zurücklegen.

6. In einer Urne mit 1000 Kugeln befinden sich 100 rote. Daraus werden n Stück ohne Zurücklegen zufällig ausgewählt. X beschreibe die Anzahl der ausgewählten roten Kugeln.
Wie groß muß n mindestens sein, damit die Varianz von X höchstens halb so groß ist wie die entsprechende Varianz beim Ziehen mit Zurücklegen?

L 12.4 Poisson-Verteilung

Beispiel 1: Die Wahrscheinlichkeit dafür, daß eine mit einem bestimmten Serum geimpfte Person dadurch erkrankt, sei $p = 0{,}0015$. Insgesamt werden 2000 Personen mit diesem Serum geimpft. Die Zufallsvariable X beschreibe die Anzahl derjenigen geimpften Personen, welche durch die Impfung erkranken.
Die Zufallsvariable X ist binomialverteilt mit den beiden Parametern $n = 2000$ und $p = 0{,}0015$. Dabei ist n sehr groß und p sehr klein. Die Zufallsvariable X besitzt den Erwartungswert $E(X) = 2000 \cdot 0{,}0015 = 3$. Die Wahrscheinlichkeiten lauten

$$p_k = P(X=k) = \binom{2000}{k} \cdot (0{,}0015)^k \cdot (1-0{,}0015)^{2000-k}, \; k = 0, 1, \ldots, 2000.$$

Für $k = 0$ lautet die Wahrscheinlichkeit

$$p_0 = (1-0{,}0015)^{2000} = \left(1 - \frac{2000 \cdot 0{,}0015}{2000}\right)^{2000} = \left(1 - \frac{3}{2000}\right)^{2000}.$$

Wegen $\lim\limits_{n \to \infty} \left(1 - \frac{x}{n}\right)^n = e^{-x}$ gilt $p_0 \approx e^{-3} \approx 0{,}04979$.

Im Exponenten der Exponentialfunktion e^{-3} kommt der Erwartungswert $E(X) = 3$ vor. Diese Näherung ist sehr gut.

Aus der Rekursionsformel auf Seite 99 erhält man hiermit

$$p_1 = \frac{2000}{1} \cdot \frac{0{,}0015}{1-0{,}0015} \cdot p_0 \approx 2000 \cdot 0{,}0015 \cdot p_0 \approx \frac{3}{1} \cdot e^{-3} \approx 0{,}14936;$$

$$p_2 = \frac{1999}{2} \cdot \frac{0{,}0015}{1-0{,}0015} \cdot p_1 \approx \frac{3}{2} \cdot 3 \cdot p_0 = \frac{3^2}{2!} \cdot e^{-3} \approx 0{,}22404;$$

$$p_3 = \frac{1998}{3} \cdot \frac{0{,}0015}{1-0{,}0015} \cdot p_2 \approx \frac{3}{3} \cdot \frac{3^2}{2!} \cdot e^{-3} = \frac{3^3}{3!} \cdot e^{-3} \approx 0{,}22404.$$

So fortfahrend erhält man allgemein die Näherung

$$p_k = P(X=k) = \binom{2000}{k} \cdot (0{,}0015)^k \cdot (1-0{,}0015)^{2000-k} \approx \frac{3^k}{k!} \cdot e^{-3}$$
$$\text{für } k = 0, 1, 2, \ldots, 2000.$$

Zum Vergleich der Approximationsgenauigkeit sind nachfolgend für $k \leq 6$ die exakten Wahrscheinlichkeiten p_k sowie die mit Hilfe der Exponentialfunktion berechneten Näherungswerte angegeben.

k	$\binom{2000}{k} \cdot (0{,}0015)^k \cdot (0{,}9985)^{2000-k}$	$\frac{3^k}{k!} \cdot e^{-3}$
0	0,04968	0,04979
1	0,14925	0,14936
2	0,22410	0,22404
3	0,22421	0,22404
4	0,16816	0,16803
5	0,10084	0,16803
6	0,05037	0,08402

Für k ≤ 4 sind die Näherungswerte sehr gut. Für die Verteilungsfunktion an der Stelle 4 erhält man den exakten Wert

$$P(X \leq 4) = 0{,}81539.$$

Mit Hilfe der Näherung erhält man

$$P(X \leq 4) \approx \sum_{k=0}^{4} \frac{3^k}{k!} \cdot e^{-3} = 0{,}81526.$$

Allgemein lassen sich für große n und kleine p die Wahrscheinlichkeiten der Binomialverteilung $p_k = \binom{n}{k} p^k (1-p)^{n-k}$ nur sehr mühsam berechnen. Wenn jedoch n sehr groß und p sehr klein ist, können diese Wahrscheinlichkeiten analog zu Beispiel 1 näherungsweise dargestellt werden durch

$$p_k = \binom{n}{k} p^k (1-p)^{n-k} \approx \frac{(np)^k}{k!} \cdot e^{-np} = \frac{\lambda^k}{k!} \cdot e^{-\lambda} \quad \text{für } k = 0, 1, 2, \ldots, n.$$

Dabei wurde $\lambda = n \cdot p = E(X)$ gesetzt.
Diese Näherung wird umso besser, je größer n und je kleiner p ist. Wir lassen nun in der Binomialverteilung n gegen ∞ und p gegen Null gehen. Damit bei diesem Grenzprozeß der Erwartungswert immer gleich bleibt, muß die Grenzwertbildung so durchgeführt werden, daß das Produkt (= Erwartungswert) $n \cdot p$ immer konstant ist. Die Konstante setzen wir λ, also $n \cdot p = \lambda$. Dann gilt folgender Satz:

Grenzwertsatz: a) Für $n \to \infty$, $p \to 0$ mit $np = \lambda$ (konstant) gilt

$$\lim_{\substack{n \to \infty \\ np = \lambda}} \binom{n}{k} p^k (1-p)^{n-k} = \frac{\lambda^k}{k!} \cdot e^{-\lambda} \quad \text{für } k = 0, 1, 2, \ldots$$

b) Für große n und kleine p gilt die Näherungsformel

$$\binom{n}{k} p^k (1-p)^{n-k} \approx \frac{(np)^k}{k!} \cdot e^{-np}, \quad k = 0, 1, 2, \ldots, n.$$

Beweis: Wegen $np = \lambda$ gilt $p = \frac{\lambda}{n}$. Damit erhält man für jedes feste $k \leq n$

$$\binom{n}{k} p^k (1-p)^{n-k}$$

$$= \frac{n \cdot (n-1) \cdot (n-2) \cdot \ldots \cdot (n-k+1)}{k!} \cdot \frac{\lambda^k}{n^k} \cdot \left(1 - \frac{\lambda}{n}\right)^{n-k}$$

$$= \frac{n \cdot (n-1) \cdot (n-2) \cdot \ldots \cdot (n-k+1)}{n \cdot n \cdot \ldots \cdot n} \cdot \frac{\lambda^k}{k!} \cdot \left(1 - \frac{\lambda}{n}\right)^{n} \cdot \left(1 - \frac{\lambda}{n}\right)^{-k}$$

$$= 1 \cdot \left(1 - \frac{1}{n}\right) \cdot \left(1 - \frac{2}{n}\right) \cdot \ldots \cdot \left(1 - \frac{k-1}{n}\right) \cdot \left(1 - \frac{\lambda}{n}\right)^{-k} \cdot \frac{\lambda^k}{k!} \cdot \left(1 - \frac{\lambda}{n}\right)^{n}.$$

Für jedes festgehaltene k gilt

$$\lim_{n \to \infty} \left(1 - \frac{1}{n}\right) \cdot \left(1 - \frac{2}{n}\right) \cdot \ldots \cdot \left(1 - \frac{k-1}{n}\right) = 1 \,; \qquad \lim_{n \to \infty} \left(1 - \frac{\lambda}{n}\right)^{-k} = 1 \cdot$$

Wegen $\lim\limits_{n\to\infty}(1-\frac{\lambda}{n})^n = e^{-\lambda}$ folgt aus der obigen Darstellung

$$\lim_{\substack{n\to\infty \\ np=\lambda}} \binom{n}{k} p^k (1-p)^{n-k} = \frac{\lambda^k}{k!}\cdot e^{-\lambda} \quad \text{für } k = 0,1,2,\ldots.$$

Damit ist a) bewiesen. Die Eigenschaft b) folgt unmittelbar aus a).

Wegen $\lambda > 0$ sind die Zahlenwerte $p_k = \frac{\lambda^k}{k!}\cdot e^{-\lambda}$ positiv. Ferner läßt sich zeigen, daß ihre Summe gleich Eins ist. Aus

$$\sum_{k=0}^{\infty} \frac{\lambda^k}{k!} = e^{\lambda} \quad \text{folgt nämlich} \quad \sum_{k=0}^{\infty} p_k = \sum_{k=0}^{\infty} \frac{\lambda^k}{k!}\cdot e^{-\lambda} = 1 .$$

Daher wird durch $P(X=k) = \frac{\lambda^k}{k!}\cdot e^{-\lambda}$, $k = 0,1,2,\ldots.$
die Verteilung einer diskreten Zufallsvariablen X erklärt mit der abzählbar unendlichen Wertemenge $W = \{0,1,2,\ldots..\}$.

Definition: Eine Zufallsvariable X mit der Verteilung

$\left\{\left(k, \frac{\lambda^k}{k!}\cdot e^{-\lambda}\right) \mid \lambda > 0,\ k = 0,1,2,\ldots. \right\}$ heißt **Poisson-verteilt.**

Die Poisson-Verteilung ist nach **Poisson** *) benannt.

Für die Wahrscheinlichkeiten erhält man

$$p_{k+1} = \frac{\lambda^{k+1}}{(k+1)!}\cdot e^{-\lambda} = \frac{\lambda}{k+1}\cdot\frac{\lambda^k}{k!}\cdot e^{-\lambda} = \frac{\lambda}{k+1}\cdot p_k .$$

Damit gilt:

Rekursionsformel:
$P(X = k+1) = \frac{\lambda}{k+1}\cdot P(X=k)$, $k = 0,1,2,\ldots$ mit $P(X=0) = e^{-\lambda}$.

Für den Erwartungswert und die Varianz gilt:

Satz: Für eine mit dem Parameter λ Poisson-verteilte Zufallsvariable X gilt

$E(X) = \lambda$ und $Var(X) = \lambda$.

Bei einer Poisson-verteilten Zufallsvariablen X stimmen also Erwartungswert und Varianz überein. Die Standardabweichung ist $\sigma = \sqrt{\lambda}$.

---

*) S. D. Poisson (1781 – 1840) war ein französischer Mathematiker. Er wirkte in Paris. Schwerpunkte seiner Arbeit waren Potentialtheorie, partielle Differentialgleichungen, Wahrscheinlichkeitsrechnung, Mechanik, Elastizitätstheorie und Probleme der Wärmeleitung.

Beweis:

Aus $\sum_{k=0}^{\infty} \frac{\lambda^k}{k!} = e^{\lambda}$ folgt

$$E(X) = \sum_{k=0}^{\infty} k \cdot \frac{\lambda^k}{k!} \cdot e^{-\lambda} = \sum_{k=1}^{\infty} k \cdot \frac{\lambda^k}{k!} \cdot e^{-\lambda} = \lambda \cdot \sum_{k=1}^{\infty} \frac{\lambda^{k-1}}{(k-1)!} \cdot e^{-\lambda}$$

$$= \lambda \cdot \sum_{i=0}^{\infty} \frac{\lambda^i}{i!} \cdot e^{-\lambda} = \lambda \cdot 1 = \lambda.$$

$$E(X^2) = \sum_{k=1}^{\infty} k^2 \cdot \frac{\lambda^k}{k!} \cdot e^{-\lambda} = \sum_{k=1}^{\infty} k \cdot \frac{\lambda^k}{(k-1)!} \cdot e^{-\lambda}$$

$$= \lambda \cdot \sum_{k=1}^{\infty} [(k-1)+1] \cdot \frac{\lambda^{k-1}}{(k-1)!} \cdot e^{-\lambda}$$

$$= \lambda \cdot \sum_{k=2}^{\infty} (k-1) \cdot \frac{\lambda^{k-1}}{(k-1)!} \cdot e^{-\lambda} + \lambda \cdot \underbrace{\sum_{k=1}^{\infty} \frac{\lambda^{k-1}}{(k-1)!} \cdot e^{-\lambda}}_{=1}$$

$$= \lambda^2 \cdot \underbrace{\sum_{k=2}^{\infty} \frac{\lambda^{k-2}}{(k-2)!} \cdot e^{-\lambda}}_{=1} + \lambda \cdot 1 = \lambda^2 + \lambda.$$

Daraus folgt die Behauptung

$$Var(X) = E(X^2) - [E(X)]^2 = \lambda^2 + \lambda - \lambda^2 = \lambda.$$

Wegen des obigen Grenzwertsatzes für $p \to 0$ wird die Poisson-Verteilung bei **seltenen Ereignissen** angewandt. Mit ihr können oft Wahrscheinlichkeiten berechnet werden, mit denen ein Ereignis in einer bestimmten Zeitspanne genau k-mal eintritt. Während bei einer Binomialverteilung feststellbar ist, wie oft das entsprechende Ereignis A nicht eingetreten ist, ist diese Frage bei einer Poisson-Verteilung sinnlos, weil das Ereignis wegen $n \to \infty$ theoretisch beliebig oft eintreten könnte. Die Zufallsvariable X kann ja jeden noch so großen ganzzahligen Zahlenwert, mit allerdings entsprechend kleiner Wahrscheinlichkeit, annehmen.

Beispiel 2: Die Zufallsvariable X beschreibe die Anzahl der in einer Telefonzentrale zu einer bestimmten Tageszeit innerhalb einer Minute ankommenden Gespräche. Die Zufallsvariable X sei Poisson-verteilt mit dem Parameter 2,65. Dann lauten die Wahrscheinlichkeiten

$$P(X = k) = \frac{2{,}65^k}{k!} \cdot e^{-2{,}65} \quad \text{für } k = 0, 1, 2, \ldots.$$

$p_0 = P(X = 0) = e^{-2{,}65} = 0{,}0707$ (gerundet) ergibt den ersten Wert. Zur Berechnung der weiteren Wahrscheinlichkeiten benutzen wir die Rekursionsformel

$$p_{k+1} = P(X = k+1) = \frac{2{,}65}{k+1} \cdot p_k \quad \text{für } k = 0, 1, 2, \ldots$$

Dadurch erhält man die gerundeten Werte der Poisson-Verteilung

k	0	1	2	3	4	5	6	7
p_k	0,0707	0,1872	0,2481	0,2191	0,1452	0,0769	0,0340	0,0129

Das Stabdiagramm dieser Poisson-verteilten Zufallsvariablen X ist in der nachfolgenden Abbildung dargestellt.

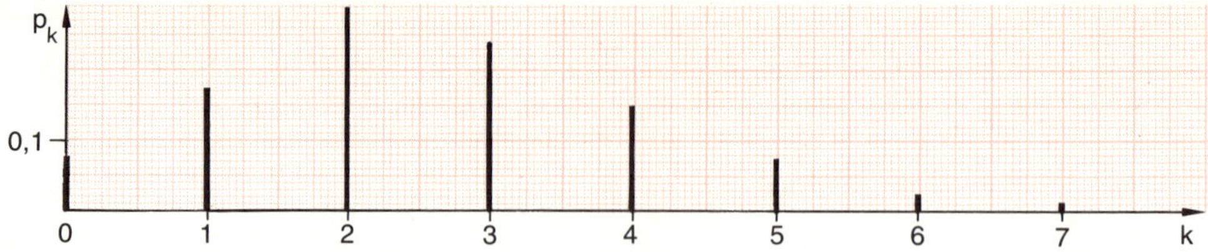

Die Wahrscheinlichkeit dafür, daß innerhalb von einer Minute höchstens 7 Gespräche ankommen, lautet

$$P(X \leq 7) = \sum_{k=0}^{7} p_k \approx 0{,}9941.$$

Mit Wahrscheinlichkeit $1 - P(X \leq 7) \approx 0{,}0059$ kommen dann innerhalb einer Minute mehr als 7 Gespräche an. Alle Werte von $k = 8$ an besitzen zusammen die Wahrscheinlichkeit 0,0059. Diese kleine Wahrscheinlichkeit fehlt in der Verteilung der obigen Tabelle.

Für die Zufallsvariable X gilt $E(X) = Var(X) = 2{,}65$.

1. Die Anzahl X der Tore, die eine Fußballmannschaft der Bundesliga pro Heimspiel schießt, sei näherungsweise Poisson-verteilt mit $E(X) = 2{,}4$.
Berechnen Sie $P(X = k)$ für $0 \leq k \leq 7$.

Aufgaben

2. X sei eine Poisson-verteilte Zufallsvariable mit $E(X) = 2$.
Berechnen Sie $P(X \leq 5)$.

3. Es sei bekannt, daß sich von 50 000 Einwohner pro Jahr im Durchschnitt zwei Personen selbst töten. Mit welcher Wahrscheinlichkeit finden in einer Stadt mit 100 000 Einwohnern während eines Jahres mehr als 7 Selbstmorde statt?

4. Die Wahrscheinlichkeit, daß eine zufällig ausgewählte Ware einem Qualitätstest nicht genügt, sei $p = 0{,}0003$. Mit welcher Wahrscheinlichkeit bestehen von 10 000 Stücken mindestens 5 die Prüfung nicht?

5. 2 % der Bevölkerung seien Alkoholiker. Berechnen Sie die Wahrscheinlichkeit dafür, daß unter 100 zufällig ausgewählten Personen mindestens drei Alkoholiker sind
a) mit Hilfe der Binomialverteilung,
b) mit Hilfe der Poisson-Verteilung.

6. Eine Menge flüssiges Glas enthalte 20 Steine. Daraus werden x Flaschen hergestellt. Eine Flasche ist unbrauchbar, wenn sie mindestens einen Stein enthält. Bei der Produktion soll jeder der 20 Steine unabhängig von den anderen mit derselben Wahrscheinlichkeit in jede der x Flaschen gelangen.
Berechnen Sie die mittlere Anzahl der unbrauchbaren Flaschen. Zahlenbeispiele: $x = 20$; $x = 100$; $x = 1\,000$; $x = 5000$.

L 12.5 Geometrische Verteilung

In Abschnitt 10.3 wurde bereits die geometrische Verteilung behandelt, ohne den Begriff Zufallsvariable zu benutzen. Dort wurden die Wahrscheinlichkeiten p_k dafür berechnet, daß genau k unabhängige Versuche benötigt werden, bis ein Ereignis A erstmals eintritt. Die Zufallsvariable X beschreibe die Anzahl der dafür notwendigen Versuche. Falls das Ereignis A bei jedem der unabhängigen Einzelversuche die Wahrscheinlichkeit p besitzt, lautet die Wahrscheinlichkeit

$$p_k = P(X=k) \; = \; p\cdot(1-p)^{k-1} \quad \text{für } k = 1, 2, ...$$

Für $p > 0$ gilt

$$\sum_{k=1}^{\infty} p_k = p\sum_{k=1}^{\infty}(1-p)^{k-1} = p\sum_{i=0}^{\infty}(1-p)^i = p\cdot\frac{1}{1-(1-p)} = 1\,.$$

Damit ist $\{\,(k, p\cdot(1-p)^{k-1}) \mid k=1,2,...\}$ die Verteilung der Zufallsvariablen X mit der Wertemenge $\{1, 2, ...\}$

Eine Zufallsvariable X mit dieser Verteilung heißt **geometrisch verteilt** mit dem **Parameter p.** Zur praktischen Berechnung der Wahrscheinlichkeiten benutzt man die folgende Formel.

Rekursionsformel:

$$P(X = k + 1) = (1-p)\cdot P(X = k),\ k = 1, 2, ... \quad \text{mit } P(X = 1) = p.$$

Beispiel 1: Eine ideale Münze werde so lange geworfen, bis erstmals Wappen erscheint. Die Zufallsvariable X beschreibe die Anzahl der dazu benötigten Würfe. X ist geometrisch verteilt mit dem Parameter $p=\frac{1}{2}$. Die Wahrscheinlichkeiten lauten $P(X=k) = \frac{1}{2^k}$ für $k = 1, 2, 3, ...$

Beispiel 2 (Roulett): Beim Roulett setzt ein Spieler immer auf die Zahl 13, und zwar so lange, bis er erstmals gewinnt. Die Zufallsvariable X beschreibe die Länge einer solche Serie. X ist geometrisch verteilt mit dem Parameter $p = \frac{1}{37}$. Die Wahrscheinlichkeiten lauten

$$P(X=k) = \frac{1}{37}\cdot\left(\frac{36}{37}\right)^{k-1} \quad \text{für } k = 1, 2, 3, ...$$

Für den Erwartungswert und die Varianz einer geometrisch verteilten Zufallsvariablen gilt:

Satz: Für eine mit dem Parameter p geometrisch verteilte Zufallsvariable X gilt

$$E(X) = \frac{1}{p} \quad \text{und} \quad Var(X) = \frac{1-p}{p^2}\,.$$

Beweis:

Zur Berechnung des Erwartungswertes

$$E(X) = \sum_{k=1}^{\infty} k \cdot p_k \;= p \sum_{k=1}^{\infty} k \cdot (1-p)^{k-1}$$

benutzen wir die Darstellung

$$\begin{aligned}
\sum_{k=1}^{\infty} k \cdot (1-p)^{k-1} \;=\; & 1 + 2(1-p) + 3(1-p)^2 + 4(1-p)^3 + \dots \\
= \quad & 1 \quad + (1-p) \quad + (1-p)^2 \quad + (1-p)^3 + (1-p)^4 + \dots \\
& + (1-p) \;+ (1-p)^2 \;+ (1-p)^3 \;+ (1-p)^4 + (1-p)^5 + \dots \\
& + (1-p)^2 + (1-p)^3 \;+ (1-p)^4 \;+ (1-p)^5 + (1-p)^6 + \dots \\
& + (1-p)^3 + (1-p)^4 \;+ (1-p)^5 \;+ (1-p)^6 + (1-p)^7 + \dots \\
& + (1-p)^4 + (1-p)^5 \;+ (1-p)^6 \;+ (1-p)^7 + (1-p)^8 + \dots \\
& + \qquad\qquad \cdots
\end{aligned}$$

Addiert man in diesem Schema die Summanden spaltenweise, so geht diese Summe über in

$$\sum_{i=0}^{\infty} (1-p)^i + (1-p)\sum_{i=0}^{\infty} (1-p)^i + (1-p)^2\sum_{i=0}^{\infty} (1-p)^i + (1-p)^3\sum_{i=0}^{\infty} (1-p)^i$$

$$+ (1-p)^4\sum_{i=0}^{\infty} (1-p)^i \;+\; (1-p)^5\sum_{i=0}^{\infty} (1-p)^i \;+ \dots$$

Mit $\sum_{i=0}^{\infty} (1-p)^i = \dfrac{1}{1-(1-p)} = \frac{1}{p}$ erhält man hieraus

$$\sum_{k=1}^{\infty} k \cdot (1-p)^{k-1} = \frac{1}{p}\sum_{i=0}^{\infty} (1-p)^i \;=\; \frac{1}{p}\cdot\frac{1}{p}\,.$$

Daraus folgt

$$E(X) = \sum_{k=1}^{\infty} k \cdot p_k \;= p \cdot \sum_{k=1}^{\infty} k \cdot (1-p)^{k-1} = p \cdot \frac{1}{p} \cdot \frac{1}{p} = \frac{1}{p}\,.$$

$$\begin{aligned}
E(X^2) &= \sum_{k=1}^{\infty} k^2 \cdot p_k \;=\; \sum_{k=1}^{\infty} k^2 \cdot p \cdot (1-p)^{k-1} \\
&= \sum_{i=0}^{\infty} [(i+1)^2 \cdot p \cdot (1-p)^i \;=\; \sum_{i=0}^{\infty} (i^2 + 2i + 1) \cdot p \cdot (1-p)^i \\
&= \sum_{i=1}^{\infty} i^2 \cdot p \cdot (1-p)^i + 2\sum_{i=1}^{\infty} i \cdot p \cdot (1-p)^i + \sum_{i=0}^{\infty} p \cdot (1-p)^i \\
&= (1-p) \underbrace{\sum_{i=1}^{\infty} i^2 \cdot p \cdot (1-p)^{i-1}}_{= E(X^2)} + 2(1-p)\, p \underbrace{\sum_{i=1}^{\infty} i \cdot (1-p)^{i-1}}_{= E(X)} + 1 \\
&= (1-p) \cdot E(X^2) + \frac{2(1-p)}{p} + 1.
\end{aligned}$$

Hieraus erhält man für $E(X^2)$ die Gleichung

$$p \cdot E(X^2) = \frac{2}{p} - 1 \quad \text{mit der Lösung} \quad E(X^2) = \frac{2-p}{p^2}.$$

Daraus folgt

$$Var(X) = E(X^2) - [E(X)]^2 = \frac{2-p}{p^2} - \frac{1}{p^2} = \frac{1-p}{p^2}$$

Beispiel 3 (Roulett): Die Zufallsvariable aus Beispiel 2 besitzt den Erwartungswert $E(X) = 37$ und die Varianz $Var(X) = 37^2 \cdot (1 - \frac{1}{37}) = 37 \cdot 36 = 1\,332$ sowie die Standardabweichung $\sigma = \sqrt{1\,332} \approx 36{,}50$.
Die Interpretation der Standardabweichung kann erst in Abschnitt 14.2 gebracht werden.

Die Verteilungsfunktion F der geometrisch verteilten Zufallsvariablen läßt sich sehr einfach berechnen. Für jede natürliche Zahl $n \in \mathbb{N}^*$ gilt nach der Formel für die geometrische Reihe

$$F(n) = P(X \leq n) = \sum_{k=1}^{n} P(X = k) = \sum_{k=1}^{n} p \cdot (1-p)^{k-1}$$

$$= \sum_{i=0}^{n-1} p \cdot (1-p)^i = p \cdot \frac{1-(1-p)^n}{1-(1-p)} = 1 - (1-p)^n .$$

Diese Formel kann man einfacher durch folgende Überlegung gewinnen:
Das Ereignis $(X > n)$ tritt ein, wenn bei den ersten n Versuchen das Ereignis A nicht eintritt, wenn also jeweils das Komplementärereignis $\overline{A}$ eintritt. Die Wahrscheinlichkeit dafür ist $(1-p)^n$. Hieraus erhält man ebenfalls

$$F(n) = P(X \leq n) = 1 - P(X > n) = 1 - (1-p)^n .$$

Zwischen den Sprungstellen ist die Verteilungsfunktion F konstant.

Aufgaben

1. Ein idealer Würfel werde so lange geworfen bis erstmals eine 6 erscheint. Die Zufallsvariable X beschreibe die Anzahl der benötigten Würfe.
a) Bestimmen Sie die Wahrscheinlichkeiten $p_k = P(X = k)$ für $k \leq 16$.
b) Berechnen Sie $E(X)$ und $Var(X)$.
c) Berechnen Sie $P(|X - E(X)| \leq 2 \cdot \sqrt{Var(X)})$.

2. Eine Maschine produziere 3 % Ausschuß. Von der Produktion werden so viele Stücke untersucht, bis ein fehlerhaftes gefunden wird.
a) Wie groß ist die Wahrscheinlichkeit dafür, daß höchstens n Stücke untersucht werden müssen?
b) Wieviel Stücke müssen im Mittel untersucht werden?
c) Bestimmen Sie die Streuung der entsprechenden Zufallsvariablen.

3. Ein Angetrunkener kommt nach Haus und will die Wohnungstür aufschließen. Er hat 20 Schlüssel, von denen nur einer paßt. Er wählt so lange zufällig einen aus, bis er den passenden gefunden hat. Die Zufallsvariable X beschreibe die Anzahl der notwendigen Versuche.
Berechnen Sie den Erwartungswert und die Varianz von X beim Ziehen
a) mit Zurücklegen, b) ohne Zurücklegen.

13 Stetige Zufallsvariable

13.1 Standardnormalverteilung

Histogramme standardisierter Binomialverteilungen

Beispiel 1 (Schraubenautomat): Ein Automat produziert Schrauben. Dabei sind 10 % der Produktion unbrauchbar. Aus der Produktion dieser Maschine werden 400 Schrauben zufällig ausgewählt. Wie groß ist die Wahrscheinlichkeit dafür, daß unter diesen 400 Schrauben höchstens 55 unbrauchbar sind?
Jede zufällig ausgewählte Schraube ist mit der Wahrscheinlichkeit 0,1 unbrauchbar. Die Zufallsvariable X, welche die Anzahl der unbrauchbaren unter 400 ausgewählten Schrauben beschreibt, ist binomialverteilt. Die Parameter sind n =400 und p = 0,1. Daher lautet die gesuchte Wahrscheinlichkeit

$$P(X \leq 55) = \sum_{k=0}^{55} \binom{400}{k} \cdot (0{,}1)^k \cdot (0{,}9)^{400-k} .$$

Selbst mit einem guten Taschenrechner ist diese Summe nur sehr mühsam und möglicherweise auch nur sehr ungenau auszurechnen. Aus diesem Grund versuchen wir, eine numerisch bequeme Näherungsformel zu entwickeln.
Den Weg zu dieser Näherungsformel beschreibt das unter dem Namen **"Galton-Brett"** bekannte Experiment.

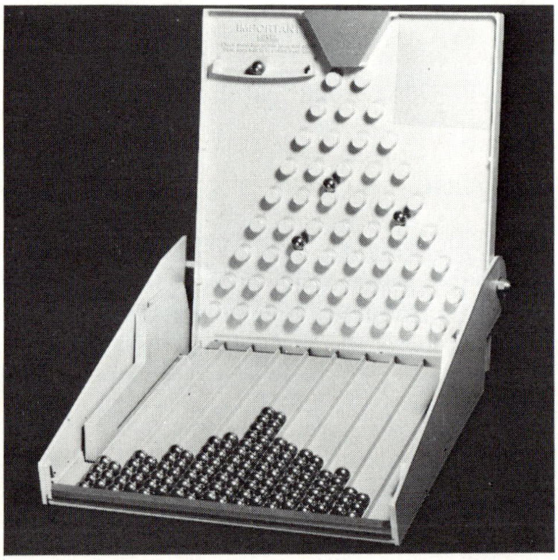

Auf einem Brett werden n Reihen von Keilen in regelmäßiger Form angebracht (s. nebenstehendes Bild), und zwar in der k-ten Reihe genau k Keile. Eine Kugel, die dieses Brett herunter rollt, wird in jeder Reihe mit der Wahrscheinlichkeit 0,5 nach rechts bzw. links abgelenkt. Die Anzahl der Ablenkungen nach rechts (bzw. nach links) ist daher binomialverteilt mit den Parametern n und p = 0,5. Läßt man viele Kugeln herunterfallen, so beobachtet man in den unter der letzten Reihe befindlichen Fächern eine glockenmäßige Verteilung. Wir versuchen, diese **Glockenkurve** mathematisch zu beschreiben.

Die n + 1 Fächer werden von links nach rechts von 0 bis n durchnumeriert. Die Nummer X_n des Faches, in den die Kugel fällt, ist binomialverteilt mit den Parametern n und p = 0,5. Denn X_n nimmt den Wert k genau dann an, wenn die Kugel an k Reihen nach rechts und an den übrigen n – k Reihen nach links abgelenkt wird für k = 0, 1, 2, ..., n. Daher gilt

$$P(X_n = k) = \binom{n}{k} \cdot p^k \cdot (1-p)^{n-k} = \binom{n}{k} \cdot \frac{1}{2^n} .$$

Im nachfolgenden Bild sind die Wahrscheinlichkeiten dieser speziellen Binomialverteilung in Form von Histogrammen dargestellt.

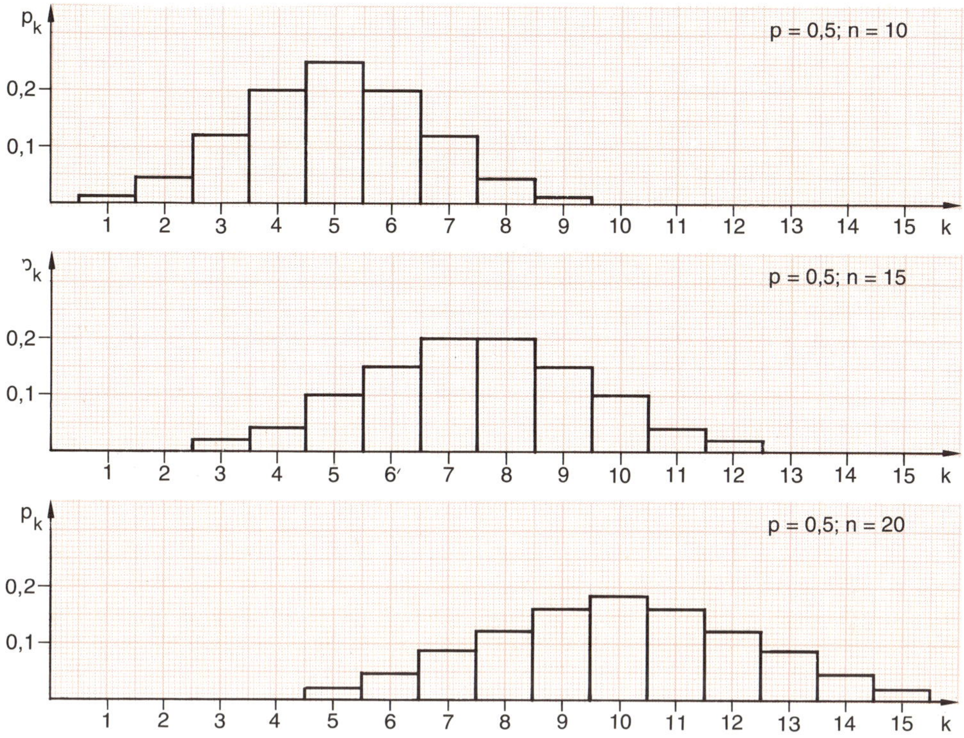

Den Wahrscheinlichkeiten $P(X_n = k)$ entsprechen die Rechtecke mit der Breite Eins, den Höhen $h_k = P(X_n = k)$ und den Mittelpunkten k auf der x-Achse. Mit n wächst die Anzahl der Rechtecke, die Höhen werden jedoch immer niedriger. Außerdem "wandern" die Histogramme immer weiter nach rechts. Um die Histogramme besser miteinander vergleichen zu können, werden die Zufallsvariablen X_n linear transformiert.

Allgemein sei die Zufallsvariable X_n binomialverteilt mit den Parametern n und p mit $0 < p < 1$. Für die binomialverteilte Zufallsvariable X_n gilt

$$E(X_n) = n \cdot p \qquad \text{und} \qquad Var(X_n) = n \cdot p \cdot (1 - p).$$

Das "Abwandern" der Histogramme nach rechts wird dadurch verhindert, daß man anstelle der Zufallsvariablen X_n die Zufallsvariable $X_n - n \cdot p$ betrachtet mit $E(X_n - n \cdot p) = 0$. Wegen

$$Var(X_n - n \cdot p) = Var(X_n) = n \cdot p \cdot (1 - p)$$

besitzt diese Zufallsvariable die gleiche Varianz wie die Ausgangsvariable X_n. Division durch die Standardabweichung ergibt die sogenannte **standardisierte Zufallsvariable**

$$X_n^* = \frac{X_n - E(X_n)}{\sqrt{Var(X_n)}} = \frac{X_n - n\,p}{\sqrt{n\,p\,(1-p)}} .$$

Für jedes n besitzt X_n^* den Erwartungswert 0 und die Varianz 1.

Die Wertemenge der Zufallsvariablen X_n^* ist $\left\{ \frac{k-np}{\sqrt{np(1-p)}} \mid k = 0, 1, \ldots, n \right\}$.

Der Abstand zweier benachbarter Werte von X_n beträgt $\frac{1}{\sqrt{np(1-p)}}$.

Da X_n^* den Wert $\frac{k-np}{\sqrt{np(1-p)}}$ genau dann annimmt, wenn $X_n = k$ ist, gilt

$$P\left(X_n^* = \frac{k-np}{\sqrt{np(1-p)}} \right) = P(X_n = k) = \binom{n}{k} \cdot p^k \cdot (1-p)^{n-k} = p_k.$$

Im nachfolgenden Bild sind die Histogramme der standardisierten Zufallsvariablen X_{10}^*, X_{15}^*, X_{20}^* mit $p = \frac{1}{2}$ skizziert. Damit die Flächeninhalte der Rechtecke wieder den Wahrscheinlichkeiten p_k entsprechen, müssen die Höhen als $p_k \cdot \sqrt{np(1-p)}$ gewählt werden, da ja die Rechtecksbreiten $\frac{1}{\sqrt{np(1-p)}}$ betragen. Ihre Mittelpunkte auf der x-Achse sind $\frac{k-np}{\sqrt{np(1-p)}}$ für $k = 0, 1, \ldots, n$.

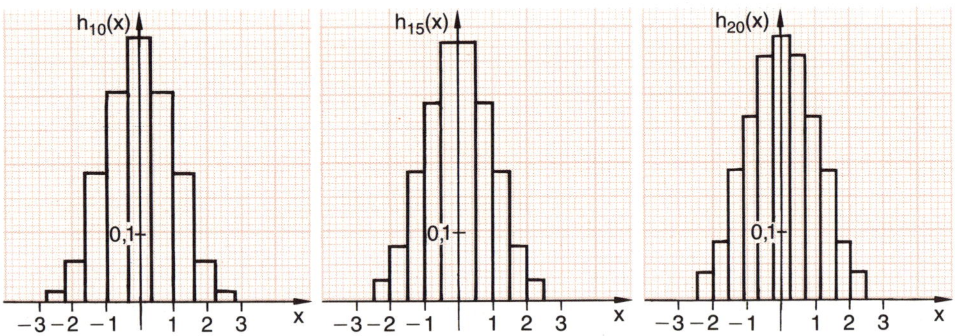

Die Gleichungen zu den Histogramme lauten

$$h_n(x) = \begin{cases} p_k \cdot \sqrt{np(1-p)} & \text{für } \frac{k-np-\frac{1}{2}}{\sqrt{np(1-p)}} < x \leq \frac{k-np+\frac{1}{2}}{\sqrt{np(1-p)}} \\ 0 & \text{sonst.} \end{cases}$$

Wie man im obigen Bild erkennen kann, nehmen diese Histogramme h_n mit wachsendem n immer deutlicher eine glockenförmige Gestalt an.

Allgemein kann man zeigen, daß für jedes p mit $0 < p < 1$ die Histogramme der standardisierten binomialverteilten Zufallsvariablen X_n^* gegen eine Grenzfunktion konvergieren. Es gilt

$$\lim_{n \to \infty} h_n(x) = \varphi(x) = \frac{1}{\sqrt{2\pi}} \cdot e^{-\frac{x^2}{2}} \quad \text{für alle } x \in \mathbb{R}.$$

Darüber hinaus gilt noch der folgende Satz, dessen Beweis hier nicht geführt werden kann.

Satz von De Moivre-Laplace: X_n seien binomialverteilte Zufallsvariable mit den Parametern n und p, $0 < p < 1$, $n = 1, 2, 3, \ldots$. Dann gilt für beliebige endliche Intervalle $[u, v]$ für die standardisierten Zufallsvariablen

$$X_n^* = \frac{X_n - np}{\sqrt{np(1-p)}}$$

$$\lim_{n \to \infty} P(u \leq X_n^* \leq v) = \frac{1}{\sqrt{2\pi}} \cdot \int_u^v e^{-\frac{x^2}{2}} \, dx \; .$$

Die Standardnormalverteilung

$\varphi(x) = \frac{1}{\sqrt{2\pi}} \cdot e^{-\frac{x^2}{2}}$ beschreibt die sogenannte **Gaußsche Glockenkurve.** Der Graph von φ ist in der nebenstehenden Abbildung skizziert. Er liegt symmetrisch zur Geraden mit $x = 0$ (y-Achse) und hat an der Stelle 0 das Maximum. Die Wendepunkte liegen an den Stellen $+1$ und -1. Die Kurve schließt mit der x-Achse eine Fläche mit dem Inhalt 1 ein.

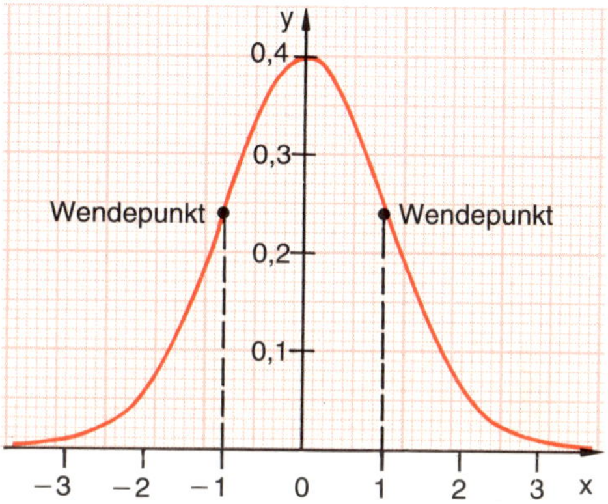

Definition (Standardnormalverteilung): Eine Zufallsvariable Z, für welche die Wahrscheinlichkeiten $P(a \leq Z \leq b)$ für alle reellen a und b mit $a \leq b$ durch

$$P(a \leq Z \leq b) = \int_a^b \varphi(z) \, dz = \frac{1}{\sqrt{2\pi}} \int_a^b e^{-\frac{z^2}{2}} \, dz$$

erklärt sind, heißt **standardnormalverteilt** oder auch **N(0; 1)-verteilt.** Die Funktion φ heißt die **Dichte** der Zufallsvariablen Z.

Durch

$$\Phi(z) = P(Z \leq z) = \int_{-\infty}^{z} \varphi(u) \, du = \frac{1}{\sqrt{2\pi}} \int_{-\infty}^{z} e^{-\frac{u^2}{2}} \, du$$

wird die **Verteilungsfunktion** Φ der Standardnormalverteilung erklärt.

$\Phi(z)$ ist also gleich dem Flächeninhalt zwischen der Gaußschen Glockenkurve und der x-Achse links von z. Wegen

$$P(Z > z) = 1 - P(Z \leq z) = 1 - \Phi(z)$$

ist der Inhalt der Fläche rechts von z gleich $1 - \Phi(z)$.

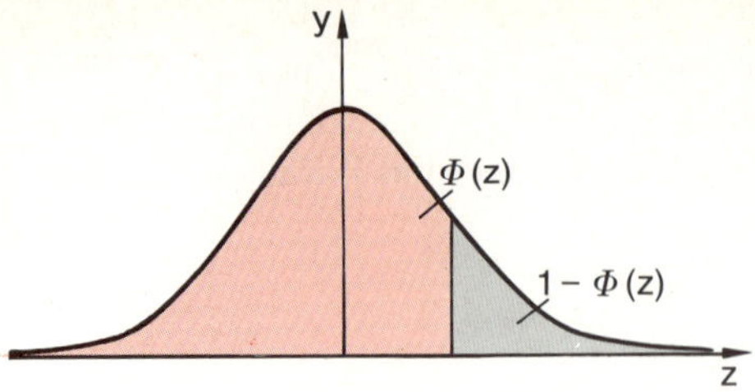

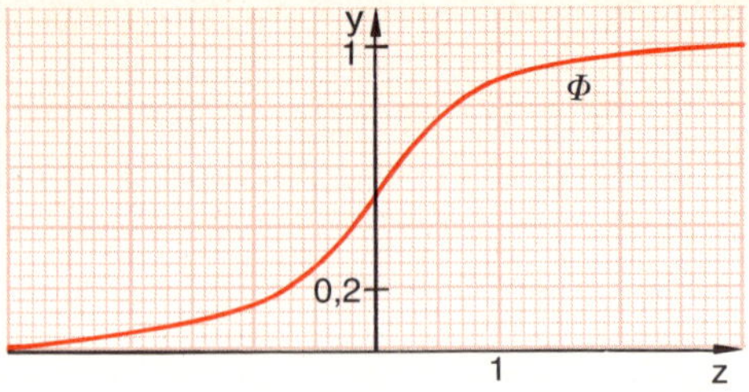

Leider ist $\Phi(z)$ nicht geschlossen angebbar. Die Funktionswerte $\Phi(z)$ müssen daher mit Hilfe numerischer Verfahren näherungsweise bestimmt werden. Sie können beliebig genau berechnet werden.

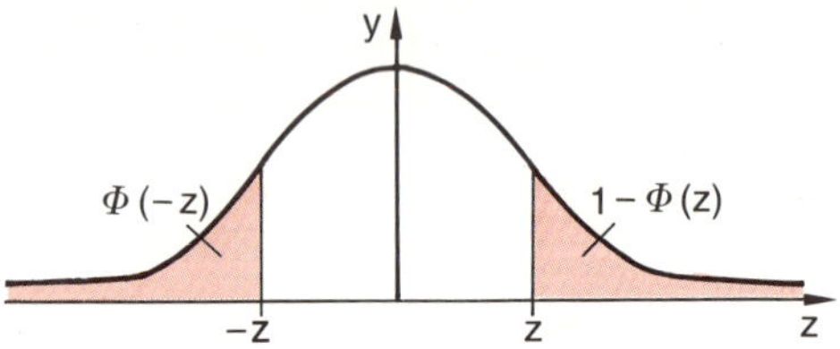

Wegen der Symmetrie der Dichte φ zur Stelle $s = 0$ sind die beiden in der nebenstehenden Abbildung dargestellten Flächen gleich. Daher gilt für jedes $z > 0$

$$\Phi(-z) = 1 - \Phi(z).$$

Damit genügt die Tabellierung der Verteilungsfunktion Φ für nicht-negative Werte z (s. Tabelle 1 im Anhang). Speziell gilt $\Phi(0) = 0{,}5$.

Aus der Tabelle 1 erhält man z. B.

$$\Phi(0{,}24) = 0{,}5948; \quad \Phi(-1{,}25) = 1 - \Phi(1{,}25) = 1 - 0{,}8944 = 0{,}1056.$$

Mit Hilfe der Verteilungsfunktion Φ können auch die Wahrscheinlichkeiten für Intervalle berechnet werden. Anhand der Bilder macht man sich klar, daß für $a \leq b$ gilt $P(Z \leq b) = P(Z \leq a) + P(a < Z \leq b)$.

Daraus folgt

$$P(a < Z \leq b) = P(Z \leq b) - P(Z \leq a) = \Phi(b) - \Phi(a) .$$

Für $a = b = z$ erhält man speziell

$$P(Z = z) = P(z \leq Z \leq z) = \Phi(z) - \Phi(z) = 0.$$

Jedes Element z aus der Wertemenge $\mathbb{R}$ besitzt also die Wahrscheinlichkeit 0.

Weil jeder einzelne Punkt die Wahrscheinlichkeit Null besitzt, können die Intervallgrenzen weggelassen oder dazugenommen werden, ohne daß sich die Wahrscheinlichkeit ändert. Es gilt also:

$$P(a < Z \leq b) = P(a \leq Z \leq b) = P(a \leq Z < b) = P(a < Z < b) = \Phi(b) - \Phi(a) .$$

Beispiel 2: Aus der Tabelle 1 im Anhang erhält man die Wahrscheinlichkeiten

$$P(Z \leq 1) = 0{,}8413 ; \quad P(Z \leq 2{,}5) = 0{,}9938 ;$$

$$P(-0{,}5 \leq Z \leq 1{,}4) = \Phi(1{,}4) - \Phi(-0{,}5) = \Phi(1{,}4) - [1 - \Phi(0{,}5)]$$
$$= \Phi(1{,}4) + \Phi(0{,}5) - 1 = 0{,}9192 + 0{,}6915 - 1 = 0{,}6107.$$

Für jede reelle Zahl $k > 0$ gilt speziell

$$P(-k \leq Z \leq k) = \Phi(k) - \Phi(-k) = \Phi(k) - [1 - \Phi(k)] = 2 \cdot \Phi(k) - 1.$$

Zum Beispiel ist

$$\begin{aligned} P(-1 \leq Z \leq 1) &= \Phi(1) - \Phi(-1) = 2 \cdot \Phi(1) - 1 \\ &\approx 2 \cdot 0{,}8413 - 1 = 0{,}6826 . \end{aligned}$$

Aus

$$P(Z \leq z) + P(Z \geq z) = 1$$

erhält man:

$$P(Z \geq z) = P(Z > z) = 1 - \Phi(z) \quad \text{für jedes } z \in \mathbb{R}.$$

1. Es sei Z eine standardnormalverteilte Zufallsvariable. Berechnen Sie folgende Wahrscheinlichkeiten

a) $P(Z \leq 0{,}2)$; b) $P(-1{,}5 \leq Z < 1{,}5)$; c) $P(-0{,}2 \leq Z \leq 2)$; d) $P(|Z| \leq 0{,}8)$.

2. Berechnen Sie folgende Wahrscheinlichkeiten
a) $P(-1{,}21 \leq Z \leq 1{,}21)$; b) $P(-2 \leq Z \leq 2)$; c) $P(-3 \leq Z \leq 3)$.

3. Z sei eine standardnormalverteilte Zufallsvariable. Berechnen Sie folgende Wahrscheinlichkeiten
a) $P(Z \geq -0{,}5)$; b) $P(|Z| \geq 1)$; c) $P(|Z| > 0{,}5)$.

Approximation der Binomialverteilung durch die Standardnormalverteilung

Es sei X eine beliebige binomialverteilte Zufallsvariable mit den Parametern n und p . Dann besitzt X den Erwartungswert $E(X) = np$ und die Standardabweichung $\sqrt{np(1-p)}$. Damit lautet ihre Standardisierung

$$X_n^* = \frac{X - np}{\sqrt{np(1-p)}} .$$

Nach dem Satz von Moivre-Laplace gilt für große n die Näherung

$$P\left(u \leq \frac{X - np}{\sqrt{np(1-p)}} \leq v\right) \approx \frac{1}{\sqrt{2\pi}} \cdot \int_u^v e^{-\frac{x^2}{2}} dx = \Phi(v) - \Phi(u).$$

Im Grenzwert $n \to \infty$ gilt dabei das Gleichheitszeichen. Somit können für große n die Wahrscheinlichkeiten einer binomialverteilten Zufallsvariablen X über die Standardisierung näherungsweise mit Hilfe der Verteilungsfunktion Φ der

Standardnormalverteilung berechnet werden. Vergleichsrechnungen haben gezeigt, daß eine für die praktische Rechnung ausreichende Genauigkeit bereits dann erzielt wird, wenn die Bedingung $Var(X) = np(1-p) > 9$ erfüllt ist. Für $p = \frac{1}{2}$ genügt $n > 36$. Falls jedoch p in der Nähe von Null bzw. Eins liegt, muß der Parameter n entsprechend groß sein. Für $p = 0{,}05$ folgt aus $n \cdot 0{,}05 \cdot 0{,}95 > 9$ die Bedingung $n \geq 190$. Für $p = 0{,}99$ ergibt sich $n \geq 910$.

Zur Berechnung der Wahrscheinlichkeit $P(a \leq X \leq b)$ führt man die Standardisierung auch bei den Grenzen a und b durch und erhält

$$P(a \leq X \leq b) = P\left(\frac{a-np}{\sqrt{np(1-p)}} \leq \frac{X-np}{\sqrt{np(1-p)}} \leq \frac{b-np}{\sqrt{np(1-p)}}\right)$$

$$= \Phi\left(\frac{b-np}{\sqrt{np(1-p)}}\right) - \Phi\left(\frac{a-np}{\sqrt{np(1-p)}}\right).$$

Die Approximationsgenauigkeit wird vor allem bei kleinerem n durch folgende Korrektur verbessert:

Approximationseigenschaft: X sei binomialverteilt mit den Parametern n und p mit $np(1-p) > 9$. Dann gelten für die ganzzahligen Werte k, k_1, k_2 mit $k_1 < k_2$ die Näherungen

$$P(k_1 \leq X \leq k_2) \approx \Phi\left(\frac{k_2+0{,}5-np}{\sqrt{np(1-p)}}\right) - \Phi\left(\frac{k_1-0{,}5-np}{\sqrt{np(1-p)}}\right);$$

$$P(X_n = k) \approx \Phi\left(\frac{k+0{,}5-np}{\sqrt{np(1-p)}}\right) - \Phi\left(\frac{k-0{,}5-np}{\sqrt{np(1-p)}}\right);$$

$$P(X_n \leq k) \approx \Phi\left(\frac{k+0{,}5-np}{\sqrt{np(1-p)}}\right).$$

Das Korrekturglied $\pm\, 0{,}5$ ist nach den auf Seite 153 gezeichneten Histogrammen plausibel.

Beispiel 3 (Schraubenautomat): In Beispiel 1 ist X eine binomialverteilte Zufallsvariable mit den Parametern $n = 400$ und $p = 0{,}1$. Sie besitzt den Erwartungswert $E(X) = 400 \cdot 0{,}1 = 40$ und die Varianz $Var(X) = 400 \cdot 0{,}1 \cdot 0{,}9 = 36$. Da die Varianz größer als 9 ist, ist die Voraussetzung für die Approximation erfüllt. Damit erhält man für die gesuchte Wahrscheinlichkeit die Näherung

$$P(X \leq 55) \approx \Phi\left(\frac{55+0{,}5-40}{\sqrt{36}}\right) = \Phi\left(\frac{15{,}5}{6}\right) \approx \Phi(2{,}5833) \approx 0{,}9951.$$

Die gerundete genaue Wahrscheinlichkeit für die Binomialverteilung lautet $P(X \leq 55) = 0{,}9934$.

4. Ein Drittel aller Ehepaare sei kinderlos. Stellt man zufällig eine Gruppe von 120 Ehepaaren zusammen, so beschreibe X die Anzahl der darunter befindlichen kinderlosen Ehepaare.
a) Berechnen Sie den Erwartungswert und die Varianz von X.
b) Wie groß ist die Wahrscheinlichkeit, daß sich nicht mehr als 48 kinderlose Ehepaare unter den ausgewählten 120 Ehepaaren befinden?
c) Berechnen Sie $P(30 < X \leq 50)$.

Quantile

Oft möchte man wissen, an welcher Stelle z die Verteilungsfunktion Φ einen bestimmten Wert, z. B. $\Phi(z) = 0{,}95$, annimmt. Die Stelle z heißt das 0,95-**Quantil.** Quantile sind in Tabelle 2 im Anhang vertafelt.

Aus Tabelle 2 erhält man z. B. $\Phi(z) = 0{,}5$; $z = 0$; $\Phi(z) = 0{,}90$; $z = 1{,}282$; $\Phi(z) = 0{,}99$; $z = 2{,}326$; $\Phi(z) = 0{,}9999$; $z = 3{,}719$.

Beispiel 4 (Schraubenautomat): Gesucht ist ein ganzzahliger Zahlenwert k, so daß die Wahrscheinlichkeit $P(X \leq k)$ ungefähr gleich 0,99999 ist. Nach Beispiel 3 gilt

$$P(X \leq k) \approx \Phi\left(\frac{k + 0{,}5 - 40}{\sqrt{36}}\right) = \Phi\left(\frac{k - 39{,}5}{6}\right) \approx 0{,}9999.$$

Die Verteilungsfunktion Φ muß an der Stelle $\frac{k - 39{,}5}{6}$ ungefähr gleich 0,9999 sein. Aus Tabelle 2 erhält man $\frac{k - 39{,}5}{6} = 3{,}719$. Hieraus ergibt sich der gerundete Wert $k = 62$ mit $P(X \leq 62) \approx 0{,}9999$. Mit Wahrscheinlichkeit 0,9999 sind also von 400 zufällig ausgewählten Schrauben höchstens 62 Stück fehlerhaft.

5. Für welchen Wert k gilt für die Zufallsvariable X aus Beispiel 1
$P(X \leq k) \approx 0{,}999999$? Interpretieren Sie das Ergebnis.

Bemerkung:
Die auf Seite 153 eingeführte Standardisierung X_n^* der binomialverteilten Zufallsvariablen X_n besitzt den Erwartungswert 0 und die Varianz 1. Damit ist es plausibel, daß auch für eine standardnormalverteilte Zufallsvariable Z gilt

$$E(Z) = 0 \qquad \text{und} \qquad Var(Z) = 1\,.$$

Man nennt die Zufallsvariable Z auch N(0;1)-verteilt. Dabei stellt die Zahl 0 den Erwartungswert und 1 die Standardabweichung der zugehörigen Zufallsvariablen dar.

Die Dichte φ ist symmetrisch zur y-Achse. Daher stimmt die Symmetriestelle $s = 0$ mit dem Erwartungswert überein.

6. Sie haben ein Tier in einem Versuchskäfig so dressiert, daß es auf ein Lichtsignal mit Wahrscheinlichkeit $\frac{2}{3}$ einen Hebel betätigt. Bei einer längeren Versuchsreihe wird das Lichtsignal 72 mal gegeben. Wie groß ist die Wahrscheinlichkeit, daß dabei der Hebel
a) mindestens 50 mal
b) mindestens 40 und höchstens 60 mal betätigt wird?

7. Eine Ladung Saatgut wird in Paketen zu je (etwa) 1000 Samenkörnern verkauft. Von früheren Prüfungen sei bekannt, daß etwa 4 % der Körner nicht der Sorte des Saatguts angehören. Wie groß ist die Wahrscheinlichkeit, daß in einem zufällig ausgewählten Paket mehr als 10 solche fremden Körner sind?

8. Aus langjähriger Erfahrung weiß man, daß ein bestimmter chirurgischer Eingriff nur zu 75 % erfolgreich durchgeführt werden kann. Wie groß ist die Wahrscheinlichkeit, daß von den nächsten 100 Eingriffen
a) weniger als 75, b) mehr als 80
mit Erfolg verlaufen?

9. Zwei Maschinen produzieren Einzelteile A_1 und A_2 für den Zusammenbau eines Geräts. Das Gerät arbeitet nur dann einwandfrei, wenn beide Teile in Ordnung sind. Es ist bekannt, daß beide Maschinen unabhängig voneinander 5 % Ausschuß produzieren. Wie groß ist die Wahrscheinlichkeit, daß von 1000 zusammengebauten Geräten
a) mindestens 950, b) mindestens 980 einwandfrei arbeiten?

10. Die Wahrscheinlichkeit einer Mädchengeburt sei $p = 0{,}4865$. Es werden 10 000 Kinder zufällig ausgewählt. Mit welcher Wahrscheinlichkeit befinden sich darunter
a) höchstens 4 950 ; b) mindestens 5 000 Mädchen?
c) Berechnen Sie die Wahrscheinlichkeit dafür, daß sich darunter mindestens 4 850, aber höchstens 4 950 Mädchen befinden.

L 11. Vom Ort A fahren gleichzeitig zwei Züge nach B, die von insgesamt 1000 Personen benutzt werden. Jede Person steige unabhängig von den anderen mit Wahrscheinlichkeit $p = 0{,}5$ in einen der beiden Züge ein. Wie viele Sitzplätze muß jeder der Züge mindestens haben, wenn die Wahrscheinlichkeit dafür, daß alle Personen einen Sitzplatz erhalten, mindestens gleich 0,99 sein soll?
Hinweis: X_1 bzw. X_2 beschreibe die Anzahl der Personen, die den ersten bzw. zweiten Zug besteigen. Diese Zufallsvariablen sind nicht unabhängig.
Aus $P(X_1 + X_2 = 1\,000) = 1$ folgt $P(X_2 \leq m) = P(X_1 \geq 1\,000 - m)$. Gesucht ist das minimale m mit $P(X_1 \leq m, X_2 \leq m) \geq 0{,}99$.

L 13.2 Allgemeine Normalverteilung

Eine Zufallsvariable X heißt normalverteilt, wenn ihre Standardisierung standardnormalverteilt ist.

> **Definition**: Die Zufallsvariable X besitze den Erwartungswert $\mu = E(X)$ und die Varianz $\sigma^2 = Var(X)$. Falls ihre Standardisierung
>
> $$X^* = \frac{X - E(X)}{\sqrt{Var(X)}} = \frac{X - \mu}{\sigma} = Z$$
>
> N(0 ; 1)-verteilt ist, heißt X **normalverteilt** oder **N(μ ; σ)-verteilt.**

Wegen $\frac{X-\mu}{\sigma} = Z$ gilt für die N(μ ; σ)-verteilte Zufallsvariable X die Darstellung

$$X = \mu + \sigma \cdot Z\ ,$$

wobei Z eine N(0 ; 1)-verteilte Zufallsvariable ist.

Viele Zufallsvariable, welche bestimmte Größen, z. B. Längen oder Gewichte beschreiben, sind wenigstens näherungsweise normalverteilt.

Verteilungsfunktion und Dichte

Die N(μ ; σ)- verteilte Zufallsvariable X besitzt die Verteilungsfunktion

$$F(x) = P(X \leq x) = P\left(\frac{X-\mu}{\sigma} \leq \frac{x-\mu}{\sigma}\right) = P\left(Z \leq \frac{x-\mu}{\sigma}\right) = \Phi\left(\frac{x-\mu}{\sigma}\right).$$

Dabei ist Φ die Verteilungsfunkltion der Standardnormalverteilung. Die Dichte f(x) der Zufallsvariablen X erhält man durch Differentiation von F(x) als

$$f(x) = F'(x) = \Phi'\left(\frac{x-\mu}{\sigma}\right) = \frac{1}{\sigma} \cdot \varphi\left(\frac{x-\mu}{\sigma}\right) = \frac{1}{\sqrt{2\pi\sigma^2}} \cdot e^{-\frac{(x-\mu)^2}{2\sigma^2}}.$$

Die Dichte ist symmetrisch zur Stelle μ. Je größer die Standardabweichung σ ist, desto flacher verläuft die Kurve. Zwischen der Dichte f und der x-Achse liegt eine Fläche mit dem Inhalt Eins. In der nachfolgenden Abbildung sind Dichten mit verschiedenen Parametern skizziert.

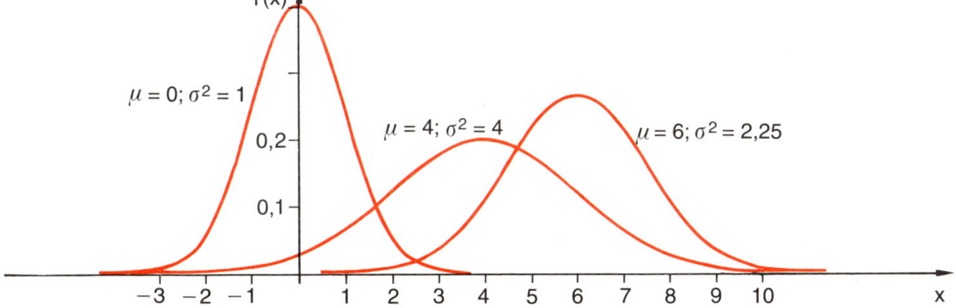

Für $a \leq b$ ist die Wahrscheinlichkeit $P(a \leq X \leq b)$ gleich dem Inhalt der Fläche, den die Dichte f über dem Intervall $[a, b]$ mit der x-Achse einschließt.
Damit gilt

$$P(a \leq X \leq b) = \int_a^b f(x)\,dx = F(b) - F(a).$$

Über die Standardisierung erhält man hieraus

$$P(a \leq X \leq b) = P\left(\frac{a-\mu}{\sigma} \leq \frac{X-\mu}{\sigma} \leq \frac{b-\mu}{\sigma}\right)$$

$$= P\left(\frac{a-\mu}{\sigma} \leq Z \leq \frac{b-\mu}{\sigma}\right) = \Phi\left(\frac{b-\mu}{\sigma}\right) - \Phi\left(\frac{a-\mu}{\sigma}\right).$$

Zusammenfassung:

Die Zufallsvariable X sei $N(\mu;\sigma)$-verteilt. Dann gilt:

$$F(x) = P(X \leq x) = \Phi\left(\frac{x-\mu}{\sigma}\right) \qquad \text{(Verteilungsfunktion);}$$

$$f(x) = \frac{1}{\sqrt{2\pi\sigma^2}} \cdot e^{-\frac{(x-\mu)^2}{2\sigma^2}} \qquad \text{(Dichte);}$$

$$P(a \leq X \leq b) = \Phi\left(\frac{b-\mu}{\sigma}\right) - \Phi\left(\frac{a-\mu}{\sigma}\right).$$

Dabei ist Φ die Verteilungsfunktion der Standardnormalverteilung.

Beispiel 1: Die Zufallsvariable X beschreibe das Gewicht (in Gramm) eines zufällig ausgewählten Zuckerpakets. X sei näherungsweise $N(1004; 3)$-verteilt. Die Wahrscheinlichkeit dafür, daß das Gewicht eines zufällig ausgewählten Pakets zwischen 998 und 1 007 liegt, lautet

$$P(998 \leq X \leq 1\,007) \approx \Phi\left(\frac{1\,007 - 1\,004}{3}\right) - \Phi\left(\frac{998 - 1\,004}{3}\right)$$

$$= \Phi(1) - \Phi(-2) = \Phi(1) - [1 - \Phi(2)] = \Phi(1) + \Phi(2) - 1$$

$$\approx 0{,}8413 + 0{,}9772 - 1 = 0{,}8185.$$

Auf den Zuckerpaketen steht die Aufschrift "Inhalt mindestens 1 000 g". Die Wahrscheinlichkeit, daß ein Paket dieses Mindestgewicht tatsächlich hat, lautet

$$P(X \geq 1\,000) = 1 - P(X \leq 1\,000) \approx 1 - \Phi\left(\frac{1\,000 - 1\,004}{3}\right)$$

$$\approx 1 - \Phi(-1{,}333)$$

$$= 1 - [1 - \Phi(1{,}333)] = \Phi(1{,}333) \approx 0{,}909.$$

Das Mindestgewicht wird also bei etwa 90,9 % der Pakete eingehalten.

1. X sei die Zufallsvariable des Gewichts von Zuckerpaketen aus Beispiel 1.
a) Berechnen Sie folgende Wahrscheinlichkeiten
$P(X \leq 1000)$; $P(X \leq 10004)$; $P(X \geq 1009)$; $P(995 \leq X \leq 1008)$.
b) Welches Mindestgewicht kann die Firma angeben, damit etwa 95 % der Produktion dieses Mindestgewicht auch tatsächlich besitzt?

k-Sigma-Regeln

Mit $a = \mu - k\sigma$ und $b = \mu + k\sigma$ erhält man aus der obigen Formel

$$P(\mu - k\sigma \leq X \leq \mu + k\sigma) = \Phi\left(\frac{\mu + k\sigma - \mu}{\sigma}\right) - \Phi\left(\frac{\mu - k\sigma - \mu}{\sigma}\right)$$
$$= \Phi(k) - \Phi(-k) = 2 \cdot \Phi(k) - 1.$$

Speziell gilt:

$$P(\mu - \sigma \leq X \leq \mu + \sigma) = 2 \cdot \Phi(1) - 1 \approx 0{,}6826 \text{ (ein-Sigma-Regel);}$$
$$P(\mu - 2\sigma \leq X \leq \mu + 2\sigma) = 2 \cdot \Phi(2) - 1 \approx 0{,}9544 \text{ (zwei-Sigma-Regel);}$$
$$P(\mu - 3\sigma \leq X \leq \mu + 3\sigma) = 2 \cdot \Phi(3) - 1 \approx 0{,}9972 \text{ (drei-Sigma-Regel).}$$

Im Intervall $[\mu - \sigma; \mu + \sigma]$ liegt über $\frac{2}{3}$ der Wahrscheinlichkeit der Zufallsvariablen X, im Intervall $[\mu - 2\sigma; \mu + 2\sigma]$ über 95 %, im Intervall $[\mu - 3\sigma; \mu + 3\sigma]$ sogar mehr als 99,7 % der Wahrscheinlichkeit. Bei etwa 0,28 % der Versuche tritt das Ereignis $\{\omega \mid |X(\omega) - \mu| > 3\sigma\}$ ein.

Durch diese Regeln wird plausibel, daß die Standardabweichung als Maß für die Abweichungen der Werte von X von ihrem Erwartungswert μ aufgefaßt werden kann.

Beispiel 2 (Autokolben): Die Zufallsvariable X, welche die Durchmesser (in mm) neu produzierter Autokolben beschreibt, sei näherungsweise normalverteilt mit $\mu = 50$ und $\sigma = 0{,}1$. Ein Kolben ist unbrauchbar, falls sein Durchmesser vom Sollwert 50 um mehr als 0,2 abweicht. Mit welcher Wahrscheinlichkeit ist ein der Produktion zufällig entnommener Kolben brauchbar?
Ein Kolben ist brauchbar, wenn sein Durchmesser X vom Erwartungswert $\mu = 50$ um höchstens $0{,}2 = 2\sigma$ abweicht. Nach der zwei-Sigma-Regel lautet die gesuchte Wahrscheinlichkeit

$$p = P(|X - 50| \leq 0{,}2) = 2 \cdot \Phi(2) - 1 \approx 0{,}9544.$$

Ungefähr 95,44 % der Gesamtproduktion sind brauchbar.

2. Bei der Produktion sei der Durchmesser X von Kugeln für ein bestimmtes Kugellager etwa $N(10; 0{,}05)$-verteilt. Die Zufallsvariable Y beschreibe die Abweichung des Durchmessers vom Sollwert 10, d. h. $Y = |X - 10|$.
a) Bestimmen Sie die Verteilungsfunktion von Y.
b) Eine Kugel ist unbrauchbar, falls der Durchmesser vom Sollwert um mehr als 0,02 abweicht. Mit welcher Wahrscheinlichkeit ist eine zufällig der Produktion entnommene Kugel unbrauchbar?

Lineare Transformationen und Summen von normalverteilten Zufallsvariablen

Die Normalverteilungen besitzen folgende für die Anwendung interessanten Eigenschaften, die ohne Beweis mitgeteilt werden sollen.

> Es sei X eine $N(\mu;\sigma)$-verteilte Zufallsvariable. Dann ist für beliebieg reelle Zahlen $a, b \in \mathbb{R}$, $a \neq 0$ die Zufallsvariable $a \cdot X + b$ normalverteilt, und zwar $N(a\mu + b; |a| \cdot \sigma)$-verteilt.
>
> X sei $N(\mu_1;\sigma_1)$-verteilt und Y sei $N(\mu_2;\sigma_2)$-verteilt. Ferner seien X und Y unabhängig. Dann ist die Summe $X + Y$ wieder normalverteilt.

Wie bei diskreten Zufallsvariablen addieren sich bei unabhängigen Normalverteilungen die Erwartungswerte und die Varianzen.

Beispiel 3: Von einem Automaten werden Flaschen mit einer Flüssigkeit gefüllt. Die Zufallsvariable X der Füllmenge (in Gramm) sei näherungsweise $N(500;9)$-verteilt und die Zufallsvariable Y, die das Leergewicht der Flaschen beschreibt, sei näherungsweise $N(60;3)$-verteilt. Falls die Zufallsvariablen X und Y unabhängig sind, ist die Zufallsvariable $S = X + Y$ des Gewichts einer gefüllten Flasche näherungsweise normalverteilt. Sie besitzt den Erwartungswert $E(S) = E(X) + E(Y) = 560$ und die Varianz $Var(S) = Var(X) + Var(Y) = 90$. Damit ist S näherungsweise $N(560;\sqrt{90})$-verteilt.

3. Eine Apparatur füllt X_1 Gramm eines pulverförmigen Medikaments in X_2 Gramm schwere Röhrchen, wobei X_1 und X_2 unabhängige näherungsweise $N(50;1)$- bzw. $N(20;\sqrt{0{,}5})$-verteilte Zufallsvariable sind.
a) Mit welcher Wahrscheinlichkeit liegt das Gesamtgewicht eines gefüllten Röhrchens zwischen 69 und 71 g?
b) Mit welcher Wahrscheinlichkeit ist ein gefülltes Röhrchen leichter als 68 g?

Zentraler Grenzwertsatz

Viele Zufallsvariable sind wegen des sogenannten zentralen Grenzwertsatzes wenigstens näherungsweise normalverteilt. Die einfachste Form dieses Satzes wird im folgenden ohne Beweis angegeben.

> **Zentraler Grenzwertsatz**: Es seien $X_1, X_2, X_3, \ldots, X_n$ unabhängige Zufallsvariable, die alle die gleiche Verteilungsfunktion, den gleichen Erwartungswert μ und die gleiche Varianz σ^2 besitzen. Dann ist für große n die Summenvariable
>
> $Y_n = X_1 + X_2 + \ldots + X_n$ näherungsweise normalverteilt, und
>
> zwar $N(n \cdot \mu; \sqrt{n} \cdot \sigma)$-verteilt. Über die Standardisierung erhält man somit
>
> $$P(Y_n \leq x) \approx \Phi\left(\frac{x - n \cdot \mu}{\sqrt{n} \cdot \sigma}\right).$$

4. Zeigen Sie, daß der Satz von De Moivre-Laplace (s. Seite 155) ein Spezialfall dieses zentralen Grenzwertsatzes ist.

Beispiel 4 (Augensumme): Mit einem idealen Würfel werde 200mal unabhängig geworfen. Die Zufallsvariable X_i beschreibe die Augenzahl beim i-ten Wurf. Es gilt

$$E(X_i) = 3{,}5 \;; \qquad Var(X_i) = \frac{35}{12}.$$

Die Zufallsvariable $Y = \sum_{i=1}^{200} X_i$ beschreibt die Augensumme bei 200 Würfen. Nach dem zentralen Grenzwertsatz ist Y näherungsweise $N(700; \sqrt{200 \cdot \frac{35}{12}})$-verteilt. Damit läßt sich die Wahrscheinlichkeit des Ereignisses $(650 \leq Y \leq 750)$ näherungsweise berechnen in der Form

$$P(650 \leq Y \leq 750) \approx \Phi\left(\frac{750-700}{\sqrt{200 \cdot \frac{35}{12}}}\right) - \Phi\left(\frac{650-700}{\sqrt{200 \cdot \frac{35}{12}}}\right)$$

$$\approx 2 \cdot \Phi(2{,}07) - 1 \approx 0{,}96.$$

Umgekehrt soll eine (minimale) Konstante c so bestimmt werden, daß die Bedingung

$$P(700 - c \leq Y \leq 700 + c) \geq 0{,}99$$

erfüllt ist. Man erhält c aus

$$P(700 - c \leq Y \leq 700 + c) \approx \Phi\left(\frac{700 + c - 700}{\sqrt{200 \cdot \frac{35}{12}}}\right) - \Phi\left(\frac{700 - c - 700}{\sqrt{200 \cdot \frac{35}{12}}}\right)$$

$$= \Phi\left(\frac{c}{\sqrt{200 \cdot \frac{35}{12}}}\right) - \Phi\left(\frac{700 - c}{\sqrt{200 \cdot \frac{35}{12}}}\right) = 2 \cdot \Phi\left(\frac{c}{\sqrt{200 \cdot \frac{35}{12}}}\right) - 1 \geq 0{,}99.$$

Hieraus folgt

$$\Phi\left(\frac{c}{\sqrt{200 \cdot \frac{35}{12}}}\right) \geq \frac{1{,}99}{2} = 0{,}995.$$

Aus Tabelle 2 im Anhang erhält man $\frac{c}{\sqrt{200 \cdot \frac{35}{12}}} \geq 2{,}576$ mit der aufgerundeten Lösung $c \geq 63$. Damit gilt

$$P(637 \leq Y \leq 763) \geq 0{,}99.$$

Wenn man sehr oft 200mal würfelt, so wird auf Dauer bei mindestens 99 % der Serien die Augensumme zwischen 637 und 763 liegen. Die minimale Augensumme beträgt 200 und die maximale 1 200. Die Werte an den beiden Enden besitzen zusammen eine sehr kleine Wahrscheinlichkeit.

5. Die Körpergröße (in cm) von Kindern eines bestimmten Jahrgangs sei ungefähr N(95 ; 7)-verteilt. Wieviel Prozent der entsprechenden Kinder werden im Mittel a) kleiner als 1m, b) größer als 1,05 m sein?

6. Der Anhalteweg X eines mit 60 km/h fahrenden Autos setzt sich additiv zusammen aus dem Reaktionsweg X_1 und dem Bremsweg X_2. Dabei sind X_1 und X_2 unabhängige näherungsweise N(14 ; 3)- bzw. N(36 ; 4)-verteilte Zufallsvariable.
a) Wie ist die Zufallsvariable X näherungsweise verteilt?
b) Mit welcher Wahrscheinlichkeit liegt der Anhalteweg über 55 m?

7. Ein verfälschter Würfel besitze die Verteilung

x_i	1	2	3	4	5	6
p_i	0,10	0,15	0,15	0,15	0,15	0,30

Mit diesem Würfel werde 300mal unabhängig geworfen. Dabei beschreibe Y die Augensumme.
a) Berechnen Sie Erwartungswert und Streuung von Y.
b) Mit welcher Wahrscheinlichkeit nimmt Y einen Wert an, der vom Erwartungswert um mehr als x abweicht, wobei x variabel ist?
Zahlenbeispiel: x = 60.

8. Die mittlere Lebensdauer (in Stunden) eines sehr empfindlichen Maschinenteils betrage 100 Stunden mit der Standardabweichung 20 Stunden. Fällt dieses Maschinenteil aus, so wird es sofort ohne Zeitverlust durch eines vom gleichen Typ ersetzt. Wie viele Maschinenteile sind erforderlich, damit die Maschine mit einer Wahrscheinlichkeit von 0,95 mindestens 8000 Stunden läuft?

Hinweis: X_i beschreibe die Lebensdauer des i-ten Maschinenteils. Wenden sie auf $\sum_{i=1}^{n} X_i$ den zentralen Grenzwertsatz an und berechnen Sie $P(\sum_{i=1}^{n} X_i \geq 8000)$.

9. Salzpakete werden von einer Maschine abgefüllt. Die Zufallsvariable X, welche das Gewicht in Gramm beschreibt, sei näherungsweise normalverteilt mit dem Erwartungswert $\mu = 502$ und der Varianz $\mathrm{Var}(X) = 16$.
a) Aus der Produktion werden 100 Pakete zufällig ausgewählt. Dabei beschreibe die Zufallsvariable Y_{100} das Gesamtgewicht. Welche Verteilung besitzt Y_{100}?

b) Das Durchschnittsgewicht werde durch die Zufallsvariable $\overline{X}_{100} = \frac{1}{100} \cdot Y_{100}$ beschrieben. Geben Sie den Erwartungswert und die Varianz dieser Zufallsvariablen an. Welche Verteilung besitzt die Zufallsvariable $\overline{X}_{100}$?

Exponentialverteilung

Definition: Die Zufallsvariable X besitze die Dichte

$$f(x) = \begin{cases} \lambda \cdot e^{-\lambda x}, \ \lambda > 0 & \text{für } x \geq 0 \\ 0 & \text{für } x < 0 \,. \end{cases}$$

Dann heißt X **exponentialverteilt** mit dem **Parameter λ.**

1. Zeigen Sie, daß für die Dichte gilt $\int\limits_0^\infty f(x)\,dx = \lim\limits_{b\to\infty} \int\limits_0^b \lambda \cdot e^{-\lambda x} dx = 1.$

Weil die Dichte f nicht-negativ ist und mit der x-Achse eine Fläche mit dem Inhalt Eins einschließt, können die Wahrscheinlichkeiten der Zufallsvariablen X erklärt werden durch

$$P(a \leq X \leq b) = \int\limits_a^b f(x)\,dx$$

(Fläche zwischen dem Graphen von f und der x-Achse im Bereich [a, b]).

Die exponentialverteilte Zufallsvariable X besitzt die

$$\text{Verteilungsfunktion} \quad F(x) = \begin{cases} 0 & \text{für } x < 0 \\ 1 - e^{-\lambda x} & \text{für } x \geq 0 \,. \end{cases}$$

Damit gilt:

$$P(a \leq X \leq b) = F(b) - F(a) = e^{-\lambda a} - e^{-\lambda b} \quad \text{für } a \leq b \,.$$

2. Zeigen Sie, daß die oben dargestellte Funktion F tatsächlich die Verteilungsfunktion der mit dem Parameter λ exponentialverteilten Zufallsvariablen X ist.

Beispiel 1: Die Zufallsvariable X, welche die Zeit (in Minuten) zwischen zwei während einer bestimmten Tageszeit in einer Zentrale ankommenden Telefongesprächen beschreibt, sei exponentialverteilt mit dem Parameter $\lambda = 0{,}25$.
Die Dichte der Zufallsvariablen X

$$f(x) = \begin{cases} 0{,}25 \cdot e^{-0{,}25\,x} & \text{für } x \geq 0 \\ 0 & \text{für } x < 0 \,. \end{cases}$$

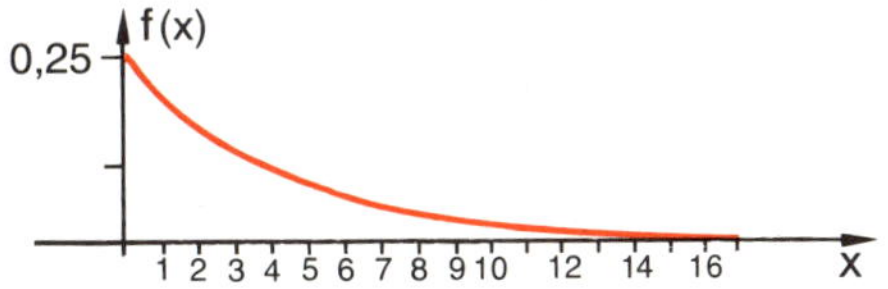

ist nebenstehend skizziert.
Die Wahrscheinlichkeit, daß zwischen zwei aufeinanderfolgenden Anrufen höchstens 6 Minuten liegen, lautet

$$P(X \leq 6) = 1 - e^{-0{,}25 \cdot 6} = 1 - e^{-1{,}5} \approx 0{,}777.$$

Eine exponentialverteilte Zufallsvariable X kann keine negativen Werte annehmen. Oft wird durch eine solche Exponentialverteilung die Lebensdauer eines Geräts beschrieben. Ohne Beweis sollen Erwartungswert und Varianz angegeben werden.

Satz: Für eine mit dem Parameter $\lambda > 0$ exponentialverteilte Zufallsvariable X gilt

$$E(X) = \frac{1}{\lambda}; \qquad Var(X) = \frac{1}{\lambda^2}.$$

Wir nehmen an, die Zufallsvariable X beschreibe die Lebensdauer eines Geräts. Dann ist

$$P(X \leq x + h \mid X \geq x) = \frac{P(x \leq X \leq x + h)}{P(X \geq x)}$$

die bedingte Wahrscheinlichkeit dafür, daß das Gerät innerhalb der nächsten h Zeiteinheiten ausfällt, unter der Bedingung, daß es den Zeitpunkt x überlebt hat. Mit Hilfe der Verteilungsfunktion F erhält man

$$\begin{aligned}\frac{P(x \leq X \leq x + h)}{P(X \geq x)} &= \frac{F(x + h) - F(x)}{1 - F(x)} = \frac{[1 - e^{-\lambda(x+h)}] - [1 - e^{-\lambda x}]}{1 - [1 - e^{-\lambda x}]} \\ &= \frac{e^{-\lambda x} - e^{-\lambda(x+h)}}{e^{-\lambda x}} = \frac{e^{-\lambda x}[1 - e^{-\lambda h}]}{e^{-\lambda x}} \\ &= 1 - e^{-\lambda h} = P(X \leq h).\end{aligned}$$

Damit gilt

$$P(X \leq x + h \mid X \geq x) = P(X \leq h).$$

Diese Gleichung besagt folgendes: Die Wahrscheinlichkeit, daß ein Gerät nach dem Alter x innerhalb der nächsten h Zeiteinheiten ausfällt, ist gleich der Wahrscheinlichkeit dafür, daß ein neues Gerät innerhalb der ersten h Zeiteinheiten ausfällt. Bei Geräten mit einer exponentialverteilten Lebensdauer findet somit keine Alterung statt. Gebrauchte Geräte sind wie neu. Diese Eigenschaft kann bei vielen elektronischen Bauteilen festgestellt werden.

Aufgaben

3. Berechnen Sie für die Zufallsvariable X aus Beispiel 1
a) $P(X \geq 10)$, b) $P(3 \leq X \leq 5)$.

4. Die Zufallsvariable X, welche die Lebensdauer (Betriebszeit) eines Maschinenteils beschreibt, sei exponentialverteilt mit der mittleren Lebensdauer von 1000 Stunden.
a) Berechnen Sie den Erwartungswert und die Streuung von X.
b) Gesucht ist die Wahrscheinlichkeit dafür, daß die Lebensdauer größer als 80 Std. ist, aber 1400 Std. nicht übersteigt.
c) Mit welcher Wahrscheinlichkeit ist die Lebensdauer mindestens 1000 Std. ?

L 14 Tschebyscheffsche Ungleichung und Gesetze der großen Zahlen

In diesem Kapitel sollen Abschätzungen für die Abweichungen einer Zufallsvariablen X von ihrem Erwartungswert $E(X) = \mu$ untersucht werden.

14.1 Tschebyscheffsche Ungleichung

Falls die Verteilung von X bekannt ist, so läßt sich für jedes $c > 0$ die Wahrscheinlichkeit dafür berechnen, daß X bei einem Einzelexperiment eine Realisierung (Wert) annimmt, die vom Erwartungswert $\mu = E(X)$ um mindestens c abweicht, also die Wahrscheinlichkeit

$$P(|X - \mu| \geq c) = P(X - \mu \leq -c) + P(X - \mu \geq c) .$$

Häufig ist jedoch die Verteilung von X nicht bekannt, wohl aber aus Erfahrungswerten der Erwartungswert $E(X) = \mu$ und die Varianz Var(X). Dann gilt:

> **Satz (Tschebyscheffsche Ungleichung):** Es sei X eine beliebige Zufallsvariable mit dem Erwartungswert $E(X) = \mu$ und der Varianz Var(X). Dann gilt für jede reelle Zahl $c > 0$ die Tschebyscheffsche Ungleichung
>
> $$P(|X - \mu| \geq c) \leq \frac{\mathrm{Var}(X)}{c^2}$$
>
> und damit
>
> $$P(|X - \mu| < c) \geq 1 - \frac{\mathrm{Var}(X)}{c^2} .$$

Beweis: Die für jede Zufallsvariable gültige Formel soll hier nur für diskrete Zufallsvariable bewiesen werden.

Mit $\mu = E(X)$ gilt definitionsgemäß

$$\mathrm{Var}(X) = \sum_i (x_i - \mu)^2 \cdot P(X = x_i) .$$

In dieser Summe soll nur noch über diejenigen Werte summiert werden, für die $|x_i - \mu| \geq c$ gilt. Dafür schreiben wir

$$\sum_{|x_i - \mu| \geq c} (x_i - \mu)^2 \cdot P(X = x_i) .$$

Dadurch findet evtl. eine Verkleinerung statt; es gilt also

$$\mathrm{Var}(X) \geq \sum_{|x_i - \mu| \geq c} (x_i - \mu)^2 \cdot P(X = x_i) .$$

Für die Faktoren auf der rechten Seite gilt $(x_i - \mu)^2 \geq c^2$. Damit gilt

$$\mathrm{Var}(X) \geq \sum_{|x_i - \mu| \geq c} c^2 \cdot P(X = x_i) = c^2 \cdot \sum_{|x_i - \mu| \geq c} P(X = x_i).$$

Die Summe auf der rechten Seite ist aber $P(|X - \mu| \geq c)$. Somit gilt

$$\mathrm{Var}(X) \geq c^2 \cdot P(|X - \mu| \geq c) .$$

Division durch c^2 liefert die erste Behauptung.

Die zweite Ungleichung erhält man hieraus in der Form

$$P(|X-\mu| < c) = 1 - P(|X-\mu| \geq c) \geq 1 - \frac{Var(X)}{c^2} .$$

Interpretation: Bei einer kleinen Varianz und großem c wird die rechte Seite in der Tschebyscheffschen Ungleichung und damit $P(|X - E(X)| \geq c)$ sehr klein. Daher beschreibt die Varianz bei einer Zufallsvariablen die Abweichungen der Werte von ihrem Erwartungswert.

Beispiel (Autokolben): Die Verteilung der Zufallsvariablen X, welche die Durchmesser bestimmter Autokolben beschreibt, sei nicht bekannt, wohl aber der Erwartungswert E(X) = 50 und die Varianz Var(X) = 0,01. Ein Autokolben sei unbrauchbar, wenn sein Durchmesser vom Sollwert 50 (= Erwartungswert) um mindestens 0,2 abweicht.

Für die Wahrscheinlichkeit, daß ein zufällig ausgewählter Kolben unbrauchbar ist, erhalten wir aus der Tschebyscheffschen Ungleichung die Abschätzung

$$P(|X-50| \geq 0{,}2) \leq \frac{0{,}01}{0{,}04} = 0{,}25.$$

Im ungünstigsten Fall sind also höchstens 25 % der Produktion unbrauchbar.

Im Falle der Normalverteilung ist die entsprechende Wahrscheinlichkeit nach dem Beispiel 2 auf Seite 163 gleich 0,0456. Daß die Abschätzung hier viel schlechter ist als bei der Normalverteilung, liegt daran, daß über die Verteilung von X überhaupt keine Voraussetzungen gemacht werden. Dann kann es sein, daß Bereiche in der Nähe des Erwartungswertes kleine Wahrscheinlichkeiten besitzen, während weiter entfernte Bereiche hochwahrscheinlich sind. Bei einer Normalverteilung dagegen ist wegen der glockenförmigen Gestalt der Dichte die Wahrscheinlichkeit in der Nähe des Erwartungswertes konzentriert.

Mit $c = k \cdot \sqrt{Var(X)} = k \cdot \sigma$ erhält man aus der Tschebyscheffschen Ungleichung:

Für jedes $k \geq 1$ gilt

$$P(|X-\mu| \geq k \cdot \sigma) \leq \frac{1}{k^2};$$

$$P(\mu - k\sigma < X < \mu + k\sigma) = P(|X-\mu| < k \cdot \sigma) \geq 1 - \frac{1}{k^2} .$$

Bei dieser Abschätzung muß k nicht ganzzahlig sein. Sie gilt allgemein für beliebige $k > 0$. Wahrscheinlichkeiten sind immer kleiner oder gleich Eins. Daher sind diese Ungleichungen nur für $k > 1$ interessant.

Im Beispiel ist die nicht mehr tolerierbare Abweichung $0{,}2 = 2 \cdot 0{,}1 = 2 \cdot \sigma$. Die gesuchte Abschätzung erhält man unmittelbar aus der obigen Formel mit k = 2.

Die zweite Ungleichung liefert eine untere Schranke für die k-Sigma-Regel bei Zufallsvariablen, deren Verteilung man nicht kennt. Allerdings müssen der Erwartungswert μ und die Standardabweichung σ bekannt sein.

Bei der Normalverteilung lassen sich entsprechenden Wahrscheinlichkleiten exakt berechnen. Nach Seite 163 gilt

$$P(\mu - k\sigma < X < \mu + k\sigma) = 2 \cdot \Phi(k) - 1 \quad \text{für jedes } k > 0.$$

In der nachfolgenden Tabelle sind die unteren Schranken bei beliebigen Verteilungen und zum Vergleich die exakten Wahrscheinlichkeiten bei Normalverteilungen angegeben. Daß die Werte bei der Normalverteilung viel größer sind als die allgemeinen unteren Schranken, liegt an der glockenförmigen Dichte der Normalverteilung.

Wahrscheinlichkeiten	untere Schranke bei beliebigen Verteilungen	exakter Wert bei Normalverteilungen
$P(\mu - \sigma < X < \mu + \sigma)$	0	0,682689
$P(\mu - 2\sigma < X < \mu + 2\sigma)$	$\frac{3}{4}$	0,954500
$P(\mu - 3\sigma < X < \mu + 3\sigma)$	$\frac{8}{9}$	0,997300
$P(\mu - 4\sigma < X < \mu + 4\sigma)$	$\frac{15}{16}$	0,999937

Aufgaben

1. Die Zufallsvariable X besitze den Erwartungswert 100 und die Varianz 400.

a) Geben Sie eine Abschätzung nach oben an für $P(|X - 100| \geq 30)$.

b) Wie lautet die Wahrscheinlichkeit $P(|X - 100| \geq 30)$, falls X normalverteilt ist?

2. Für eine Zufallsvariable X gelte
$P(0 \leq X \leq 12) = 1$; $E(X) = 10$ und $Var(X) = 1{,}8$.

Schätzen Sie die Wahrscheinlichkeit $P(X \leq 7)$ nach oben ab.

3. Beweisen Sie folgende Eigenschaft:

Für jede diskrete Zufallsvariable X, welche nur nicht negative Werte annehmen kann, gilt

$$P(X \geq c) \leq \frac{E(X)}{c} \quad \text{für jedes } c > 0.$$

14.2 Gesetz der großen Zahlen für den Erwartungswert

Es seien $X_1, X_2, \dots, X_n$ unabhängige Zufallvariable mit dem gleichen Erwartungswert $\mu = E(X_i)$ und der gleichen Varianz $\sigma^2 = Var(X_i)$. Für die Zufallsvariable des arithmetischen Mittels $\bar{X} = \frac{1}{n}(X_1 + X_2 + \dots + X_n)$ gilt wegen der Eigenschaft des Erwartungswertes und der Varianz:

$$E(\bar{X}) = \frac{1}{n} \cdot E(X_1 + X_2 + \dots + X_n) = \frac{1}{n} \cdot n \cdot \mu = \mu;$$

$$Var(\bar{X}) = \frac{1}{n^2} \cdot Var(X_1 + X_2 + \dots + X_n) = \frac{1}{n^2} \cdot n \cdot \sigma^2 = \frac{\sigma^2}{n}.$$

Die Varianz von $\bar{X}$ wird beliebig klein, wenn n nur groß genug gewählt wird. Es gilt

$$\lim_{n \to \infty} Var(\bar{X}) = 0.$$

Wendet man die Tschebyscheffsche Ungleichung auf die Zufallsvariable $\bar{X}$ an, so erhält man unmittelbar das folgende Gesetz.

Satz (Gesetz der großen Zahlen für den Erwartungswert): $X_1, X_2, \dots, X_n$ seien unabhängige Zufallvariable mit dem gleichen Erwartungswert μ und der gleichen Varianz σ^2. Dann gilt für jede reelle Zahl $\varepsilon > 0$

$$P\left(\left| \frac{1}{n} \sum_{i=1}^{n} X_i - \mu \right| \geq \varepsilon \right) \leq \frac{\sigma^2}{n \cdot \varepsilon^2}$$

und damit

$$P\left(\left| \frac{1}{n} \sum_{i=1}^{n} X_i - \mu \right| < \varepsilon \right) \geq 1 - \frac{\sigma^2}{n \cdot \varepsilon^2};$$

$$\lim_{n \to \infty} P\left(\left| \frac{1}{n} \sum_{i=1}^{n} X_i - \mu \right| \geq \varepsilon \right) = 0; \quad \lim_{n \to \infty} P\left(\left| \frac{1}{n} \sum_{i=1}^{n} X_i - \mu \right| < \varepsilon \right) = 1.$$

1. Wenden Sie die Tschebyscheffsche Ungleichung auf die Zufallsvariable $\bar{X} = \frac{1}{n} \cdot (X_1 + X_2 + \dots + X_n)$ an, und beweisen Sie damit das Gesetz der großen Zahlen für den Erwartungswert μ.

Beispiel 1: Die Zufallsvariablen $X_1, X_2, \dots, X_{1000}$ seien unabhängig und besitzen alle denselben Erwartungswert 10 und dieselbe Varianz 2. Ferner sei $\bar{X} = \frac{1}{1000} \sum_{i=1}^{1000} X_i$. Dann erhält man aus dem Gesetz der großen Zahlen

$$P(|\bar{X} - 10| \geq 0{,}1) \leq \frac{2}{1000 \cdot (0{,}1)^2} = 0{,}20.$$

Interpretation: Die Wahrscheinlichkeit dafür, daß die Zufallsvariable $\bar{X} = \frac{1}{n} \sum_{i=1}^{n} X_i$ Werte annimmt, die von μ um mehr als ε abweichen, wird beliebig klein, wenn n nur groß genug gewählt wird. Für große n werden die Werte von $\bar{X}$ meistens in der unmittelbaren Nähe von μ liegen. Sind x_i die Werte, welche die Zufallsvariablen X_i bei einer Versuchsdurchführung annehmen für $i = 1, 2, \ldots, n$, so ist der Mittelwert der Stichprobe $\bar{x} = \frac{1}{n} \sum_{i=1}^{n} x_i$ die sogenannte **Realisierung** der Zufallsvariablen $\bar{X}$. Dann erhält man mit

$$\bar{x} = \frac{1}{n} \sum_{i=1}^{n} x_i \approx \mu$$

für große n im allgemeinen eine recht brauchbare Näherung für einen unbekannten Erwartungswert μ.

Bemerkung: Die Voraussetzung für das Gesetz der großen Zahlen ist sicherlich dann erfüllt, wenn die einzelnen Zufallsvariablen X_i unabhängig sind und die gleiche Verteilung wie die Zufallsvariable X besitzen. Dann nennt man die Zufallsvariablen $X_1, X_2, \ldots, X_n$ **unabhängige Wiederholungen der Zufallsvariablen X.** Ein Beispiel dafür ist das wiederholte unabhängige Würfeln mit einem verfälschten Würfel. Dann liefert der Mittelwert der geworfenen Augenzahlen einen Näherungswert für den Erwartungswert μ der Zufallsvariablen X, welche die Augenzahl bei einem Einzelwurf beschreibt.

Beispiel 2: Von einer Zufallsvariablen X sei die Varianz $\sigma^2 = 4$ bekannt, nicht jedoch der Erwartungswert μ. Auch sei die Verteilung von X nicht bekannt.
Die Zufallsvariablen $X_1, X_2, \ldots, X_{400}$ seien unabhängige Wiederholungen der Zufallsvariablen X.
Gesucht ist die minimale Konstante a mit $P\left(\left|\frac{1}{400} \sum_{i=1}^{400} X_i - \mu\right| < a\right) \geq 0{,}95.$

Mit Hilfe des Gesetzes der großen Zahlen erhält man

$$P\left(\left|\frac{1}{400} \sum_{i=1}^{400} X_i - \mu\right| < a\right) \geq 1 - \frac{\sigma^2}{n \cdot a^2} = 1 - \frac{4}{400 \cdot a^2} = 1 - \frac{1}{100 \cdot a^2}.$$

Diese rechte Seite muß mindestens gleich 0,95 sein, also $1 - \frac{1}{100 \cdot a^2} \geq 0{,}95.$
Hieraus folgt

$$\frac{1}{100 \cdot a^2} \leq 0{,}05, \quad \text{also} \quad \frac{1}{100 \cdot 0{,}05} \leq a^2 \quad \text{und damit } a^2 \geq 0{,}2.$$

Daraus erhält man $\sqrt{0{,}2}$ als minimales a. Es gilt also

$$P\left(\left|\frac{1}{400} \sum_{i=1}^{400} X_i - \mu\right| < \sqrt{0{,}2}\right) \geq 0{,}95.$$

Bei 400 unabhängigen Versuchsdurchführungen wird das Ereignis

$$\left(\left|\frac{1}{400} \sum_{i=1}^{400} X_i - \mu\right| < \sqrt{0{,}2}\right)$$

mit einer Wahrscheinlichkeit von mindestens 0,95 eintreten. Dann wird auf Dauer in mindestens 95 % der Serien das Stichprobenmittel $\bar{x} = \frac{1}{n} \sum_{i=1}^{n} x_i$ vom (unbekannten) Erwartungswert μ um weniger als $\sqrt{0,2}$ abweichen. In diesen Fällen ist dann die Aussage

$$|\bar{x} - \mu| < \sqrt{0,2}\,, \text{ also } \bar{x} - \sqrt{0,2} < \mu < \bar{x} + \sqrt{0,2}$$

richtig. Man kann also davon ausgehen, daß in höchstens 5 % der Serien diese Aussage falsch ist.

Bei einer speziellen Versuchsdurchführung ergaben die 400 Wiederholungen einen Mittelwert $\bar{x} = 999{,}80$. Damit erhält man für den unbekannten Erwartungswert μ der Zufallsvariablen X den Näherungswert $\mu \approx 999{,}80$. Nach den obigen Ausführungen kann somit die Aussage

$$999{,}353 < \mu < 1000{,}247.$$

gemacht werden. Diese Aussage ist mit Hilfe eines Verfahrens abgeleitet worden, das auf Dauer bei mindestens 95 % der Fälle auch tatsächlich eine richtige Aussage liefert.

Aufgaben

2. Die Zufallsvariablen $X_1, X_2, \ldots, X_n$ seien unabhängig und besitzen denselben Erwartungswert 10 und die gleiche Varianz 9. Ferner sei $\bar{X} = \frac{1}{n} \sum_{i=1}^{n} X_i$.
a) Schätzen Sie $P(|\bar{X} - 10| \geq 0{,}1)$ nach oben ab.
b) Wie groß muß n mindestens sein, damit $P(|\bar{X} - 10| \geq 0{,}1) \leq 0{,}05$ gilt?
c) Wie groß muß c bei $n = 100$ mindestens sein, damit $P(|\bar{X} - 10| < c) \geq 0{,}99$ erfüllt ist?

3. Mit einem idealen Würfel werde n-mal geworfen. Wie groß muß n mindestens sein, damit die Wahrscheinlichkeit dafür, daß die mittlere Augenzahl von der erwarteten Augenzahl um mehr als
a) 0,1, b) 0,01 ; c) 0,001
höchstens mit einer Wahrscheinlichkeit von 0,95 abweicht?

4. Die Zufallsvariable X beschreibe den Durchmesser (in mm) maschinell gefertigter Unterlegscheiben. Der Erwartungswert μ der Zufallsvariablen X hänge von der Maschineneinstellung ab und kann sich somit im Laufe der Zeit ändern. Die Varianz $Var(X) = 0{,}04$ sei als Maschinengröße bekannt. Sie sei von der Maschineneinstellung unabhängig. Zur Schätzung des unbekannten Erwartungswertes μ werden n Scheiben zufällig ausgewählt. Dabei beschreibe $\bar{X} = \frac{1}{n} \cdot \sum_{i=1}^{n} X_i$ den mittleren Durchmesser. Wie groß muß n mindestens sein, damit $P(|\bar{X} - \mu| < 0{,}1) \geq 0{,}999$ erfüllt ist,

a) falls über die Verteilung von X nichts bekannt ist,
b) falls X näherungsweise normalverteilt ist ?
Interpretieren Sie die Ergebnisse.

14.3 Gesetz der großen Zahlen für eine Wahrscheinlichkeit

Bei der Interpretation einer Wahrscheinlichkeit wurde bereits der Stabilisierungseffekt erwähnt, nach dem in unabhängigen Versuchsserien von großem Umfang n die relative Häufigkeit $r_n(A)$ des Ereignisses A meistens in der Nähe der Wahrscheinlichkeit $p = P(A)$ liegt. Diese Eigenschaft soll nun näher präzisiert werden.

Die relative Häufigkeit $r_n(A)$ hängt vom Zufall ab. Sie kann einen der Werte $0, \frac{1}{n}, \frac{2}{n}, \ldots, \frac{n-1}{n}, 1$ annehmen. Damit ist $r_n(A)$ Realisierung einer Zufallsvariablen bei der entsprechenden Versuchsdurchführung. Diese Zufallsvariable bezeichnen wir mit $R_n(A)$. Das Ereignis $(R_n(A) = \frac{k}{n})$ tritt genau dann ein, wenn die Zufallsvariable X der absoluten Häufigkeit den Wert k annimmt. Da X binomialverteilt ist mit den Parametern n und p, gilt wegen $R_n(A) = \frac{1}{n} \cdot X$

$$P(R_n(A) = \tfrac{k}{n}) = P(X = k) = \binom{n}{k} \cdot p^k \cdot (1-p)^{n-k} \quad \text{für } k = 0, 1, \ldots, n.$$

$$E(R_n(A)) = \frac{1}{n} \cdot E(X) = \frac{np}{n} = p;$$

$$Var(R_n(A)) = \frac{1}{n^2} \cdot Var(X) = \frac{np(1-p)}{n^2} = \frac{p(1-p)}{n}.$$

Satz (Gesetz der großen Zahlen für eine Wahrscheinlichkeit): In einer unabhängigen Versuchsserie vom Umfang n beschreibe die Zufallsvariable $R_n(A)$ die relative Häufigkeit des Ereignisses A mit $p = P(A)$, $0 < p < 1$. Dann gilt:

$$E(R_n(A)) = p; \qquad Var(R_n(A)) = \frac{p(1-p)}{n}; \qquad \lim_{n\to\infty} Var(R_n(A)) = 0.$$

Ferner gilt für jedes $\varepsilon > 0$

a) $$P(|R_n(A) - p| \geq \varepsilon) \leq \frac{p(1-p)}{n \cdot \varepsilon^2} \leq \frac{1}{4n\varepsilon^2};$$

$$P(|R_n(A) - p| < \varepsilon) \geq 1 - \frac{p(1-p)}{n \cdot \varepsilon^2} \geq 1 - \frac{1}{4n\varepsilon^2};$$

b) $$\lim_{n\to\infty} P(|R_n(A) - p| \geq \varepsilon) = 0; \qquad \lim_{n\to\infty} P(|R_n(A) - p| < \varepsilon) = 1.$$

Beweis: Erwartungswert und Varianz von $R_n(A)$ wurden bereits oben abgeleitet. Wendet man das Gesetz der großen Zahlen für den Erwartungswert aus Abschnitt 14.2 auf die Zufallsvariable $R_n(A)$ an, so erhält man unmittelbar den ersten Teil der Ungleichung aus a). Nun ist $f(p) = p(1-p)$ die Gleichung einer nach unten geöffneten Parabel. Die Funktion nimmt an der Stelle 0,5 das Maximum $\frac{1}{4}$ an mit

$$p(1-p) \leq \frac{1}{4} \quad \text{für alle } p.$$

Damit gilt die zweite Ungleichung in a). Hieraus folgt schließlich b).

Interpretation: In einer unabhängigen Versuchsserie von großem Umfang n nimmt die Zufallsvariable $R_n(A)$ der relativen Häufigkeit meistens Werte in der unmittelbaren Umgebung der Wahrscheinlichkeit $p = P(A)$ an, auch wenn die Wahrscheinlichkeit p nicht bekannt ist (Stabilisierungseffekt). Daher liefert die relative Häufigkeit $r_n(A)$ in einer solchen Versuchsserie meistens recht brauchbare Näherungswerte für eine unbekannte Wahrscheinlichkeit mit

$$r_n(A) \approx P(A).$$

Beispiel 1 (Wahlprognose): Vor einer Wahl möchte ein Meinungsforschungsinstitut eine Wahlprognose über das Abschneiden einer bestimmten Partei machen.
p sei die (unbekannte) Wahrscheinlichkeit dafür, daß eine zufällig ausgewählte wahlberechtigte Person die entsprechende Partei wählt. Für die Umfrage wurden 3 000 Wähler zufällig ausgewählt. Dabei erklärten 1 265, sie würden die Partei wählen.
Als Schätzwert für p erhält man die relative Häufigkeit, also

$$p \approx r_{3000}(A) = \frac{1\,265}{3\,000} \approx 0{,}4217.$$

Das Institut behauptet, das tatsächliche Wahlergebnis weiche davon um weniger als 0,02 ab. Es gibt also folgende Prognose ab:

$$0{,}4017 < p < 0{,}4417.$$

Gleichwertig damit ist die Aussage, daß die Prozentpunkte der Partei zwischen 40,17 und 44,17 liegen werden. Diese Prognose kann richtig oder falsch sein. Sie ist dann falsch, wenn bei der Wahl das Ereignis $(|R_{3\,000}(A) - p| \geq 0{,}02)$ eintritt. Nach dem Gestz der großen Zahlen gilt für die Wahrscheinlichkeit

$$P(|R_{3\,000}(A) - p| \geq 0{,}02) \leq \frac{1}{4 \cdot 3\,000 \cdot (0{,}02)^2} \approx 0{,}208.$$

Die Wahrscheinlichkeit für eine Fehlprognose beträgt höchstens 0,208.

1. In Beispiel 1 behauptet das Institut, die maximale Abweichung betrage weniger als 0,03. Wie groß ist die maximale Wahrscheinlichkeit für eine Fehlprognose?

Beispiel 2 (Wahlprognose): Für die Wahlprognose aus Beispiel 1 werden n Wähler befragt. Die relative Häufigkeit derjenigen Befragten, welche die Partei wählen wollen, sei $r_n(A)$. Damit soll für die Wahrscheinlichkeit p eine Prognose abgegeben werden in der Form $r_n(A) - 0{,}01 < p < r_n(A) + 0{,}01$. Die Wahrscheinlichkeit einer Fehlprognose soll dabei höchstens 0,05 sein, also
$P(|R_n(A) - p| \geq 0{,}01) \leq 0{,}05$.

Gesucht ist der minimale Stichprobenumfang n für diese Bedingung.

Nach dem Gesetz der großen Zahlen gilt

$$P(|R_n(A) - p| \geq 0{,}01) \leq \frac{p(1-p)}{n \cdot (0{,}01)^2}.$$

Falls über p nichts bekannt ist, kann $p(1-p)$ nach oben nur durch $\frac{1}{4}$ abgeschätzt werden. Dieser Wert wird nahezu angenommen, wenn p in der Nähe von 0,5 liegt, also bei den großen Parteien. Dann erhält man

$$\frac{p(1-p)}{n\cdot(0{,}01)^2} \leq \frac{1}{4\cdot n\cdot(0{,}01)^2} = \frac{2\,500}{n}.$$

Die rechte Seite muß kleiner oder gleich 0,05 sein. Aus $\frac{2\,500}{n} \leq 0{,}05$ folgt $n \geq 50\,000$.

Falls jedoch $p \leq 0{,}1$ vorausgesetzt werden kann, wie z. B. bei den kleinen Parteien, nimmt die Funktion $f(p) = p(1-p)$ in dem entsprechenden Bereich das Maximum an der Stelle 0,1 an mit

$$\frac{p(1-p)}{n\cdot(0{,}01)^2} \leq \frac{0{,}1\cdot 0{,}9}{n\cdot(0{,}01)^2} = \frac{900}{n}.$$

$\frac{900}{n} \leq 0{,}05$ ergibt $n \geq 18\,000$.

Wenn also p in der Nähe von 0,5 liegen kann, ist das minimale n mit 50 000 sehr groß. Für $p \leq 0{,}1$ genügt dagegen bereits $n = 18\,000$.
In der Regel kommt man jedoch mit wesentlich kleineren Stichprobenumfängen n aus (vgl. Abschnitt 17.1).

Beispiel 3: Zur Schätzung einer unbekannten Wahrscheinlichkeit p eines Ereignisses A wurde in einer unabhängigen Versuchsserie vom Umfang $n = 500$ die relative Häufigkeit $r_{500}(A) = 0{,}515$ bestimmt.

Für p erhält man damit die Näherung (Schätzwert) $p \approx 0{,}515$.

Gesucht ist das minimale c mit $P(|R_{500}(A) - p| < c) \geq 0{,}95$. Das Ereignis: "Die Zufalllsvariable $R_{500}(A)$ der relativen Häufigkeit weicht von p um weniger als c ab" muß also eine Wahrscheinlichkeit besitzen, die mindestens 0,95 ist.

Aus dem Gesetz der großen Zahlen erhält man mit $4\cdot n = 2\,000$

$$P(|R_{500}(A) - p| < c) \geq 1 - \frac{1}{2\,000\,c^2}.$$

Hieraus folgt

$$1 - \frac{1}{2\,000\,c^2} \geq 0{,}95\,; \qquad \frac{1}{2\,000\,c^2} \leq 0{,}05\,; \qquad c^2 \geq 0{,}01\,; \qquad c \geq 0{,}1\,.$$

Das Ereignis $(|R_{500}(A) - p| < 0{,}1)$ wird somit auf Dauer in mindestens 95 % der Fälle eintreten. Bei der Versuchsdurchführung erhielt man

$$(|0{,}515 - p| < 0{,}1) \quad \text{oder} \quad 0{,}415 < p < 0{,}616\,.$$

Diese Aussage ist mit einem Verfahren abgeleitet worden, das mit Wahrscheinlichkeit von mindestens 0,95 richtige Aussagen liefert. Auf Dauer werden also mindestens 95 % derartiger Aussagen richtig, und somit höchstens 5 % falsch sein.

2. $R_n(A)$ beschreibe die relative Häufigkeit eines Ereignisses A mit der Wahrscheinlichkeit $p = P(A)$ in einer unabhängigen Versuchsserie vom Umfang n. Wie groß muß n mindestens sein, damit

$P(|R_n(A) - p| \geq 0{,}1) \leq 0{,}05$ erfüllt ist, falls

a) über p nichts bekannt ist,
b) $p \leq 0{,}05$ bekannt ist?

3. $R_{1000}(A)$ beschreibe die relative Häufigkeit in einer unabhängigen Ver-suchsserie vom Umfang 1000. Dabei sei $p = P(A)$ unbekannt.
Wie groß muß c mindestens sein, damit
$P(|R_{1000}(A) - p| \geq c) \leq 0{,}9$ erfüllt ist, falls
a) über p nichts bekannt ist,
b) $0{,}7 \leq p \leq 0{,}9$ bekannt ist?

4. Wie oft muß mit einem idealen Würfel mindestens geworfen werden, damit die Standardabweichung der Zufallsvariablen $R_n(A)$, welche die relative Häufigkeit des Ereignisses $A = \{6\}$ beschreibt, höchstens gleich 0,001 ist?

5. Ein Medikament besitze eine Heilungswahrscheinlichkeit $p = 0{,}1$. Das Medikament werde n Personen verabreicht. Die Zufallsvariable $R_n(A)$ beschreibe die relative Häufigkeit der geheilten Personen.
Wie groß muß n sein, damit die Standardabweichung der Zufallsvariablen $R_n(A)$ höchstens gleich
a) 0,01, b) 0,001 ist?

6. Wie oft muß mit einem idealen Würfel mindestens geworfen werden, damit das Ereignis: " Die relative Häufigkeit der Augenzahl 1 weicht von $\frac{1}{6}$ um weniger als a) 0,1, b) 0,05, c) 0,01 ab" eine Wahrscheinlichkeit besitzt, die mindestens gleich 0,975 ist?

7. Bei einer Meinungsumfrage vor einer Wahl wurden 2 000 zufällig ausgewählte Wähler befragt. 861 davon wollten eine bestimmte Partei wählen. Die Wahrscheinlichkeit, daß ein zufällig ausgewählter Bürger diese Partei wählt, sei p. Geben Sie mit einer Sicherheit von mindestens 95 % ein Intervall an, das diese unbekannte Wahrscheinlichkeit p enthält.

8. Wie viele Wähler müssen mindestens befragt werden, damit man in Aufgabe 7 ein Intervall für p erhält, welches höchstens die Länge 0,005 besitzt?

B Statistik

15 Stichproben

Als Näherungswert für eine unbekannte Wahrscheinlichkeit benutzt man die relative Häufigkeit des entsprechenden Ereignisses in einer unabhängigen Versuchsserie von großem Umfang. Zur Bestimmung von Schätzwerten für einen unbekannten Erwartungswert oder eine unbekannte Varianz benötigt man entsprechende Stichproben.
Wir betrachten n Zufallsvariable $X_1, X_2, \dots, X_n$. Bei der Durchführung des Zufallsexperiments treten die Ereignisse $\{\omega | X_i(\omega) = x_i\}$ ein für $i = 1, 2, \dots, n$. Den Wert x_i, den die Zufallsvariable X_i annimmt, nennt man **Realisierung** der Zufallsvariablen X_i. Falls die Zahlenwerte $x_1, x_2, \dots, x_n$ Realisierungen von Zufallsvariablen oder sonstige Beobachtungswerte sind, werden sie zusammengefaßt zu einer **Stichprobe vom Umfang n**

$$x = (x_1, x_2, \dots, x_n).$$

Ähnlich wie eine Wahrscheinlichkeitsverteilung sollen Stichproben übersichtlich dargestellt werden. Ferner werden daraus sogenannte Kenngrößen berechnet, welche die Stichprobe möglichst gut beschreiben sollen.

15.1 Häufigkeitstabellen und graphische Darstellungen

In diesem Abschnitt sollen Stichproben übersichtlich dargestellt werden.

Häufigkeitstabelle und Stabdiagramm

Beispiel 1 (Zensuren): In einer Mathematikarbeit erhielten die Schüler in alphabetischer Reihenfolge die Zensuren
2, 1, 5, 3, 2, 4, 5, 3, 3, 6, 3, 4, 2, 3, 4, 4, 3, 4, 3, 6, 4, 2, 3, 5, 4 .
Diese **Urliste** ist nicht übersichtlich. Es ist daher sinnvoll, diese Werte in der nebenstehenden **Häufigkeitstabelle** zu ordnen

Zensur	absolute Häufigkeit	relative Häufigkeit
1	1	0,04
2	4	0,16
3	8	0,32
4	7	0,28
5	3	0,12
6	2	0,08
Summen	n = 25	1,00

Die Summe der absoluten Häufigkeiten ergibt den Stichprobenumfang $n = 25$, die der relativen Häufigkeiten die Gesamtsumme 1, wobei sich allerdings Rundungsfehler ergeben können. Diese Tabelle wird im nebenstehenden **Stabdiagramm** übersichtlich dargestellt, wobei als Stablängen die relativen Häufigkeiten gewählt werden.

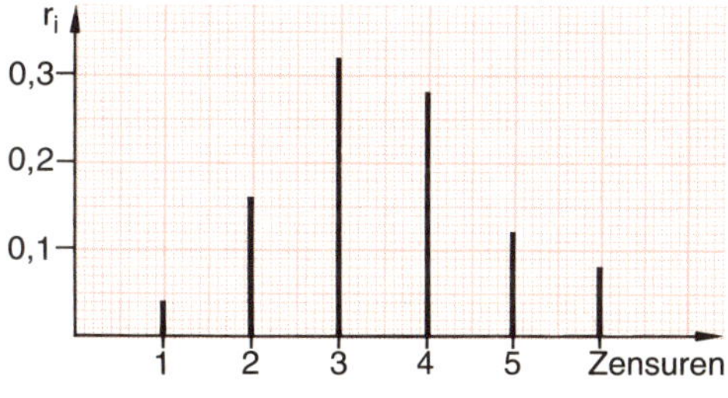

Manche Werte einer Stichprobe können gleich sein. Die *verschiedenen* Werte einer Stichprobe bezeichnen wir mit $x_1^*, x_2^*, \dots, x_m^*$ mit $m \leq n$. Die zugehörigen absoluten Häufigkeiten seien $h_1, h_2, \dots, h_m$. Summation dieser absoluten Häufigkeiten ergibt den Stichprobenumfang n. Division der absoluten Häufigkeiten durch n liefert die relativen Häufigkeiten r_i. Die Stichprobe kann übersichtlich dargestellt werden in einer Häufigkeitstabelle.

verschiedene Werte	x_1^*	x_2^*	....	x_m^*
absolute Häufigkeiten	h_1	h_2	....	h_m
relative Häufigkeiten	r_1	r_2	....	r_m

Dabei gilt $\sum_{j=1}^{m} h_j = n$ (Stichprobenumfang); $\sum_{j=1}^{m} r_j = 1$.

1. Zeichnen Sie ein Stabdiagramm der relativen Häufigkeiten der Stichprobe

1, 5, 7, 6, 9, 4, 2, 10, 2, 1, 5, 7, 8, 3, 3, 5, 8, 4, 3, 5, 6, 4, 9, 7, 4, 5, 6, 8, 10, 5, 6, 4, 1, 8, 2, 4, 8, 7, 6, 5, 1, 4, 9, 6, 8, 2, 9, 3, 5, 8.

Histogramme bei Klasseneinteilungen

Falls in einer Stichprobe sehr viele verschiedene Werte auftreten, ist auch ein Stabdiagramm nicht mehr übersichtlich. Dann ist es sinnvoll, die Stichprobenwerte in Klassen einzuteilen. Eine solche **Klasseneinteilung** wird beim Messen oder Wiegen stetiger Merkmale immer vorgenommen. Eine Klasseneinteilung ist allerdings mit einem Informationsverlust verbunden, da man nur noch feststellen kann, in welchen Klassen die einzelnen Stichprobenwerte liegen.

Bei einer solchen Klasseneinteilung benutzt man als graphische Darstellung ein **flächenproportionales Histogramm**. Die Höhe über der jeweiligen Klasse ist dabei so zu wählen, daß das Produkt der Grundseite und der Höhe (Flächeninhalt) gleich der relativen bzw. absoluten Häufigkeit ist. Nur wenn alle Klassen gleich breit sind (äquidistante Einteilung), können als Höhen unmittelbar die Klassenhäufigkeiten gewählt werden.

Beispiel 2: An einer Bundesstraße wurden die Geschwindigkeiten von 1 000 vorbeifahrenden Kraftfahrzeugen gemessen. Für die Geschwindigkeiten wurde die nachfolgende Klasseneinteilung benutzt.

Geschwindigkeit (km/h)	30 bis unter 60	60 bis unter 80	80 bis unter 90	90 bis unter 120	120 bis unter 150
Anzahl der Fahrzeuge	54	279	331	287	49

Für die relativen Klassenhäufigkeiten soll ein flächenproportionales Histogramm gezeichnet werden. Division der absoluten Häufigkeiten durch 1 000 ergibt die relativen Häufigkeiten. Da die Klassenbreiten verschieden sind, dürfen als Höhen nicht unmittelbar die relativen Häufigkeiten verwendet werden. Damit der

Flächeninhalt eines Rechtecks gleich der relativen Häufigkeit ist, muß als Höhe der Quotient $\frac{r_j}{\text{Klassenbreite}}$ gewählt werden. Diese Höhen lauten der Reihe nach

$\frac{0{,}054}{30} = 0{,}0018$; $\frac{0{,}279}{20} = 0{,}01395$; $\frac{0{,}331}{10} = 0{,}0331$; $\frac{0{,}287}{30} \approx 0{,}00957$;

$\frac{0{,}049}{30} \approx 0{,}00163$.

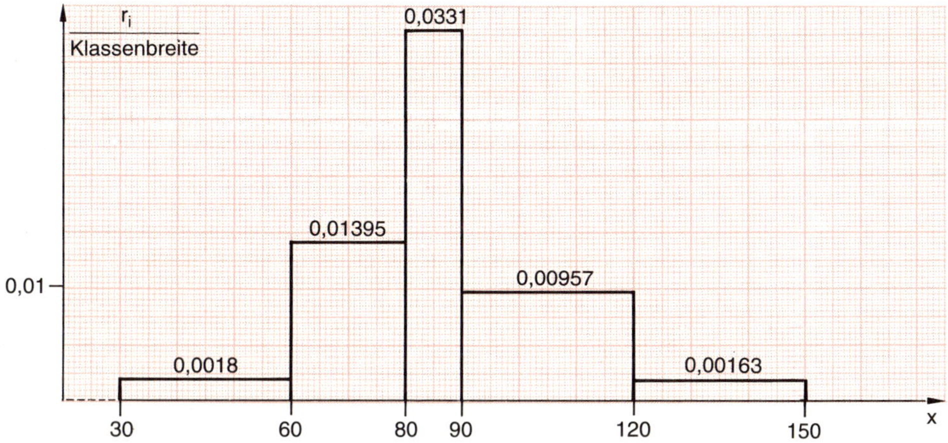

Aufgaben

2. Zeichnen Sie ein flächenproportionales Histogramm für die relativen Häufigkeiten der nebenstehenden Stichprobe

Klassengrenzen	absolute Häufigkeiten
$10 \leq x < 30$	20
$30 \leq x < 40$	15
$40 \leq x < 50$	20
$50 \leq x < 70$	24
$70 \leq x < 100$	21

3. Bei 50 Kindern wurde der Intelligenzquotient ermittelt. Dabei wurden folgende Werte festgestellt

116, 107, 124, 101, 118, 114, 128, 139, 132, 118, 115, 120,
113, 123, 110, 119, 111, 121, 139, 125, 121, 115, 100, 130,
123, 111, 124, 128, 116, 124, 107, 122, 118, 124, 93, 112,
102, 119, 123, 129, 134, 123, 116, 108, 114, 121, 111, 123,
121, 117.

Bilden Sie eine Klasseneinteilung mit halboffenen Intervallen
a) mit der Länge 5, wobei mit [90; 95[begonnen wird,
b) mit der Länge 10 mit dem Beginn [90; 100[.

Zeichnen Sie jeweils flächenproportionale Histogramme für die relativen Häufigkeiten.

15.2 Mittelwert einer Stichprobe

Beispiel 1 (Monatsverdienst): Die Monatsverdienste der 10 Angestellten eines Kleinbetriebes sind in DM

2350, 2520, 2600, 2680, 2700, 2750, 2800, 3170, 3200, 3500.

Insgesamt verdienen die 10 Personen zusammen monatlich 28 270 DM. Wie viel müßte jede der 10 Personen verdienen, damit sich bei gleichem Verdienst aller 10 Angestellten dieselbe Gesamtsumme ergibt? Diese Zahl bezeichnen wir mit $\bar{x}$.

Aus $10 \cdot \bar{x} = 28\,270$ folgt $\bar{x} = \frac{28\,270}{10} = 2\,827.$

Die Zahl $\bar{x}$ heißt das **arithmetische Mittel** der 10 Monatsverdienste, der sogenannte mittlere Monatsverdienst.

> **Definition:** Ist $x = (x_1, x_2, \dots, x_n)$ eine Stichprobe vom Umfang n, so heißt die Zahl
>
> $$\bar{x} = \frac{1}{n}(x_1 + x_2 + \dots + x_n) = \frac{1}{n} \sum_{i=1}^{n} x_i$$
>
> der **Mittelwert** oder das **arithmetische Mittel** der Stichprobe. Der Mittelwert $\bar{x}$ erfüllt die Beziehung
>
> $$\sum_{i=1}^{n} x_i = n \cdot \bar{x}.$$

Beispiel 2 (Zensuren): In Beispiel 1 Abschnitt 15.1 treten als Zensuren nur die Werte 1 bis 6 auf. Der Mittelwert (die Durchschnittszensur) ist

$$\bar{x} = \frac{1}{25}(1 \cdot 1 + 4 \cdot 2 + 8 \cdot 3 + 7 \cdot 4 + 3 \cdot 5 + 2 \cdot 6) = 3{,}52\,.$$

Sind allgemein $x_1^*, x_2^*, \dots, x_m^*$ die verschiedenen Werte einer Stichprobe mit den absoluten Häufigkeiten $h_1, h_2, \dots, h_m$, dann gilt

$$\bar{x} = \frac{1}{n}(h_1 \cdot x_1^* + h_2 \cdot x_2^* + \dots + h_m \cdot x_m^*) = \frac{1}{n} \sum_{j=1}^{m} h_j \cdot x_j^*\,.$$

Falls die Werte einer Stichprobe nur in Form einer Klasseneinteilung vorliegen, läßt sich der Mittelwert nicht mehr exakt berechnen. In diesem Fall identifiziert man alle Werte einer Klasse mit der Klassenmitte. Der daraus berechnete Mittelwert kann als Näherungswert für den Mittelwert der Stichprobe benutzt werden. Dabei ist die Näherung umso besser, je feiner die Klasseneinteilung ist.

Aufgaben

1. Berechnen Sie den Mittelwert der Stichprobe aus Aufgabe 1 in Abschnitt 15.1.

2. Berechnen Sie den Mittelwert der in Aufgabe 3 von Abschnitt 15.1 angegebenen Stichprobe. Berechnen Sie auch die entsprechenden Näherungswerte aus den beiden Klasseneinteilungen.

15.3 Median einer Stichprobe

Beispiel 1: Gegeben seien die Einkommen von 7 Personen (der Größe nach geordnet): 2100, 2400, 2500, 2720, 2910, 3100, 8500. Diese Stichprobe besitzt den Mittelwert $\bar{x} \approx 3\,461{,}43$.
Zur Charakterisierung dieser Stichprobe ist der Mittelwert kaum geeignet, da sechs Stichprobenwerte kleiner als $\bar{x}$ sind. Nur der Stichprobenwert $x_7 = 8\,500$ liegt wesentlich über $\bar{x}$.
Läßt man diesen sogenannten **Ausreißer** von der Stichprobe weg, so besitzt die restliche Stichprobe 2100, 2400, 2500, 2720, 2910, 3100 nur noch den Mittelwert $\bar{x} = 2\,105$. Der Ausreißer hat also einen starken Einfluß auf den Mittelwert.
Daher ist es naheliegend, nach einer weiteren Kennzahl der Stichprobe zu suchen. Da der Stichprobenumfang $n = 7$ ungerade ist, gibt es genau einen Stichprobenwert, der in der Mitte der geordneten Reihe steht, nämlich die Zahl 2 720. Diese Zahl heißt **Median** oder **Zentralwert** der Stichprobe und wird mit $\tilde{x}$ bezeichnet. Es gilt also hier $\tilde{x} = 2\,720$.

Beispiel 2 (Monatsverdienst): In Beispiel 1 aus Abschnitt 15.2 ist $n = 10$ gerade. Daher gibt es zwei Zahlenwerte, die in der Mitte der geordneten Stichprobe stehen, nämlich die Werte 2700 und 2750. In diesem Fall wird als Median der Stichprobe das arithmetische Mittel dieser beiden Werte festgesetzt, d.h.

$$\tilde{x} = \frac{1}{2}(2700 + 2750) = 2\,725.$$

Definition: Die Stichprobenwerte seien der Größe nach geordnet. Ist der Stichprobenumfang n ungerade, so ist der **Median** $\tilde{x}$ derjenige Stichprobenwert, der in der Mitte der geordneten Stichprobe steht. Bei geradem n ist der Median $\tilde{x}$ das arithmetische Mittel der beiden in der Mitte der geordneten Stichprobe stehenden Stichprobenwerte.

Der Median ist unempfindlich gegenüber Ausreißern. Er besitzt folgende typische Eigenschaft: Mindestens die Hälfte der Stichprobenwerte ist kleiner oder gleich $\tilde{x}$ und mindestens die Hälfte größer oder gleich $\tilde{x}$.

Falls die Stichprobe nur in Form einer Klasseneinteilung gegeben ist, läßt sich lediglich feststellen, in welcher Klasse der Median ist. Man kann auch alle Werte einer Klasse mit der Klassenmitte identifizieren und daraus den Median berechnen. Dadurch erhält man einen Näherungswert für den Median der Stichprobe.

1. Berechnen Sie den Median der folgenden Stichproben:

a) 1, 1, 1, 2, 2, 3, 3, 4, 4, 5, 6, 6.

b) 2, −4, 3, −5, 4, 2, 8, 20, 5, 10, 3.

c)

x_j^*	5	10	15	20
h_j	1	9	4	6

d)

x_j^*	10	15	20
h_j	4	8	15

15.4 Varianz und Standardabweichung (Streuung) einer Stichprobe

In Analogie zur Varianz einer diskreten Zufallsvariablen benutzt man zur Definition eines geeigneten Abweichungsmaßes die Quadrate $(x_i - \bar{x})^2$ der Abweichungen der Stichprobenwerte x_i vom Mittelwert $\bar{x}$. Weil es sich bei dem gesuchten **Schwankungsmaß** nur um einen Mittelwert handeln kann, wäre es zunächst naheliegend, die Summe der Abweichungsquadrate durch n zu dividieren. Es ist jedoch zweckmäßiger, die Quadratsumme nicht durch n, sondern durch n − 1 zu dividieren. Der Grund für dieses Vorgehen liegt darin, daß durch diese Größe die unbekannte Varianz σ^2 einer Zufallsvariablen besser geschätzt werden kann (s. Abschnitt 16.3).

Definition: Es sei $x = (x_1, x_2, \ldots, x_n)$ eine Stichprobe vom Umfang n. Dann nennt man

$$s^2 = \frac{1}{n-1} \cdot \left[(x_1 - \bar{x})^2 + (x_2 - \bar{x})^2 + \ldots + (x_n - \bar{x})^2\right] = \frac{1}{n-1} \sum_{i=1}^{n} (x_i - \bar{x})^2$$

$$= \frac{1}{n-1} \sum_{j=1}^{m} h_j \cdot (x_j^* - \bar{x})^2$$

die **Varianz** der Stichprobe und die Quadratwurzel

$$s = \sqrt{s^2} = \sqrt{\frac{1}{n-1} \sum_{i=1}^{n} (x_i - \bar{x})^2}$$

die **Standardabweichung** oder **Streuung** der Stichprobe.

Beispiel 1 (Zensuren): Für die in Beispiel 1 Abschnitt 15.1 dargestellte Stichprobe vom Umfang n = 25 mit dem Mittelwert 3,52 erhält man die Varianz

$$s^2 = \frac{1}{24}[(1 \cdot (1 - 3{,}52)^2 + 4 \cdot (2 - 3{,}52)^2 + 8 \cdot (3 - 3{,}52)^2 +$$
$$+ 7 \cdot (4 - 3{,}52)^2 + 3 \cdot (5 - 3{,}52)^2 + 2 \cdot (6 - 3{,}52)^2] \approx 1{,}5933.$$

Aus der Definition erhält man

$$s^2 = \frac{1}{n-1} \sum_{i=1}^{n} (x_i - \bar{x})^2 = \frac{1}{n-1} \sum_{i=1}^{n} (x_i^2 - 2\,x_i \cdot \bar{x} + \bar{x}^2)$$

$$= \frac{1}{n-1}\left(\sum_{i=1}^{n} x_i^2 - 2\,\bar{x} \sum_{i=1}^{n} x_i + n\,\bar{x}^2\right) = \frac{1}{n-1}\left(\sum_{i=1}^{n} x_i^2 - 2\,n\,\bar{x}^2 + n\,\bar{x}^2\right)$$

$$= \frac{1}{n-1}\left(\sum_{i=1}^{n} x_i^2 - n\,\bar{x}^2\right).$$

$$s^2 = \frac{1}{n-1}\left(\sum_{i=1}^{n} x_i^2 - n\,\bar{x}^2\right) = \frac{1}{n-1}\left(\sum_{j=1}^{m} h_j \cdot x_j^{*2} - n\,\bar{x}^2\right).$$

Mit dieser Formel läßt sich die Varianz oft wesentlich einfacher berechnen. Die rechte Seite wird bei Häufigkeitstabellen verwendet.

1. Berechnen Sie die Varianz aus Beispiel 1 mit Hilfe der obigen Formel.

15.5 Vermischte Aufgaben

1. Bei 9 Personen wurde der Intelligenzquotient gemessen. Dabei erhielt man die Werte 90; 111; 75; 131; 97; 103; 115; 95.
Berechnen Sie Mittelwert, Median und Standardabweichung der Stichprobe.

2. Die Körpergrößen von Studenten einer Hochschule wurden gemessen und in der nebenstehenden Tabelle zusammengestellt.
a) Zeichne Sie ein flächenproportionales Histogramm.
b) Bestimmen Sie mit Hilfe der Klassenmitten einen Näherungswert für die mittlere Körpergröße.

Körpergröße	absolute Häufigkeit
150 bis unter 160	10
160 bis unter 165	24
165 bis unter 170	70
170 bis unter 172	52
172 bis unter 174	46
174 bis unter 176	36
176 bis unter 180	40
180 bis unter 190	22

3. Gegeben sei die Stichprobe

x_j^*	0	1	2	3	4	5
h_j	50	36	10	3	0	1

a) Zeichnen Sie ein Stabdiagramm und ein Histogramm.
b) Berechnen Sie Mittelwert, Median und Varianz der Stichprobe.

L 4. Es sei $x = (x_1, x_2, \dots, x_n)$ eine Stichprobe mit dem Mittelwert $\bar{x}$ und der Varianz s_x^2. Zeigen Sie, daß die linear transformierte Stichprobe
$y = a \cdot x + b = (a \cdot x_1 + b, a \cdot x_2 + b, \dots, a \cdot x_n + b)$; $a, b \in \mathbb{R}$ den Mittelwert
$\bar{y} = \overline{a \cdot x + b} = a \cdot \bar{x} + b$ und die Varianz $s^2_{a \cdot x + b} = a^2 \cdot s_x^2$ besitzt.

L 5. Berechnen Sie mit Hilfe der Transformation $y = \frac{x - 100}{15}$ Mittelwert und Varianz der nebenstehenden Stichprobe.

x_j^*	85	100	115	160	175	190
h_j	4	9	20	8	7	2

L 6. Von der Stichprobe

Werte	−1	0	2
absolute Häufigkeiten	9	h_2	h_3

seien die beiden Häufigkeiten h_2 und h_3 unbekannt. Man kennt jedoch die beiden Werte $\bar{x} = 1$ und $s^2 = 1{,}56$. Berechnen Sie hieraus h_2 und h_3.

L 7. Es seien $x = (x_1, x_2, \dots, x_n)$ und $y = (y_1, y_2, \dots, y_n)$ zwei Stichproben vom gleichen Umfang n. Durch $(x_1+y_1, \dots, x_n+y_n)$ wird die Summe $x + y$ zweier Stichproben erklärt.
a) Zeigen Sie die Eigenschaft $\overline{x + y} = \bar{x} + \bar{y}$.
b) Gilt die Eigenschaft der Additivität auch für die Varianz?

16 Parameterschätzung

Beispiel (Qualitätskontrolle): Die Wahrscheinlichkeit dafür, daß ein von einer Maschine produziertes Gerät fehlerhaft ist, sei nicht bekannt. Zur Schätzung der unbekannten Fehlerwahrscheinlichkeit p wurden 1 000 zufällig ausgewählte Geräte untersucht. Die Anzahl der fehlerhaften Stücke betrug 71. Als Schätzwert für die unbekannte Wahrscheinlichkeit benutzt man die relative Häufigkeit, also

$$p \approx \frac{71}{1\,000} = 0{,}071.$$

Die tatsächliche Ausschußwahrscheinlichkeit p wird vermutlich von diesem Schätzwert etwas abweichen. Doch wird man vermuten, daß wegen des großen Stichprobenumfangs $n = 1\,000$ die Wahrscheinlichkeit p in der Nähe dieses Wertes 0,071 liegt.

Eine der Aufgaben der beurteilenden Statistik besteht darin, unbekannte Wahrscheinlichkeiten oder Erwartungswerte zu schätzen.

16.1 Schätzen einer unbekannten Wahrscheinlichkeit

Die Wahrscheinlichkeit $p = P(A)$ eines Ereignisses A sei nicht bekannt. Zur Schätzung von p eignet sich die relative Häufigkeit $r_n(A)$ des Ereignisses A in einer unabhängigen Versuchsserie vom Umfang n.

Die relative Häufigkeit $r_n(A)$ hängt vom Zufall ab und ist somit Realisierung der Zufallsvariablen $R_n(A)$. Die relative Häufigkeit $r_n(A)$ entsteht dadurch, daß die absolute Häufigkeit $h_n(A)$ durch den Stichprobenumfang n dividiert wird. Die absolute Häufigkeit $h_n(A)$ ist Realisierung einer mit den Parametern n und p binomialverteilten Zufallsvariablen X. Nach S. 139 gilt

$$E(X) = n \cdot p \qquad \text{und} \qquad Var(X) = n \cdot p \cdot (1-p).$$

Wegen $r_n(A) = \frac{h_n(A)}{n}$ gilt für die entsprechenden Zufallsvariablen $R_n(A) = \frac{X}{n}$.

Mit den Eigenschaften des Erwartungswertes und der Varianz erhält man hieraus

$$E(R_n(A)) = p; \qquad Var(R_n(A)) = \frac{p(1-p)}{n} \leq \frac{1}{4n}.$$

Diese Varianz kann beliebig klein gemacht werden, wenn der Versuchsumfang n nur groß genug gewählt wird. Es gilt

$$\lim_{n \to \infty} Var(R_n(A)) = 0.$$

Beispiel: Zur Bestimmung einer unbekannten Ausschußwahrscheinlichkeit p werden n Produktionsstücke untersucht. Die Zufallsvariable $R_n(F)$ beschreibe die relative Häufigkeit der fehlerhaften Stücke. Sie besitzt die Varianz

$$Var(R_n(F)) = \frac{p(1-p)}{n}.$$

Die Varianz nimmt an der Stelle $p = 0{,}5$ den größten Wert $\frac{1}{4n}$ an.

Es soll als sicher angenommen werden, daß $p \leq 0{,}1$ erfüllt ist. Dann wird das Maximum der Varianz an der Stelle $p = 0{,}1$ angenommen mit

$$\max_{p \leq 0{,}1} \left(\frac{p(1-p)}{n} \right) = \frac{0{,}1 \cdot 0{,}9}{n} = \frac{0{,}09}{n}.$$

Gesucht ist der minimale Stichprobenumfang n mit $\operatorname{Var}(R_n(F)) \leq 0{,}001$.

Diese Bedingung ist sicher erfüllt, wenn $\frac{0{,}09}{n} \leq 0{,}001$ gilt. Hieraus folgt $n \geq 90$.

Falls man $p = 0{,}5$ zulassen muß, erhält man die Bedingung $\frac{1}{4n} \leq 0{,}001$ mit der Lösung $n \geq 250$.

Der Erwartungswert der Zufallsvariablen $R_n(A)$ ist für jedes n gleich dem zu schätzenden Parameter p. Daher nennt man die relative Häufigkeit $r_n(A)$ einen **erwartungstreuen Schätzwert** für die unbekannte Wahrscheinlichkeit $p = P(A)$. Die Erwartungstreue ist für jedes n, also auch für kleine n erfüllt. Im Mittel erhält man richtige Schätzwerte. Für die Güte der einzelnen Schätzungen ist die Varianz von $R_n(A)$ entscheidend. Diese kann bei genügend großem n beliebig klein gemacht werden. Dann wird für große n die Zufallsvariable $R_n(A)$ meistens Werte in der unmittelbaren Umgebung ihres Erwartungswertes p annehmen (Hinweis für den Leistungskurs: Der Grund für diesen Sachverhalt ist das Gesetz der großen Zahlen für eine Wahrscheinlichkeit aus Abschnitt 14.3). Daher erhält man in

$$p \approx r_n(A)$$

nicht nur im Mittel, sondern in den meisten Fällen recht brauchbare Schätzwerte (Näherungswerte) für die unbekannte Wahrscheinlichkeit p.

Aufgaben

1. In Deutschland wurden im Jahr 1989 insgesamt 880 459 Kinder geboren. Davon waren 428 873 Mädchen (Quelle: Statistisches Jahrbuch 1989, vorläufiges Ergebnis). Bestimmen Sie daraus einen Schätzwert für die Wahrscheinlichkeit p einer Mädchengeburt (Knabengeburt).

2. Ein Medikament besitze eine Heilungswahrscheinlichkeit $p = 0{,}9$. Das Medikament werde n Patienten verabreicht. Die Zufallsvariable $R_n(G)$ beschreibe die relative Häufigkeit der geheilten Personen.
Wie groß muß n mindestens sein, damit die Standardabweichung der Zufallsvariablen $R_n(G)$ höchstens gleich a) 0,01; b) 0,005 ist?

3. Wie oft muß mit einem idealen Würfel mindestens geworfen werden, damit die Standardabweichung der Zufallsvariabeln $R_n(\{6\})$, welche die relative Häufigkeit der Augenzahl 6 beschreibt, höchstens gleich 0,001 ist?

4. Der genaue Wert der Wahrscheinlichkeit p eines Ereignisses A sei nicht bekannt, jedoch a) $p \geq 0{,}8$; b) $0{,}3 \leq p \leq 0{,}6$; c) keine Information über p.
Wie oft muß das entsprechende Zufallsexperiment unabhängig durchgeführt werden, damit die Standardabweichung der Zufallsvariablen $R_n(A)$ der relativen Häufigkeit des Ereignisses A höchstens gleich 0,01 ist?

16.2 Schätzen eines unbekannten Erwartungswertes

Der Erwartungswert $\mu = E(X)$ einer beliebigen Zufallsvariablen X sei nicht bekannt. Zur Schätzung des Parameters μ wird das zugehörige Zufallsexperiment n-mal unabhängig durchgeführt. Bei der i-ten Versuchsdurchführung erhält man den Stichprobenwert x_i als Realisierung der Zufallsvariablen X_i für $i = 1, 2, \dots, n$. Das Stichprobenmittel

$$\bar{x} = \frac{1}{n}(x_1 + x_2 + \dots + x_n) = \frac{1}{n}\sum_{i=1}^{n} x_i$$

ist Realisierung der Zufallsvariablen

$$\bar{X} = \frac{1}{n}(X_1 + X_2 + \dots + X_n) = \frac{1}{n}\sum_{i=1}^{n} X_i \, .$$

Die Zufallsvariable X besitze eine Varianz $Var(X) = \sigma^2$. Dann haben alle Zufallsvariablen X_i diese Varianz.

Aus den Eigenschaften des Erwartungswertes und der Varianz folgt

$$E(\bar{X}) = \mu \, ; \qquad Var(\bar{X}) = \frac{\sigma^2}{n} \, .$$

Für jedes n ist das Stichprobenmittel $\bar{x}$ ein erwartungstreuer Schätzwert für den unbekannten Erwartungswert μ. Die Varianz der entsprechenden Zufallsvariablen $\bar{X}$ kann beliebig klein gemacht werden, wenn der Stichprobenumfang n nur groß genug gewählt wird. Diese Eigenschaft gilt auch, wenn die Varianz σ^2 der Zufallsvariablen X nicht bekannt ist. Also gilt stets

$$\lim_{n\to\infty} Var(\bar{X}) = 0.$$

Bei großen Stichprobenumfängen n erhält man daher mit

$$\mu \approx \bar{x} \, .$$

meistens recht brauchbare Schätzwerte für μ.

Aufgaben

1. Die Zufallsvariable X beschreibe die Augenzahl beim Werfen eines verfälschten Würfels. Mit dem Würfel wurde 1000 mal geworfen. Dabei erhielt man die gesamte Augensumme 3879. Bestimmen Sie daraus einen Schätzwert für den Erwartungswert μ der Augenzahl bei einem Einzelwurf.

2. Von einer Zufallsvariablen X sei zwar die Standardabweichung $\sigma = 5$, nicht jedoch der Erwartungswert bekannt. $X_1, X_2, \dots, X_n$ seien unabhängige Wiederholungen der Zufallsvariablen X.

a) Berechnen Sie die Standardabweichung der Zufallsvariablen $\bar{X} = \frac{1}{n}\sum_{i=1}^{n} X_i$.

b) Für welche n ist diese Standardabweichung höchstens gleich 0,5?

L 16.3 Schätzen einer unbekannten Varianz

Eine beliebige Zufallsvariable X besitze eine unbekannte Varianz $\mathrm{Var}(X) = \sigma^2$. Zur Schätzung dieser Varianz berechnet man von der in Abschnitt 16.2 beschriebenen Zufallsstichprobe die Stichprobenvarianz

$$s^2 = \frac{1}{n-1} \sum_{i=1}^{n} (x_i - \bar{x})^2 = \frac{1}{n-1} \left(\sum_{i=1}^{n} (x_i^2 - n\bar{x}^2 \right).$$

Diese Stichprobenvarianz hängt vom Zufall ab und ist somit Realisierung einer Zufallsvariablen. Diese Zufallsvariable bezeichnen wir mit

$$S^2 = \frac{1}{n-1} \sum_{i=1}^{n} (X_i - \bar{X})^2 = \frac{1}{n-1} \left(\sum_{i=1}^{n} (X_i^2 - n\bar{X}^2 \right).$$

Falls die Zufallsvariablen $X_1, X_2, \ldots, X_n$ unabhängige Wiederholungen von X sind mit $E(X_i) = \mu$ und $\mathrm{Var}(X_i) = \sigma^2$, erhält man mit Hilfe der Additivität des Erwartungswertes

$$E(S^2) = \frac{1}{n-1} \cdot E\left(\sum_{i=1}^{n} (X_i - \bar{X})^2 \right) = \frac{1}{n-1} \cdot \left(\sum_{i=1}^{n} E(X_i^2) - n\,E(\bar{X}^2) \right)$$

$$= \frac{n}{n-1} \cdot \left[E(X^2) - E(\bar{X}^2) \right].$$

Für jede beliebige Zufallsvariable Z gilt

$$\mathrm{Var}(Z) = E(Z^2) - [E(Z)]^2 \quad \text{, also} \quad E(Z^2) = \mathrm{Var}(Z) + [E(Z)]^2.$$

Wendet man diese Formel jeweils auf die Zufallsvariablen X und $\bar{X}$ an, so erhält man mit den oben angegebenen Größen und der Formel aus Abschnitt 16.2

$$E(X^2) = \mathrm{Var}(X) + [E(X)]^2 = \sigma^2 + \mu^2 ;$$

$$E(\bar{X}^2) = \mathrm{Var}(\bar{X}) + [E(\bar{X})]^2 = \frac{\sigma^2}{n} + \mu^2 .$$

Damit erhält man

$$E(S^2) = \frac{n}{n-1} \cdot \left[\sigma^2 + \mu^2 - \frac{\sigma^2}{n} - \mu^2 \right] = \frac{n}{n-1} \cdot \frac{n-1}{n} \cdot \sigma^2 = \sigma^2 .$$

Es gilt also

$$E(S^2) = \sigma^2 .$$

Die Zufallsvariable S^2 der Stichprobenvarianz besitzt den Erwartungswert σ^2. Daher ist die Stichprobenvarianz s^2 ein erwartungstreuer Schätzwert für die unbekannte Varianz σ^2 der entsprechenden Zufallsvariablen.

Wir können nun begründen, weshalb in Abschnitt 15.4 bei der Berechnung der Stichprobenvarianz s^2 durch $n-1$ und nicht durch n dividiert wird. Bei einer Division durch n erhält man die Größe

$$s^{*2} = \frac{1}{n} \sum_{i=1}^{n} (x_i - \bar{x})^2 = \frac{n-1}{n} \cdot s^2 < s^2 .$$

Der Zahlenwert s^{*2} ist Realisierung der Zufallsvariablen

$$S^{*2} = \frac{1}{n} \sum_{i=1}^{n} (X_i - \bar{X})^2 = \frac{n-1}{n} \cdot S^2 .$$

Diese Zufallsvariable besitzt jedoch den Erwartungswert

$$E(S^{*2}) = \frac{n-1}{n} \cdot E(S^2) = \frac{n-1}{n} \cdot \sigma^2 < \sigma^2 .$$

Im Mittel bekäme man bei der Division durch n zu kleine Schätzwerte für σ^2. Dies macht sich insbesondere bei kleinen Stichprobenumfängen n bemerkbar. Bei großem n spielt es keine wesentliche Rolle, ob durch $n-1$ oder durch n dividiert wird.

Auch für die Zufallsvariable S^2 gibt es unter recht allgemeinen Bedingungen ein Gesetz der großen Zahlen. Daher erhält man in s^2 für große n meistens recht gute Schätzwerte für die unbekannte Varianz einer Zufallsvariablen, also

$$\sigma^2 \approx s^2 .$$

Aufgaben

1. In Aufgabe 1 Abschnitt 16.2 erhielt man als Summe der Quadrate der Augenzahlen den Wert 18 234. Bestimmen Sie daraus einen Schätzwert für die Varianz der Zufallsvariablen X.

2. Von einer Zufallsvariablen X sei der Erwartungswert μ bekannt, nicht jedoch die Varianz. Zeigen Sie, daß bei unabhängigen Wiederholungen X_i der Zufallsvariablen X die Zufallsvariable

$$T^2 = \frac{1}{n} \sum_{i=1}^{n} (X_i - \mu)^2$$

erwartungstreue Schätzwerte für $\sigma^2 = \mathrm{Var}(X)$ liefert.

3. Die Stichprobenwerte

x_j^*	0	1	4	9	16
h_j	20	15	18	17	30

seien unabhängige Realisierungen einer Zufallsvariablen X.
a) Berechnen Sie daraus Schätzwerte für den Erwartungswert und die Varianz von X.
b) Die Zufallsvariable $\bar{X}$ beschreibe den Mittelwert $\bar{x}$ der Stichprobe.
Bestimmen Sie Schätzwerte für den Erwartungswert und die Varianz der Zufallsvariablen $\bar{X}$.

L 17 Konfidenzintervalle (Vertrauensintervalle)

In Kapitel 16 wurden Näherungswerte (Schätzwerte) für eine unbekannte Wahrscheinlichkeit p, einen unbekannten Erwartungswert μ oder eine unbekannte Varianz σ^2 bestimmt. Nach den Gesetzen der großen Zahlen (s. Kap. 14) kann man bei großen Stichprobenumfängen n erwarten, daß die meisten dieser Schätzwerte in der Nähe des entsprechenden Parameters liegen. Eine genaue Übereinstimmung wird man durch ein Zufallsexperiment wohl kaum erreichen. Falls dies einmal der Fall sein sollte, wüßte man es auch gar nicht. Daher kann man nur davon ausgehen, daß der unbekannte Parameter in der Nähe dieses Schätzwertes liegt. Aus diesem Grund ist es naheliegend, gewisse Abweichungen zuzulassen. So ist z. B. ein Wahlforscher daran interessiert, das tatsächliche Stimmenergebnis einer Partei auf einen Prozentpunkt genau vorherzusagen. Er läßt also zu, daß das tatsächliche Wahlergebnis höchstens einen Prozentpunkt von seiner Prognose abweicht.

Allgemein geht es im folgenden um die Angabe eines Intervalls $[c_1; c_2]$, von dem behauptet wird, daß es den unbekannten Parameterwert tatsächlich enthält. Die Aussage lautet dann, der unbekannte Parameter liege zwischen den beiden Grenzen c_1 und c_2.

L 17.1 Konfidenzintervalle für eine unbekannte Wahrscheinlichkeit

Beispiel 1 (Wahlprognose): Kurz vor einer Wahl soll ein Meinungsforschungsinstitut eine Prognose über die prozentualen Stimmenanteile der kandidierenden Parteien abgeben. P_A sei der zu schätzende Stimmenanteil der Partei A. Es sei p die Wahrscheinlichkeit dafür, daß eine zufällig ausgewählte wahlberechtigte Person die Partei A wählt.
Zur Prognose wurden 5 000 Wähler zufällig ausgewählt. Davon wollten 2 130 die Partei A wählen. Die relative Häufigkeit ergibt den Schätzwert $p \approx 0{,}426$.
Auf Grund dieses Ergebnisses gibt das Institut folgende Prognose ab:
Der Stimmenanteil liegt zwischen 41,6 und 43,6 Prozent. Gleichwertig damit ist die Aussage $0{,}416 \leq p \leq 0{,}436$.

Im folgenden geht es darum, Aussagen über die Sicherheit einer derartigen Aussage zu machen.

Allgemein soll für eine unbekannte Wahrscheinlichkeit $p = P(A)$ eines beliebigen Ereignisses A eine Aussage der Form $p_1 \leq p \leq p_2$ gemacht werden. Gleichwertig damit ist die Angabe des Intervalls $[p_1; p_2]$, von dem behauptet wird, es enthalte die unbekannte Wahrscheinlichkeit p. Ein solches Intervall nennt man **Konfidenzintervall** oder **Vertrauensintervall.** Man vertraut dann darauf, daß dieses Intervall den unbekannten Wert p tatsächlich enthält.

Es ist naheliegend, zur Bestimmung eines Konfidenzintervalls die relative Häufigkeit $r_n(A)$ des Ereignisses A in einer unabhängigen Versuchsserie zu benutzen.

Diese relative Häufigkeit ist Realisierung der Zufallsvariablen $R_n(A)=\frac{1}{n}\cdot H_n(A)$. Dabei beschreibt $H_n(A)$ die absolute Häufigkeit des Ereignisses A. Die Zufallsvariable $H_n(A)$ ist binomialverteilt mit dem bekannten Parameter n (Versuchsumfang) und dem unbekannten Parameter p. Für große n mit $n\cdot p\cdot(1-p) > 9$ ist nach Abschnitt 13.1 die Standardisierung

$$\frac{H_n(A)-n\cdot p}{\sqrt{n\cdot p\cdot(1-p)}}$$

ungefähr standardnormalverteilt. Zunächst geben wir eine Konstante $c > 0$ vor. Mit dieser Konstanten c gilt dann

$$P\left(-c \le \frac{H_n(A)-n\cdot p}{\sqrt{n\cdot p\cdot(1-p)}} \le c\right) \approx \Phi(c)-\Phi(-c) = 2\cdot\Phi(c)-1 = \gamma\,.$$

In etwa $100\cdot\gamma$ % der Fälle gilt dann für die absolute Häufigkeit $h_n(A)$ des Ereignisses A als Realisierung der Zufallsvariablen $H_n(A)$ die Ungleichung

$$-c \le \frac{h_n(A)-n\cdot p}{\sqrt{n\cdot p\cdot(1-p)}} \le c\,.$$

Unser Ziel ist es jedoch, eine entsprechende Ungleichung für p abzuleiten. Falls die absoluten Häufigkeiten $h_n(A)$ und $h_n(\overline{A}) = n-h_n(A)$ groß sind, läßt sich nach einigen Umformungen zeigen, daß diese Ungleichung etwa gleichwertig ist mit

$$r_n(A)-c\cdot\sqrt{\frac{r_n(A)\cdot(1-r_n(A))}{n}} \le p \le r_n(A)+c\cdot\sqrt{\frac{r_n(A)\cdot(1-r_n(A))}{n}}\,,$$

wobei $r_n(A)$ die relative Häufigkeit von A ist. Für die entsprechenden Zufallsvariablen $R_n(A)$ gilt dann entsprechend

$$P\left(R_n(A)-c\sqrt{\frac{R_n(A)\cdot(1-R_n(A))}{n}} \le p \le R_n(A)+c\sqrt{\frac{R_n(A)\cdot(1-R_n(A))}{n}}\right)$$
$$= 2\cdot\Phi(c)-1 = \gamma.$$

Daher wird auf Dauer in ungefähr $100\cdot\gamma$ % der Versuchsserien die unbekannte Wahrscheinlichkeit p tatsächlich zwischen den beiden Grenzen

$$p_{1,2} = r_n(A)\mp c\cdot\sqrt{\frac{r_n(A)\cdot(1-r_n(A))}{n}}$$

liegen, also die Aussage $p_1 \le p \le p_2$ richtig sein.

Die durch c eindeutig bestimmte Wahrscheinlichkeit $\gamma = 2\cdot\Phi(c)-1$ nennt man **Konfidenz-** oder **Vertrauenswahrscheinlichkeit.** Das damit berechnete Intervall $[p_1; p_2]$ heißt Konfidenz- oder Vertrauensintervall zur Konfidenzwahrscheinlichkeit γ.

Falls man die Konfidenzwahrscheinlichkleit γ bei gleichem Stichprobenumfang n vergrößert, wird auch die Konstante c größer. Das zugehörige Konfidenzintervall wird dann länger, die entsprechende Aussage also unpräziser.

Beispiel 2 (Wahlprognose): In Beispiel 1 wird als Vertrauensintervall für die unbekannte Wahrscheinlichkeit p das Intervall [0,416; 0,436] angegeben. Gesucht ist die dazugehörige Vertrauenswahrscheinlichkeit.
Da die Abweichung von $r_n(A) = 0{,}426$ nach beiden Seiten gleich 0,01 ist, erhält man aus der obigen Formel

$$0{,}01 = c \cdot \sqrt{\frac{0{,}426 \cdot (1 - 0{,}426)}{5\,000}} \text{ ; hieraus folgt } c = 1{,}430.$$

Daraus erhält man die Vertrauenswahrscheinlichkeit $\gamma = 2 \cdot \Phi(1{,}43) - 1 \approx 0{,}847$.

Die Wahlprognose ist also mit einem Verfahren abgeleitet worden, welches mit einer Wahrscheinlichkeit von etwa 0,847 auch richtige Prognosen liefert. Aus dem Grund sagt man auch, die Prognose ist zu 84,7 % abgesichert (richtig)

Zur Bestimmung eines Konfidenzintervalles kann man auch die Konfidenzwahrscheinlichkeit γ vorgeben und daraus die Konstante c bestimmen. Aus

$$\gamma = 2 \cdot \Phi(c) - 1 \text{ erhält man } \Phi(c) = \frac{1 + \gamma}{2}.$$

Das Quantil c wird aus Tabelle 2 im Anhang abgelesen.

Die Bestimmung eines Konfidenzintervalls soll nochmals übersichtlich zusammengestellt werden.

Konstruktionsvorschrift:

1. Man gibt die Konfidenzwahrscheinlichkeit γ vor, z. B. $\gamma = 0{,}95$ oder $\gamma = 0{,}99$.
2. Aus Tabelle 2 der Quantile der $N(0; 1)$-Verteilung bestimmt man c mit
   $$\Phi(c) = \frac{1 + \gamma}{2}.$$
3. Man berechnet die relative Häufigkeit $r_n(A)$ in einer unabhängigen Versuchsserie vom Umfang n.
4. Man berechnet $d = c \cdot \sqrt{\frac{r_n(A) \cdot (1 - r_n(A))}{n}}$.
5. Das Konfidenzintervall für p lautet
   $[r_n(A) - d; r_n(A) + d]$.

Interpretation: Wird mit einem berechneten Konfidenzintervall die Aussage

$$r_n(A) - d \leq p \leq r_n(A) + d$$

gemacht, so ist diese in ungefähr $100 \cdot \gamma$ % der Fälle richtig.

1. Berechnen Sie in Beispiel 2 ein Konfidenzintervall für p zur Konfidenzwahrscheinlichkeit
a) $\gamma = 0{,}9$; b) $\gamma = 0{,}95$.

Beispiel 3 (Wahrscheinlichkeit einer Mädchen- bzw. Knabengeburt): In Deutschland wurden im Jahr 1989 insgesamt 880 459 Kinder geboren. Davon waren 428 873 Mädchen (Quelle: Statistisches Jahrbuch 1989, vorläufiges Ergebnis). Für die Wahrscheinlichkeit p_M einer Mädchengeburt erhält man hieraus den Schätzwert

$$p_M \approx \frac{428\,873}{880\,459} \approx 0{,}487102\,.$$

Für die Wahrscheinlichkeit p_M soll zur Konfidenzwahrscheinlichkeit $\gamma = 0{,}99$ ein Konfidenzintervall bestimmt werden.

$$\Phi(c) = \frac{1 + 0{,}99}{2} = 0{,}995 \quad \text{ergibt aus Tabelle 2}$$

den Wert $c = 2{,}576$ mit $d = 2{,}576 \cdot \sqrt{\frac{0{,}487102 \cdot (1 - 0{,}487102)}{880\,459}} \approx 0{,}001372.$

Hieraus erhält man für die Wahrscheinlichkeit einer Mädchengeburt das Konfidenzintervall $[0{,}4857; 0{,}4885]$, also die zu 99 % abgesicherte Aussage
$0{,}4857 \le p_M \le 0{,}4885$.

Für die Wahrscheinlichkeit p_K einer Knabengeburt erhält man den Schätzwert

$$p_K \approx 0{,}512898.$$

Für das Konfidenzintervall für p_K zu $\gamma = 0{,}99$ erhält man den gleichen Wert d wie beim Konfidenzintervall für p_M und das Konfidenzintervall $[0{,}5115\,;\ 0{,}5143]$. Hieraus erhält man die zu 99 % richtige Aussage $0{,}5115 \le p_K \le 0{,}5143$ für die Wahrscheinlichkeit p_K einer Knabengeburt.

Beispiel 4: Kurz vor einer Wahl soll ein Meinungsforschungsinstitut eine Prognose über die prozentualen Stimmenanteile der kandidierenden Parteien abgeben. Wie viele zufällig ausgewählte Wahlberechtigte müssen mindestens befragt werden, damit mit einer Sicherheit von $\gamma = 0{,}95$ eine Prognose vom tatsächlichen Ergebnis um höchstens einen Prozentpunkt abweicht?
Die Länge a der Konfidenzintervalle darf also höchstens gleich 0,02 sein.

Die **Länge des Konfidenzintervalls** ist allgemein

$$a = 2c \cdot \sqrt{\frac{r_n(A) \cdot (1 - r_n(A))}{n}} \le 2c \cdot \sqrt{\frac{1}{4n}}\,.$$

Wegen $x \cdot (1 - x) \le \frac{1}{4}$ für alle $x \in \mathbb{R}$ gilt immer $0 \le r_n(A) \cdot (1 - r_n(A)) \le \frac{1}{4}$. Diese Eigenschaft wurde bei der obigen Ungleichung benutzt. Die tatsächliche Länge hängt von $r_n(A)$ und damit vom Zufall ab. Bei festgehaltenem γ bleibt c fest. Dann wird a mit wachsendem n kleiner. Die Länge a kann beliebig klein gemacht werden, wenn n nur groß genug gewählt wird. Diese Eigenschaft ist auch plausibel, da eine Stichprobe von großem Umfang n viel Information liefert.

Eine Vergrößerung von γ ergibt einen größeren Wert c und damit bei gleichem Stichprobenumfang n eine Vergrößerung von n. Die Aussage wird zwar sicherer, dafür jedoch unpräziser.

Aus der oben angegebenen Formel kann der minimale Stichprobenumfang n so bestimmt werden, daß die Länge a des Konfidenzintervalls eine vorgegebene Größe v nicht überschreitet. Es gilt

$$a^2 = \frac{4c^2 r_n(A)\cdot(1-r_n(A))}{n} \leq \frac{4c^2}{4n} = \frac{c^2}{n} \leq v^2.$$

Wählt man $n \geq \frac{c^2}{v^2}$, so gilt $a \leq v$.

Beispiel 5: In Beispiel 4 soll die Länge des gesuchten Intervalls höchstens gleich 0,02 sein. Mit c = 1,960 erhält man die Bedingung

$$n \geq \left(\frac{1{,}960}{0{,}02}\right)^2 = 9604\,.$$

Ein Vergleich mit Beispiel 2 von Abschnitt 14.3 zeigt, daß hier das n wesentlich kleiner ist als das dort bestimmte.

Beispiel 6: Für eine unbekannte Ausschußwahrscheinlichkeit p soll zu $\gamma = 0{,}95$ ein Konfidenzintervall bestimmt werden, das höchstens die Länge 0,01 besitzt. Wie viele Werkstücke müssen untersucht werden?

Falls über $r_n(A)$ keine Vorausinformation vorliegt, muß der Fall $r_n(A) = 0{,}5$ zugelassen werden. Dann kann die Länge maximal gleich $\frac{c}{\sqrt{n}}$ werden. Daraus folgt $n \geq \left(\frac{1{,}960}{0{,}01}\right)^2 = 38\,416.$

Falls jedoch $r_n(A) \leq 0{,}05$ als gesichert angesehen werden kann, nimmt die Funktion $r_n(A)\cdot(1-r_n(A))$ das Maximum an der Stelle 0,05 an mit

$$a = 2c\cdot\sqrt{\frac{r_n(A)\cdot(1-r_n(A))}{n}} \leq 2c\cdot\sqrt{\frac{0{,}05\cdot 0{,}95}{n}} = 2c\cdot\sqrt{\frac{0{,}0475}{n}} \leq 0{,}01.$$

Hieraus erhält man

$$n \geq \frac{4\cdot(1{,}960)^2\cdot 0{,}0475}{(0{,}01)^2} = 7\,299.$$

Durch die Vorausinformation wird das minimale n erheblich kleiner.

Aufgaben

2. Für die Wahrscheinlichkeit einer Mädchengeburt soll zur Vertrauenswahrscheinlichkeit $\gamma = 0{,}999$ ein Konfidenzintervall bestimmt werden, dessen Länge höchstens gleich 0,0001 ist. Bei wie vielen Geburten muß dazu das Geschlecht festgestellt werden?

3. Beim Werfen eines Reißnagels sei A das Ereignis "der Kopf liegt unten". Bei 400 Versuchen erhielt man die absolute Häufigkeit $h_{400}(A) = 220$. Bestimmen Sie ein Konfidenzintervall für P(A) zu $\gamma = 0{,}90$.

4. Kurz vor einer Wahl befragte ein Meinungsforschungsinstitut 2000 zufällig ausgewählte Personen nach ihrem Wahlverhalten. Dabei ergab sich das Ergebnis

Partei	A	B	C	Sonstige (S)
Stimmen	160	812	1008	20

Geben Sie über ein Konfidenzintervall mit $\gamma = 0{,}95$ eine Prognose über den prozentualen Stimmenanteil einer Partei ab.
Hinweis: Bestimmen Sie ein Konfidenzintervall für die entsprechende Wahrscheinlichkeit.

5. Für eine unbekannte Wahrscheinlichkeit $p = P(A)$ soll ein Konfidenzintervall a) zu $\gamma = 0{,}95$, b) zu $\gamma = 0{,}96$ bestimmt werden. Dabei kann als sicher angesehen werden, daß für die relative Häufigkeit in einer unabhängigen Versuchsserie vom Umfang n gilt $0{,}1 \leq r_n(A) \leq 0{,}2$.
Bestimmen Sie unter dieser Voraussetzung den minimalen Stichprobenumfang n so, daß die Länge des Konfidenzintervalls höchstens gleich 0,01 ist.

6. Für eine unbekannte Wahrscheinlichkeit $p = P(A)$ soll mit Hilfe der relativen Häufigkeit $r_n(A)$ in einer unabhängigen Versuchsserie vom Umfang n zur Konfidenzwahrscheinlichkeit $\gamma = 0{,}95$ ein Konfidenzintervall berechnet werden. Wie groß muß n mindestens sein, damit die Länge des Konfidenzintervalls höchstens gleich 0,01 ist, falls

a) $0{,}6 \leq r_n(A) \leq 0{,}7$ als gesichert vorausgesetzt werden kann,

b) über $r_n(A)$ nichts bekannt ist?

7. Mit einem verfälschten Würfel wurde geworfen. Dabei ergaben sich folgende Werte

Augenzahlen	1	2	3	4	5	6
Häufigkeiten	255	318	317	310	380	420

a) Bestimmen Sie zu $\gamma = 0{,}95$ ein Konfidenzintervall für die Wahrscheinlichkeit einer einzigen Augenzahl.
b) Wie oft muß man mindestens werfen, damit die Länge eines Konfidenzintervalls höchstens gleich 0,001 ist?

8. Zur gleichen Konfidenzwahrscheinlichkeit γ und mit gleichem Stichprobenumfang werden Konfidenzintervalle für die Wahrscheinlichkeiten $P(A)$ und $P(\overline{A})$ bestimmt. Zeigen Sie, daß beide Intervalle dann die gleiche Länge besitzen.

L 17.2 Konfidenzintervalle für einen unbekannten Erwartungswert

Die Zufallsvariable X besitze den unbekannten Erwartungswert $\mu = E(X)$. Nach Abschnitt 16.2 ist das Stichprobenmittel $\bar{x}$ aus einer unabhängigen Zufallsstichprobe ein erwartungstreuer Schätzwert für μ. Dabei ist $\bar{x}$ Realisierung der Zufallsvariablen $\bar{X}$ mit $E(\bar{X}) = \mu$. Bei der Bestimmung von Konfidenzintervallen muß unterschieden werden, ob die Varianz bekannt ist oder nicht. Ferner benötigt man für kleine Stichprobenumfänge n die Voraussetzung der Normalverteilung.

Konfidenzintervalle für einen unbekannten Erwartungswert μ einer Normalverteilung bei bekannter Varianz σ^2

Beispiel 1: Die Zufallsvariable X beschreibe das Gewicht (in Gramm) von Salzpaketen, die von einer Maschine abgepackt werden. Diese Zufallsvariable sei näherungsweise normalverteilt. Der Erwartungswert $\mu = E(X)$ hänge von der Maschineneinstellung ab, während die Varianz $\sigma^2 = 36$ eine davon unabhängige konstante Größe sei. Die Varianz ist also bekannt, nicht jedoch der Erwartungswert μ. Zur Schätzung des Erwartungswertes wurden 50 Pakete zufällig ausgewählt. Das mittlere Gewicht betrug $\bar{x} = 501{,}37$ Gramm. Mit Hilfe des Schätzwertes $\mu \approx 501{,}37$ soll analog zu Abschnitt 17.1 für μ ein Konfidenzintervall der Form $[\bar{x} - d;\ \bar{x} + d]$ zur Konfidenzwahrscheinlichkeit $\gamma = 0{,}95$ hergeleitet werden. Die damit gemachte Aussage $\bar{x} - d \leq \mu \leq \bar{x} + d$ soll also mit einem Verfahren abgeleitet werden, welches auf Dauer in etwa $100 \cdot \gamma\ \% = 95\ \%$ der Fälle richtige Aussagen liefert. Zur Berechnung der Zahl d benötigen wir die folgenden Überlegungen.

Allgemein sei X eine normalverteilte Zufallsvariable mit dem unbekannten Erwartungswert μ und der bekannten Varianz σ^2. Der Mittelwert $\bar{x}$ einer unabhängigen Zufallsstichprobe ist Realisierung der Zufallsvariablen

$$\bar{X} = \frac{1}{n}(X_1 + X_2 + \dots + X_n) = \frac{1}{n}\sum_{i=1}^{n} X_i\,,$$

wobei die unabhängigen Zufallsvariablen X_i als Wiederholungen der Zufallsvariablen X normalverteilt sind mit dem Erwartungswert μ und der Varianz σ^2. Nach Abschnitt 16.2 gilt für $\bar{X}$

$$E(\bar{X}) = \mu\,;\quad Var(\bar{X}) = \frac{\sigma^2}{n}\,.$$

Die Standardisierung $\sqrt{n}\cdot\frac{\bar{X}-\mu}{\sigma}$ ist dann standardnormalverteilt. Zu einer vorgegebenen Konfidenzwahrscheinlichkeit γ wird die Konstante c so bestimmt, daß gilt

$$P\left(-c \leq \sqrt{n}\cdot\frac{\bar{X}-\mu}{\sigma} \leq c\right) = \Phi(c) - \Phi(-c) = 2\cdot\Phi(c) - 1 = \gamma\,.$$

Daraus folgt $\Phi(c) = \frac{1+\gamma}{2}$. Das Quantil c wird aus der Tabelle 2 abgelesen. Durch elementare Umformung geht die obige Formel über in

$$P\left(-c \leq \sqrt{n}\cdot\frac{\bar{X}-\mu}{\sigma} \leq c\right) = P\left(\bar{X} - c\cdot\frac{\sigma}{\sqrt{n}} \leq \mu \leq \bar{X} + c\cdot\frac{\sigma}{\sqrt{n}}\right) = \gamma\,.$$

Damit erhält man für den Erwartungswert μ das Konfidenzintervall

$$\left[\bar{x} - c \cdot \frac{\sigma}{\sqrt{n}} \; ; \; \bar{x} + c \cdot \frac{\sigma}{\sqrt{n}}\right] \qquad \text{mit} \qquad \Phi(c) = \frac{1+\gamma}{2}.$$

Konstruktionsvorschrift:

1. Man gibt die Konfidenzwahrscheinlichkeit γ vor, z. B.
   $\gamma = 0{,}95$ oder $\gamma = 0{,}99$.
2. Aus Tabelle 2 der Quantile der N(0 ; 1)-Verteilung bestimmt man c mit
   $\Phi(c) = \dfrac{1+\gamma}{2}$.
3. Man berechnet den Mittelwert $\bar{x}$ einer Zufallsstichprobe vom Umfang n.
4. Man berechnet $d = c \cdot \dfrac{\sigma}{\sqrt{n}}$.
5. Das Konfidenzintervall für μ lautet $[\bar{x} - d ; \bar{x} + d]$.

Interpretation: Wird mit einem Konfidenzintervall zu einer vorgegebenen Konfidenzwahrscheinlichkeit γ die Aussage

$$\bar{x} - d \le \mu \le \bar{x} + d$$

gemacht, so ist diese Aussage mit einem Verfahren abgeleitet worden, das auf Dauer in ungefähr $100 \cdot \gamma$ % der Fälle richtige Aussagen liefert.

Beispiel 2: In Beispiel 1 ist $n = 50$, $\bar{x} = 501{,}37$, $\sigma = 6$. Zur Konfidenzwahrscheinlichkeit $\gamma = 0{,}95$ erhält man das Quantil c aus $\Phi(c) = 0{,}975$ als $c = 1{,}96$. Daraus folgt

$$d = 1{,}96 \cdot \frac{6}{\sqrt{50}} \approx 1{,}6631.$$

Damit erhält man für den unbekannten Erwartungswert μ zu $\gamma = 0{,}95$ das Konfidenzintervall $[\bar{x} - d ; \bar{x} + d] = [499{,}71 ; 503{,}03]$.

1. In Beispiel 1 werde das Konfidenzintervall [500,37 ; 502,37] angegeben.
a) Zu welcher Konfidenzwahrscheinlichkeit γ gehört dieses Intervall?
b) Bestimmen Sie ein Konfidenzintervall zu $\gamma = 0{,}99$.

Das Konfidenzintervall besitzt allgemein die Länge

$$a = 2c \cdot \frac{\sigma}{\sqrt{n}}.$$

Bei fest gewähltem n und γ besitzen somit alle Konfidenzintervalle die gleiche Länge a. Variabel ist nur der Mittelpunkt $\bar{x}$.

Eine Vergrößerung der Konfidenzwahrscheinlichkeit γ hat eine Vergrößerung der Konstanten c zur Folge. Bei festem n wird daher das Intervall länger. Die Aussagen sind dann zwar häufiger richtig, sie sind jedoch unpräziser. Für $\gamma \to 1$ geht $c \to \infty$.

Bei festem γ kann die Länge a beliebig klein gemacht werden, wenn der Stichprobenumfang n nur groß genug gewählt wird. Auch diese Eigenschaft ist plausibel, da eine Stichprobe von großem Umfang n viel Information beinhaltet und somit zu sehr präzisen Aussagen führen muß.

Beispiel 3: In Beispiel 1 werde zu $\gamma = 0{,}99$ ein Konfidenzintervall mit der maximalen Länge Eins angegeben. Welcher minimale Stichprobenumfang n ist dazu notwendig?
Aus $\Phi(c) = 0{,}995$ erhält man $c = 2{,}576$. Mit $a = 2 \cdot 2{,}576 \cdot \frac{6}{\sqrt{n}} \leq 1$ ergibt sich

$$n \geq (2 \cdot 2{,}576 \cdot 6)^2 \text{ ; } n \geq 956 \text{ (aufgerundet).}$$

Beispiel 4: Die Zufallsvariable X sei normalverteilt mit unbekanntem Erwartungswert μ und mit der bekannten Standardabweichung $\sigma = 3$. Zur Bestimmung eines Konfidenzintervalls für μ wurde aus einer Stichprobe vom Umfang $n = 100$ der Mittelwert $\bar{x} = 12$ berechnet.
Zur Konfidenzwahrscheinlichkeit $\gamma = 0{,}95$ erhält man aus $\Phi(c) = 0{,}975$ das Quantil $c = 1{,}96$. Daraus folgt

$$d = 1{,}96 \cdot \frac{3}{\sqrt{100}} = 0{,}588.$$

Hieraus erhält man das Konfidenzintervall

$$[12 - 0{,}588 \text{ ; } 12 + 0{,}588] = [11{,}412 \text{ ; } 12{,}588].$$

Die Aussage $11{,}412 \leq \mu \leq 12{,}588$ ist mit einem Verfahren abgeleitet worden, das in etwa 95 % der Fälle richtige Aussagen liefert.

Zur Konfidenzwahrscheinlichkeit $\gamma = 0{,}90$ erhält man aus $\Phi(c) = 0{,}95$ das Quantil $c = 1{,}645$. Dann gilt

$$d = 1{,}645 \cdot \frac{3}{\sqrt{100}} = 0{,}494.$$

Hieraus erhält man das Konfidenzintervall

$$[12 - 0{,}494 \text{ ; } 12 + 0{,}494] = [11{,}506 \text{ ; } 12{,}494].$$

Diese Aussage $11{,}506 \leq \mu \leq 12{,}494$ ist präziser als die erste. Dafür ist sie aber nur zu 90 % abgesichert.

2. Die Zufallsvariable X, welche die Gewichte (in Gramm) von Zuckerpaketen beschreibt, sei näherungsweise normalverteilt mit bekannter Standardabweichung $\sigma = 2{,}57$. Eine Stichprobe vom Umfang $n = 51$ ergab den Mittelwert $\bar{x} = 981{,}21$. Bestimmen Sie ein Konfidenzintervall für den Erwartungswert μ zu
a) $\gamma = 0{,}95$, b) $\gamma = 0{,}99$.

3. Die Zufallsvariable X sei normalverteilt mit dem unbekannten Erwartungswert μ und der bekannten Standardabweichung $\sigma = 5$. Welchen Umfang n muß eine Zufallsstichprobe mindestens besitzen, damit die Länge des Konfidenzintervalls für μ zur Konfidenzwahrscheinlichkeit
a) $\gamma = 0{,}95$, b) $\gamma = 0{,}99$
höchstens gleich 1,2 ist?

4. Für den Erwartungswert μ einer normalverteilten Zufallsvariablen soll zu $\gamma = 0{,}99$ ein Konfidenzintervall bestimmt werden, dessen Länge höchstens 0,5 ist. Wie groß muß der Stichprobenumfang n mindestens sein, falls die Varianz
a) gleich 2,25, b) gleich 6,5 ist ?

Konfidenzintervalle für einen unbekannten Erwartungswert μ einer Normalverteilung bei unbekannter Varianz

Die Varianz σ^2 der normalverteilten Zufallsvariablen X sei nicht bekannt. Dann ist es naheliegend, σ^2 durch die Stichprobenvarianz s^2 zu schätzen. Dabei ist s^2 Realisierung der Zufallsvariablen $S^2 = \frac{1}{n-1} \sum_{i=1}^{n} (X_i - \bar{X})^2$.
Ersetzt man in der N(0;1)-verteilten Zufallsvariablen $\sqrt{n} \cdot \frac{\bar{X} - \mu}{\sigma}$ aus dem vorhergehenden Abschnitt die Standardabweichung σ durch die Zufallsvariable S, so erhält man die Zufallsvariable

$$Y = \sqrt{n} \cdot \frac{\bar{X} - \mu}{S}.$$

Auch wenn X normalverteilt ist, ist diese Zufallsvariable nicht mehr standardnormalverteilt.
Für jedes n besitzt die Zufallsvariable Y eine andere Verteilungsfunktion. Die Verteilung der Zufallsvariablen Y ist eine sogenannte **t-Verteilung mit n − 1 Freiheitsgraden**. Zur Bestimmung der Konstanten c benötigt man für jeden Stichprobenumfang eine andere Verteilungsfunktion und damit eine andere Tabelle. Die Dichten der von n abhängigen Zufallsvariablen Y haben zwar eine ähnliche Form wie die Gaußsche Glockenkurve der N(0;1)-Verteilung, für kleine n bestehen jedoch merkliche Unterschiede. Erst für $n \geq 30$ unterscheiden sich die t-Verteilungen kaum mehr von der N(0;1)-Verteilung. Sämtliche Dichten sind symmetrisch zur Stelle 0. In Tabelle 3 im Anhang sind einige Werte (Quantile) der Verteilungsfunktionen tabelliert. Damit können alle Formeln des vorhergehenden Abschnitts übernommen werden, wobei die Konstante c aus der Tabelle der t-Verteilung mit n − 1 Freiheitsgraden durch

$$F_{n-1}(c) = \frac{1+\gamma}{2}$$

bestimmt werden muß.

In der nachfolgenden Abbildung sind verschiedene Dichten der t-Verteilung graphisch dargestellt.

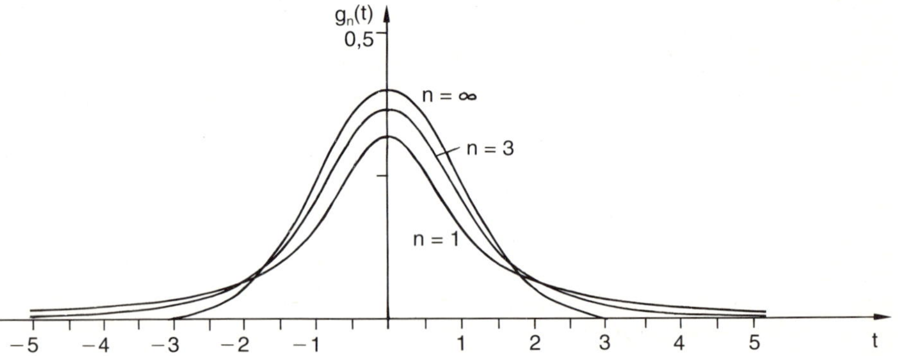

Konstruktionsvorschrift:

1. Man gibt die Konfidenzwahrscheinlichkeit γ vor, z. B. $\gamma = 0{,}95$ oder $\gamma = 0{,}99$.
2. Aus der Tabelle 3 der t-Verteilung mit $n-1$ Freiheitsgraden bestimmt man die Konstante c mit $F_{n-1}(c) = \frac{1+\gamma}{2}$.
3. Man berechnet den Mittelwert $\bar{x}$ und die Varianz s^2 einer Zufallsstichprobe vom Umfang n.
4. Man berechnet $d = c \cdot \frac{s}{\sqrt{n}}$.
5. Das Konfidenzintervall für μ lautet $[\bar{x} - d; \bar{x} + d]$.

Die Länge $a = 2c \cdot \frac{s}{\sqrt{n}}$ des Konfidenzintervalls hängt von der Standardabweichung s der Stichprobe und damit vom Zufall ab. Damit kann die maximale Länge ohne Vorausinformation über s nicht vorgegeben werden.

Beispiel 4: Eine Stichprobe vom Umfang $n = 25$ bei einer normalverteilten Zufallsvariablen besitze den Mittelwert $\bar{x} = 104{,}9$ und die Varianz $s^2 = 40{,}85$. Zu $\gamma = 0{,}95$ soll ein Konfidenzintervall für den unbekannten Erwartungswert μ bestimmt werden.

Es ist $\frac{1+\gamma}{2} = \frac{1{,}95}{2} = 0{,}975$. Die Lösung von $F_{24}(c) = 0.975$ lautet nach Tabelle 3 bei 24 Freiheitsgraden $c = 2{,}06$. Daraus folgt $d = 2{,}06 \cdot \frac{\sqrt{40{,}85}}{5} = 2{,}63$. Das Konfidenzintervall lautet $[102{,}27\ ;\ 107{,}53]$.

Wäre $\sigma^2 = 40{,}85$ die bekannte Varianz der Zufallsvariablen X, so lautete das Quantil $c = 1{,}96$. Daraus würde man $d = 1{,}96 \cdot \frac{\sqrt{40{,}85}}{5} \approx 2{,}51$ und damit das Konfidenzintervall $[102{,}39; 107{,}41]$ erhalten, das kürzer ist als das obige. Diese Eigenschaft ist auch plausibel, weil in der Schätzung der unbekannten Varianz ein zusätzlicher Unsicherheitsfaktor liegt.

5. Bei einer normalverteilten Zufallsvariablen besitze eine Zufallsstichprobe vom Umfang 9 den Mittelwert $\bar{x} = 20$. Bestimmen Sie zu $\gamma = 0{,}95$ ein Konfidenzintervall für den Erwartungswert μ, falls

a) die Varianz der Grundgesamtheit gleich 4 ist,

b) die Varianz der Grundgesamtheit unbekannt ist, die Varianz der Stichprobe jedoch 4 ist.

6. Die Zufallsvariable X, welche die Gewichte von Zuckerpaketen beschreibt, sei näherungsweise normalverteilt. Eine Stichprobe vom Umfang $n = 51$ ergab den Mittelwert $\bar{x} = 981{,}21$ g und die Standardabweichung $s = 2{,}57$ g. Bestimmen Sie ein Konfidenzintervall für den Erwartungswert μ zu

a) $\gamma = 0{,}95$, b) $\gamma = 0{,}99$.

Vergleichen Sie die Ergebnisse mit denen aus Aufgabe 2.

Z Konfidenzintervalle für den Erwartungswert μ einer beliebigen Zufallsvariablen bei großem Stichprobenumfang n

Falls die Verteilungsfunktion einer Zufallsvariablen X nicht bekannt ist, läßt sich auch die Verteilungsfunktion von $\bar{X}$ nicht angeben. Nach dem zentralen Grenzwertsatz (Abschnitt 13.1) ist jedoch $\bar{X}$ näherungsweise normalverteilt, falls der Stichprobenumfang n groß ist.

Eine Faustregel besagt, daß für $n \geq 30$ die Verteilung von $\bar{X}$ im allgemeinen sehr gut durch eine Normalverteilung approximiert werden kann.

Dann liefern die Formeln des vorhergehenden Abschnitts in der Regel näherungsweise Konfidenzintervalle für den Erwartungswert μ einer beliebigen Zufallsvariablen X. Dabei ist noch zu berücksichtigen, daß die t-Verteilungen mit großen Freiheitsgraden mit der N(0 ; 1)-Verteilung annähernd übereinstimmen.

Beispiel 5: Zur Bestimmung eines Konfidenzintervalls für einen unbekannten Erwartungswert μ wurde eine unabhängige Stichprobe vom Umfang $n = 400$ gezogen mit dem Mittelwert $\bar{x} = 170{,}50$ und der Varianz $s^2 = 95{,}4$. Zur Konfidenzwahrscheinlichkeit $\gamma = 0{,}99$ erhalten wir näherungsweise das Konfidenzintervall für μ

$$\left[170{,}50 - 2{,}576 \cdot \frac{\sqrt{95{,}4}}{\sqrt{400}} \,;\, 170{,}50 + 2{,}576 \cdot \frac{\sqrt{95{,}4}}{\sqrt{400}}\right] \approx [169{,}24 \,;\, 171{,}76]\,.$$

7. Die Zufallsvariable X beschreibe die Augenzahl eines verfälschten Würfels. Dabei sei der Erwartungswert μ nicht bekannt. Beim 900 maligen Werfen ergab sich die mittlere Augenzahl $\bar{x} = 4{,}02$ und die Standardabweichung $s = 1{,}41$. Bestimmen Sie ein Konfidenzintervall zu
a) $\gamma = 0{,}95$; b) $\gamma = 0{,}99$.

8. Ein Psychologe hat bei 400 zufällig ausgewählten Personen die Reaktionszeit (in sec.) auf ein bestimmtes Signal gemessen. Dabei ergab sich der Mittelwert $\bar{x} = 0{,}80$ und die Standardabweichung $s = 0{,}2$. Bestimmen Sie ein Konfidenzintervall für den Erwartungswert μ zur Konfidenzwahrscheinlichkeit
a) $\gamma = 0{,}90$, b) $\gamma = 0{,}95$, c) $\gamma = 0{,}99$.

18 Tests

18.1 Tests einer unbekannten Wahrscheinlichkeit

Beispiel 1: Ein herkömmliches Medikament besitze die bekannte Heilungswahrscheinlichkeit $p = p_0 = 0{,}6$. Ein neues Medikament soll nur dann auf den Markt kommen, wenn die entsprechende Heilungswahrscheinlichkeit größer als 0,6 ist. Zum Test werde dieses Medikament 15 Patienten verabreicht. Mit Hilfe der absoluten Häufigkeit $h_{15}(G)$ der geheilten Personen soll nun eine Entscheidung getroffen werden. Falls die Heilungswahrscheinlichkeit für das neue Medikament ebenfalls gleich 0,6 ist, beträgt die erwartete Häufigkeit 9. Wenn nicht mehr als 9 Personen geheilt werden, wird man wohl kaum behaupten können, das neue Medikament sei besser als das alte. Für eine solche Entscheidung müssen mehr als 9 Patienten geheilt werden. Falls 10 Personen geheilt werden, könnte dieses Ergebnis auf den Zufall zurückzuführen sein. Dieses Ergebnis kann sicherlich eintreten, auch wenn die Heilungswahrscheinlichkeit nicht größer als 0,6 ist. Von irgend einer Zahl an wird man das Ergebnis nicht mehr auf den Zufall zurückführen, sondern die Entscheidung treffen, das neue Medikament sei besser. Aus diesem Grund sucht man eine kritische Grenze c. Falls die absolute Häufigkeit $h_{15}(G)$ diese Grenze c überschreitet, wird man sich für das neue Medikament entscheiden. Bevor diese kritische Grenze c bestimmt werden kann, betrachten wir ein sehr einfaches Testproblem.

Einfacher Alternativtest einer Wahrscheinlichkeit

Beispiel 2: Ein Falschspieler besitzt zwei rein äußerlich nicht unterscheidbare Würfel. Einer davon ist ideal. Die Wahrscheinlichkeit, eine Sechs zu werfen, lautet bei diesem Würfel $p_0 = \frac{1}{6}$. Der andere Würfel ist verfälscht. Bei diesem Würfel werde mit Wahrscheinlichkeit $p_1 = \frac{1}{3}$ eine Sechs geworfen. Durch ein Versehen weiß der Spieler nicht mehr, welcher von beiden der verfälschte ist.
Zur Überprüfung wählt er einen der beiden Würfel und wirft mit ihm 30mal. Die Wahrscheinlichkeit, mit diesem Würfel eine Sechs zu werfen, sei p. Für die unbekannte Wahrscheinlichkeit p kommen nur die beiden Werte $p_0 = \frac{1}{6}$ und $p_1 = \frac{1}{3}$ in Betracht. Die Anzahl der geworfenen Sechsen bezeichnen wir mit $h_{30}(S)$. Diese absolute Häufigkeit $h_{30}(S)$ ist Realisierung der Zufallsvariablen X. Sie ist binomialverteilt mit $n = 30$ und $p = p_0$ oder $p = p_1$, je nachdem, welchen Würfel er ausgewählt hat. Es gilt also

$$P(X = k) = \binom{30}{k} p^k (1-p)^{30-k}, \; k = 0, 1, \ldots, 30 \quad \text{für } p \in \{p_0, p_1\}.$$

Für den Erwartungswert gilt in Abhängigkeit vom richtigen Parameter

$$E(X \mid p = \tfrac{1}{6}) = 30 \cdot \frac{1}{6} = 5; \qquad E(X \mid p = \tfrac{1}{3}) = 30 \cdot \frac{1}{3} = 10.$$

Auf Grund des Stichprobenergebnisses wird folgende Entscheidung getroffen:

a) $h_{30}(S) \leq 7$: Entscheidung für $p = p_0 = \frac{1}{6}$;

b) $h_{30}(S) > 7$: Entscheidung für $p = p_1 = \frac{1}{3}$.

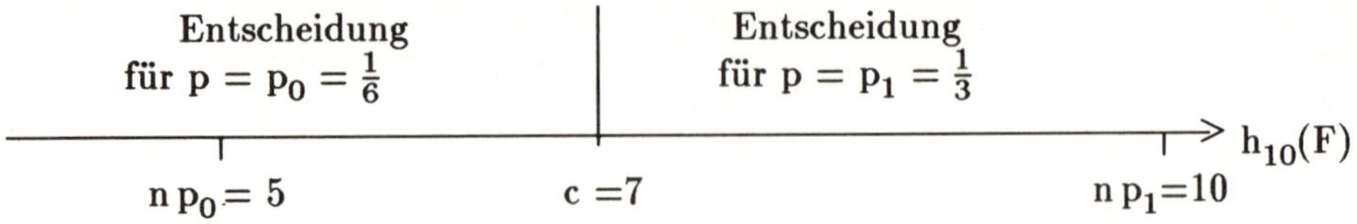

Die sog. **kritische Grenze** $c = 7$ wurde zunächst willkürlich zwischen die beiden möglichen Erwartungswerte 5 und 10 gelegt.

Bei dieser Entscheidungsregel sind zwei **Fehlentscheidungen** möglich.
Man kann sich für $p = p_1$ entscheiden, obwohl $p = p_0$ richtig ist, oder aber für $p = p_0$, obwohl $p = p_1$ richtig ist. Die erste Fehlentscheidung wird getroffen, wenn das Ereignis $(X > 7)$ eintritt und $p = \frac{1}{6}$ der richtige Parameterwert ist. Die Wahrscheinlichkeit dafür ist

$$\begin{aligned} \alpha = P(X > 7 \mid p = p_0) &= \sum_{k=8}^{30} \binom{30}{k} \cdot \left(\frac{1}{6}\right)^k \cdot \left(\frac{5}{6}\right)^{30-k} \\ &= 1 - \sum_{k=0}^{7} \binom{30}{k} \cdot \left(\frac{1}{6}\right)^k \cdot \left(\frac{5}{6}\right)^{30-k} \\ &\approx 1 - 0{,}8863 = 0{,}1137. \end{aligned}$$

Die zweite Fehlentscheidung liegt vor, wenn das Ereignis $(X \leq 7)$ eintritt und gleichzeitig $p = \frac{1}{3}$ der richtige Parameterwert ist. Die Wahrscheinlichkeit dafür ist

$$\begin{aligned} \beta = P(X \leq 7 \mid p = p_1) &= \sum_{k=0}^{7} \binom{30}{k} \cdot \left(\frac{1}{3}\right)^k \cdot \left(\frac{2}{3}\right)^{30-k} \\ &\approx 0{,}1668. \end{aligned}$$

Man nennt α und β **Irrtumswahrscheinlichkeiten.**

Die möglichen Entscheidungen sind in der nachfolgenden Tabelle zusammengestellt.

richtiger Parameter	Entscheidung für $p = p_0$	Entscheidung für $p = p_1$
$p = p_0$	richtige Entscheidung	Fehlentscheidung Irrtumswahrscheinlichkeit α
$p = p_1$	Fehlentscheidung Irrtumswahrscheinlichkeit β	richtige Entscheidung

1. In einer Fabrik werden bestimmte Werkstücke von zwei Maschinen in getrennten Produktionsgängen angefertigt. Es ist bekannt, daß die Ausschußwahrscheinlichkeit von Maschine I gleich 0,05, die von Maschine II gleich 0,25 ist (dafür werde an Maschine II wesentlich billiger produziert). In der Qualitätskontrolle kommt ein Posten von 10 Werkstücken aus einer Maschine an. Man weiß aber nicht, von welcher. Auf Grund der Ausschußquote soll entschieden werden, von welcher der beiden Maschinen der Posten stammt. Mit der Anzahl $h_{10}(F)$ der fehlerhaften Stücke wird folgende Entscheidung getroffen:

$h_{10}(F) \leq 1$: Entscheidung für $p = p_0 = 0{,}05$;

$h_{10}(F) > 1$: Entscheidung für $p = p_1 = 0{,}25$.

Bestimmen Sie die beiden Irrtumswahrscheinlichkeiten.

Test der Nullhypothese $H_0 : p = p_0$ gegen die Alternative $H_1 : p > p_0$

Beispiel 3: In der Situation von Beispiel 1 soll die

Nullhypothese $H_0 : p = p_0 = 0{,}6$ gegen die **Alternative** $H_1 : p > p_0 = 0{,}6$

getestet werden. Wegen des technischen Fortschritts soll ausgeschlossen werden, daß die Heilungswahrscheinlichkeit des neuen Medikaments kleiner ist als die des alten.

Zur Testdurchführung wird die absolute Häufigkeit $h_{15}(G)$ der geheilten Personen benutzt. Diese Häufigkeit ist Realisierung der binomialverteilten Zufallsvariablen X mit dem Parameter $n = 15$. Falls die Nullhypothese richtig ist, lautet der andere Parameter $p = 0{,}6$; andernfalls weiß man nur, daß $p > 0{,}6$ ist. Unter der Nullhypothese besitzt X den Erwartungswert

$$E(X \mid p = 0{,}6) = 15 \cdot 0{,}6 = 9.$$

Mit der absoluten Häufigkeit $h_{15}(G)$ und einer Konstanten $c > 9$ wird folgende Entscheidung getroffen:

$h_{15}(G) \leq c$: Entscheidung für $p = 0{,}6$;

$h_{15}(G) > c$:Entscheidung für $p > 0{,}6$.

Die kritische Ablehnungsgrenze c für die Nullhypothese soll nun sinnvoll bestimmt werden.

Die Nullhypothese H_0; $p = p_0 = 0{,}6$ wird zu Unrecht abgelehnt, falls das Ereignis $(X > c \mid p = 0{,}6)$ eintritt. Die Wahrscheinlichkeit dafür heißt **Irrtumswahrscheinlichkeit 1. Art**. Sie wird mit α bezeichnet. Dabei gilt

$$\alpha = P(X > c \mid p = p_0) = \sum_{k=c+1}^{15} \binom{15}{k} \cdot 0{,}6^k \cdot 0{,}4^{15-k} .$$

Die kritische Grenze c soll so bestimmt werden, daß α höchstens gleich 0,1 ist, also

$$\alpha = \sum_{k=c+1}^{15} \binom{15}{k} \cdot 0{,}6^k \cdot 0{,}4^{15-k} \leq 0{,}1.$$

Dabei soll c möglichst klein sein.

Wegen $\sum_{k=12}^{15} \binom{15}{k} \cdot 0{,}6^k \cdot 0{,}4^{15-k} \approx 0{,}0905 < 0{,}1$

und $\sum_{k=11}^{15} \binom{15}{k} \cdot 0{,}6^k \cdot 0{,}4^{15-k} \approx 0{,}2173 > 0{,}1$

lautet die Lösung $c = 11$. Bei dieser Grenze ist die Irrtumswahrscheinlichkeit $\alpha \approx 0{,}09$.

Die Nullhypothese wird *zu Unrecht nicht abgelehnt*, falls das Ereignis $(X \leq 11)$ eintritt und $p > 0{,}6$ der richtige Parameter ist. Die Wahrscheinlichkeit dafür heißt **Irrtumswahrscheinlichkeit 2. Art.** Sie wird mit β bezeichnet. Diese Irrtumswahrscheinlichkeit hängt vom Parameter p ab, der in diesem Fall nicht bekannt ist. Es gilt

$$\beta(p) = P(X \leq 11 \mid p) = 1 - \sum_{k=12}^{15} \binom{15}{k} \cdot p^k \cdot (1-p)^{15-k} \quad \text{für } p > 0{,}6 .$$

Diese von p abhängige Irrtumswahrscheinlichkeit kann für jedes $p > 0{,}6$ berechnet werden. Je größer p ist, umso kleiner wird dann $\beta(p)$. Falls jedoch p sehr wenig größer als 0,6 ist, gilt

$$\sum_{k=12}^{15} \binom{15}{k} \cdot p^k \cdot (1-p)^{15-k} \approx \alpha .$$

Dann ist $\beta(p) \approx 1 - \alpha \approx 0{,}9095$.

Im Gegensatz zur Irrtumswahrscheinlichkeit 1. Art α kann die Irrtumswahrscheinlichkeit 2. Art $\beta(p)$ sehr groß werden, unter Umständen fast gleich $1-\alpha$. Bei einer Nichtablehnung der Nullhypothese sollte man diese also nicht ohne weiteres annehmen, da in diesem Fall die entsprechende Irrtumswahrscheinlichkeit sehr groß sein kann. Man sollte dann nur sagen, das Ergebnis stehe nicht im Widerspruch zur Nullhypothese. Wir werden auf dieses Problem nochmals zurückkommen (vgl. Seite 209).

Test der Nullhypothese $H_0: p \leq p_0$ gegen die Alternative $H_1: p > p_0$

Beispiel 4: In Beispiel 1 lassen wir nun auch zu, daß die Heilungswahrscheinlichkeit des neuen Medikaments kleiner als 0,6 sein kann. Dann ist die

Nullhypothese $H_0: p \leq 0{,}6$ gegen die Alternative $H_1: p > 0{,}6$

zu testen.

Mit der Häufigkeit $h_{15}(G)$ treffen wir folgende Entscheidung:

$h_{15}(G) \leq 11$: Entscheidung für $p \leq 0{,}6$;

$h_{15}(G) > 11$: Entscheidung für $p > 0{,}6$ (Ablehnung der Nullhypothese)

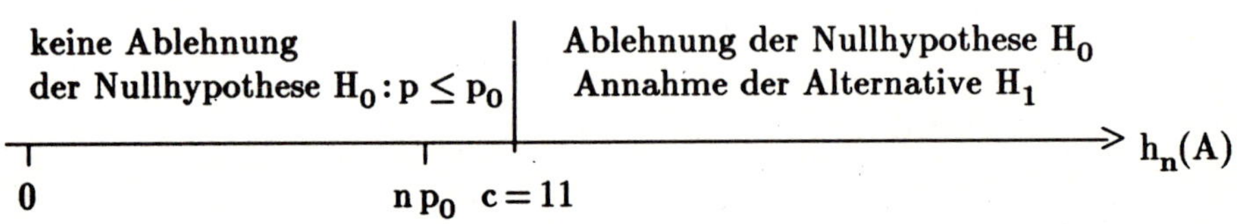

Die kritische Grenze c = 11 liegt oberhalb des Erwartungswertes $E(X|p=p_0)=9$. Falls die absolute Häufigkeit nicht größer als 11 ist, lehnt man die Nullhypothese nicht ab. Man führt das Ergebnis auf den Zufall zurück und sagt, es stehe nicht in **signifikantem** Widerspruch zur Nullhypothese. Größere Abweichungen werden dagegen nicht mehr auf den Zufall zurückgeführt. Man sagt, sie stehen in **signifikantem Widerspruch zur Nullhypothese.**

Bei diesem Test hängt auch die Irrtumswahrscheinlichkeit 1. Art α von p ab. Ist $p \leq 0,6$ der richtige Parameter, so lautet die Irrtumswahrscheinlichkeit 1. Art

$$\alpha(p) = P(X > 11 \mid p) = \sum_{k=12}^{15} \binom{15}{k} \cdot p^k \cdot (1-p)^{15-k} \qquad \text{für } p \leq 0,6.$$

Die von p abhängige Irrtumswahrscheinlichkeit nimmt an der Stelle $p = p_0 = 0,6$ den größten Wert an mit $\alpha(0,6) \approx 0,0905$. Je kleiner das p ist, umso kleiner wird auch $\alpha(p)$. Damit gilt $\alpha(p) \leq \alpha(0,6) \approx 0,0905$.

Die maximale Irrtumswahrscheinlichkeit $\alpha = \alpha(p_0)$ heißt das **Signifikanzniveau** des Tests. Man sagt, der zugehörige Test besitze das Signifikanzniveau α.

Die von p abhängige Irrtumswahrscheinlichkeit 2. Art lautet

$$\beta(p) = P(X \leq 11 \mid p) = 1 - \sum_{k=12}^{15} \binom{15}{k} \cdot p^k \cdot (1-p)^{15-k} \qquad \text{für } p > 0,6.$$

Beide Irrtumswahrscheinlichkeiten lassen sich durch die Funktion

$$g(p) = P(X > 11 \mid p) = \sum_{k=12}^{15} \binom{15}{k} \cdot 0,p^k \cdot (1-p)^{15-k}$$

ausdrücken. Dabei gilt

$$\alpha(p) = P(X > 11 \mid p) = g(p) \qquad \text{für } p \leq 0,6 \text{ ;}$$

$$\beta(p) = P(X \leq 11 \mid p) = 1 - g(p) \qquad \text{für } p > 0,6 \text{ .}$$

Die Funktion $g(p) = P(X > 11 \mid p)$ liefert somit beide Irrtumswahrscheinlichkeiten in Abhängigkeit vom wahren Parameter p. Im Bereich der Nullhypothese, also für $p \leq 0,6$ stellt sie direkt die Irrtumswahrscheinlichkeit $\alpha(p)$ dar, im Alternativbereich, d.h. für $p > 0,6$ ist sie $1 - \beta(p)$. Sie heißt **Gütefunktion** des Tests und ist in der nebenstehenden Abbildung skizziert.

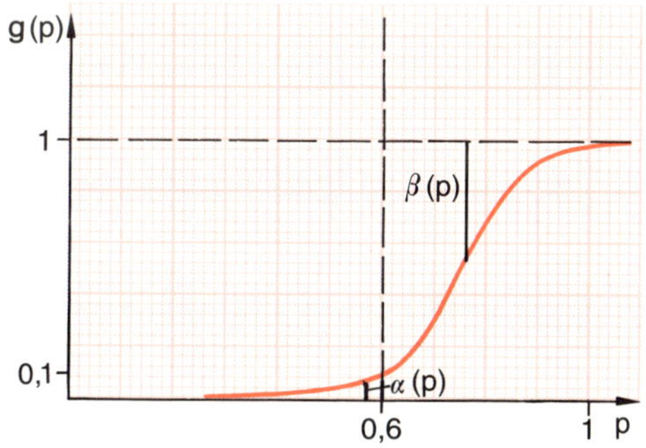

2. Testen Sie mit den Daten aus Beispiel 3 Abschnitt 17.1 mit dem Signifikanzniveau $\alpha = 0,01$ für die Wahrscheinlichkeit p einer Knabengeburt die Nullhypothese $H_0 : p \leq 0,51$ gegen die Alternative $p > 0,51$.

3. Es sei p die unbekannte Wahrscheinlichkeit eines Ereignisses A. Zum Test der Nullhypothese H_0: $p \leq 0{,}8$ gegen die Alternative H_1: $p > 0{,}8$ wird mit der absoluten Häufigkeit $h_{10}(A)$ folgende Testentscheidung getroffen:

$h_{10}(A) \geq c$: Entscheidung für $p > 0{,}8$;

$h_{10}(A) < c$: Entscheidung für $p \leq 0{,}8$.

a) Bestimmen Sie c so, daß das Signifikanzniveau höchstens 0,15 ist, jedoch möglichst nahe bei 0,15 liegt.
b) Bestimmen Sie die Gütefunktion und die Irrtumswahrscheinlichkeiten in Abhängigkeit von p sowie das Signifikanzniveau α.

Test der Nullhypothese $H_0 : p \geq p_0$ gegen die Alternative H_1: $p < p_0$

Bei diesem Test benutzt man wie in dem vorhergehenden Test die absolute Häufigkeit $h_n(A)$ des entsprechenden Ereignisses A in einer unabhängigen Versuchsserie vom Umfang n. Die Zufallsvariable X beschreibe die absolute Häufigkeit. Falls die Grenzstelle p_0 der richtige Parameter ist, besitzt X den Erwartungswert $E(X) = n \cdot p_0$. Wenn die absolute Häufigkeit $h_n(A)$ diesen Wert übersteigt oder nur wenig unterschreitet, ist es nicht sinnvoll, die Nullhypothese abzulehnen. Dann steht das Ergebnis nicht in signifikantem Widerspruch zur Nullhypothese. Bei größeren Unterschreitungen wird die Nullhypothese abgelehnt. In diesem Fall ist eine geeignete kritische Grenze $c < n \cdot p_0$ zu wählen mit der Testentscheidung:

$h_n(A) < c$: Entscheidung für $p < p_0$, also Ablehnung der Nullhypothese

$h_n(A) \geq c$: Entscheidung für $p \geq p_0$.

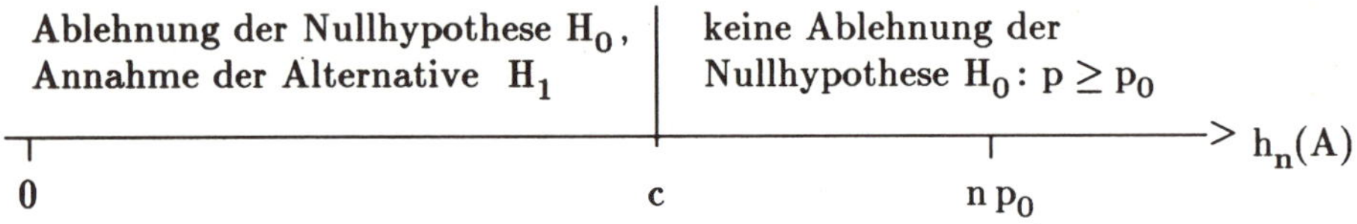

Die Irrtumswahrscheinlichkeiten lauten

$$\alpha(p) = P(X < c \mid p) = \sum_{k < c} \binom{n}{k} \cdot p^k \cdot (1-p)^{n-k} \qquad \text{für} \quad p \geq p_0 \text{ ;}$$

$$\beta(p) = P(X \geq c \mid p) = \sum_{k \geq c} \binom{n}{k} \cdot p^k \cdot (1-p)^{n-k} \qquad \text{für} \quad p < p_0 \text{ .}$$

Beide Irrtumswahrscheinlichkeiten lassen sich berechnen aus der Gütefunktion

$$g(p) = P(X < c \mid p) = \sum_{k < c} \binom{n}{k} \cdot p^k \cdot (1-p)^{n-k} \text{ .}$$

Es gilt

$$\alpha(p) = g(p) \quad \text{für} \quad p \geq p_0 \quad \text{und} \quad \beta(p) = 1 - g(p) \quad \text{für} \quad p < p_0 .$$

Während die Irrtumswahrscheinlichkeit 1. Art $\alpha(p)$ immer kleiner oder höchstens gleich $\alpha(p_0)$ ist, kann die Irrtumswahrscheinlichkeit 2. Art $\beta(p)$ unter Umständen sehr groß, im ungünstigen Fall sogar fast gleich $1 - \alpha(p_0)$ sein.

4. Es sei p die unbekannte Wahrscheinlichkeit eines Ereignisses A. Zum Test der Nullhypothese H_0: $p \geq 0{,}9$ gegen die Alternative H_1: $p < 0{,}9$ wird mit der absoluten Häufigkeit $h_8(A)$ folgende Testentscheidung getroffen:

$$h_8(A) \leq c\text{: Entscheidung für } p < 0{,}9\ ;$$

$$h_8(A) < c\text{: Entscheidung für } p \geq 0{,}9\ .$$

a) Bestimmen Sie c so, daß das Signifikanzniveau α höchstens 0,1 ist, jedoch möglichst nahe bei 0,1 liegt.
b) Bestimmen Sie die Gütefunktion und die vom wahren Parameter p abhängigen Irrtumswahrscheinlichkeiten bezüglich der Nullhypothese H_0.

Hinweis zur Aufstellung der Hypothesen

Bei den bisher behandelten Tests ist die Irrtumswahrscheinlichkeit 1. Art $\alpha(p)$ höchstens gleich dem Signifikanzniveau $\alpha = \alpha(p_0)$. Wie wir geshehen haben, kann das Signifikanzniveau klein gehalten werden. Die Irrtumswahrscheinlichkeit 2. Art $\beta(p)$ kann dagegen sehr groß werden, im ungünstigsten Fall sogar fast gleich $1 - \alpha(p_0)$. Bei einer Nichtablehnung der Nullhypothese kann daher sehr oft eine Fehlentscheidung getroffen werden.
Aus diesem Grund sollte man bei einer Nichtablehnung der Nullhypothese diese nicht automatisch annehmen, sondern nur feststellen, daß das Stichprobenergebnis nicht in einem signifikanten Widerspruch zur Nullhypothese steht.
Diesen Sachverhalt sollte man bereits bei der Aufstellung von Hypothese und Alternative berücksichtigen. Wenn man z. B. von $p < p_0$ fest überzeugt ist und zu dieser Entscheidung kommen möchte, so sollte man den Bereich $p < p_0$ als Alternative und $p \geq p_0$ als Nullhypothese wählen.

Beispiel 5: Ein Lieferant von Maschinenteilen behauptet, die Ausschußwahrscheinlichkeit p sei kleiner als 0,06. Damit er die Behauptung $p < 0{,}06$ mit einer Irrtumswahrscheinlichkeit von höchstens $\alpha = 0{,}05$ aufstellen kann, sollte in seiner Qualitätskontrolle die

Nullhypothese H_0: $p \geq 0{,}06$ gegen die Alternative H_1: $p < 0{,}06$

getestet werden. Falls die Nullhypothese auf Grund einer Stichprobe abgelehnt werden kann, ist die Aussage $p < 0{,}06$ mit einem Verfahren abgeleitet worden, das nur in etwa 5 % der Fälle eine falsche Aussage liefert.

Beispiel 6: Eine Behörde hat den begründeten Verdacht, daß die Ausschußwahrscheinlichkeit p entgegen der Behauptung der Herstellerfirma größer als 0,03 ist. Sie sollte die

Nullhypothese H_0: $p \leq 0{,}03$ gegen die Alternative H_1: $p > 0{,}03$

testen.

Test der Nullhypothese H_0: $p = p_0$ gegen die Alternative $H_1: p \neq p_0$

Bei diesem Test ist p_0 ein vorgegebener Wert. Als Testgröße benutzt man wieder die Zufallsvariable X, welche die absolute Häufigkeit $h_n(A)$ des Ereignisses A in einer unabhängigen Versuchserie vom Umfang n beschreibt. Ist p_0 der richtige Parameter, so gilt

$$E(X \mid p = p_0) = n \cdot p_0 \; ; \qquad Var(X \mid p = p_0) = n \cdot p_0 \cdot (1 - p_0).$$

Kleine Abweichungen der absoluten Häufigkeit $h_n(A)$ vom Erwartungswert $n\,p_0$ stehen nicht in signifikantem Widerspruch zur Nullhypothese H_0. Man wird dann die Nullhypothese nicht ablehnen, wohl aber bei größeren Abweichungen.

Mit einer geeigneten Konstanten c trifft man die

Testentscheidung: Im Falle $n \cdot p_0 - c \leq h_n(A) \leq n \cdot p_0 + c$ wird die Nullhypothese nicht abgelehnt, andernfalls wird sie abgelehnt.

Die Irrtumswahrscheinlichkeit 1. Art α für die unberechtigete Ablehnung der Nullhypothese ist bei diesem Test durch die Konstante c eindeutig bestimmt und gleich dem Signifikanzniveau. Sie lautet

$$\alpha = 1 - P(n \cdot p_0 - c \leq X \leq n \cdot p_0 + c) = P(|X| > n \cdot p_0 + c) = g(p_0)\ .$$

Je größer c gewählt wird, umso größer wird α.

Bei kleinem Stichprobenumfang n muß zur Berechnung die Binomialverteilung benutzt werden mit

$$\alpha = \sum_{k < n p_0 - c} \binom{n}{k} \cdot p_0^k \cdot (1 - p_0)^{n-k} + \sum_{k > n p_0 + c} \binom{n}{k} \cdot p_0^k \cdot (1 - p_0)^{n-k}.$$

Für $n \cdot p_0 \cdot (1 - p_0) > 9$ ist die Zufallsvariable X näherungsweise normalverteilt. Mit der Approximationsvorschrift für die Binomialverteilung (s. Seite 158) erhält man die Näherung

$$\begin{aligned} \alpha &\approx 1 - \Phi\left(\frac{c + 0{,}5}{\sqrt{n \cdot p_0 \cdot (1 - p_0)}} \right) + \Phi\left(\frac{-c - 0{,}5}{\sqrt{n \cdot p_0 \cdot (1 - p_0)}} \right) \\ &= 2 - 2 \cdot \Phi\left(\frac{c + 0{,}5}{\sqrt{n \cdot p_0 \cdot (1 - p_0)}} \right). \end{aligned}$$

Gibt man umgekehrt die Irrtumswahrscheinlichkeit α vor, so kann aus dieser Gleichung die Konstante c bestimmt werden. Man erhält

$$\Phi\left(\frac{c + 0{,}5}{\sqrt{n \cdot p_0 \cdot (1 - p_0)}} \right) \approx 1 - \frac{\alpha}{2}\ .$$

Beispiel 7 (Wahrscheinlichkeit einer Knabengeburt): Es sei p die Wahrscheinlichkeit dafür, daß ein neugeborenes Kind ein Knabe ist. Zu testen ist die Nullhypothese H_0: $p = 0{,}5$ gegen die Alternative $p \neq 0{,}5$. Zur Testdurchführung benutzen wir die 451 586 Knabengeburten von den insgesamt 880 459 in Deutschland Geborenen im Jahre 1989 (s. Beispiel 3 von Abschnitt 17.1). Die Irrtumswahrscheinlichkeit sei $\alpha = 0{,}001$.
Aus der obigen Gleichung erhalten wir für die kritische Zahl c die Bestimmungsgleichung

$$\Phi\left(\frac{c + 0{,}5}{\sqrt{880\,459 \cdot 0{,}5 \cdot 0{,}5}}\right) \approx \Phi\left(\frac{c + 0{,}5}{469{,}16}\right) = 1 - \frac{\alpha}{2} = 0{,}9995.$$

Aus der Tabelle 2 erhält man

$$\frac{c + 0{,}5}{469{,}16} \approx 3{,}291 \; ; \quad c = 1\,544 \text{ (aufgerundet).}$$

Wegen

$$|h_n(K) - n\,p_0| = 451\,586 - 880\,459 \cdot 0{,}5 = 11\,356{,}5 > c$$

kann die Nullhypothese $p = 0{,}5$ mit einer Irrtumswahrscheinlichkeit $\alpha = 0{,}001$ abgelehnt werden.

5. Beim Roulett soll die Nullhypothese H_0: $p = P(\{13\}) = \frac{1}{37}$ getestet werden. Bei 2000 Ausspielungen wurde 36mal die 13 ausgespielt. Kann mit der Irrtumswahrscheinlichkeit
a) $\alpha = 0{,}05$; b) $\alpha = 0{,}01$; c) $\alpha = 0{,}001$
die Nullhypothese abgelehnt werden?

6. In einer unabhängigen Versuchsserie vom Umfang n besitze ein Ereignis die relative Häufigkeit $r_n(A) = 0{,}15$. Daraus wird die Nullhypothese H_0: $P(A) = 0{,}15$ aufgestellt.
Weshalb ist es nicht zulässig, diese Hypothese mit dieser Stichprobe zu testen?

Die **Irrtumswahrscheinlichkeit 2. Art** hängt vom tatsächlichen Parameter $p \neq p_0$ ab. Ist p der richtige Parameter, so ist bei großem Stichprobenumfang n die Zufallsvariable X ungefähr $N(n\,p; \sqrt{n\,p\,(1-p)})$-verteilt. Damit erhält man die vom wahren Parameter abhängige Irrtumswahrscheinlichkeit 2. Art

$$\begin{aligned}\beta(p) &= P(n \cdot p_0 - c \leq X \leq n \cdot p_0 + c \,|\, p) = 1 - g(p) \\ &\approx \Phi\left(\frac{n(p_0 - p) + c + 0{,}5}{\sqrt{n \cdot p \cdot (1-p)}}\right) - \Phi\left(\frac{n(p_0 - p) - c - 0{,}5}{\sqrt{n \cdot p \cdot (1-p)}}\right).\end{aligned}$$

Diese Irrtumswahrscheinlichkeit kann aber je nach Lage des wahren Parameters p wiederum sehr groß sein. Es gilt sogar

$$\beta(p) \approx 1 - \alpha \quad \text{für } p \approx p_0 \,.$$

Aufgaben

7. In Beispiel 2 werde folgende Entscheidung getroffen:

a) $h_{30}(S) \leq 6$: Entscheidung für $p = p_0 = \frac{1}{6}$;

b) $h_{30}(S) > 6$: Entscheidung für $p = p_1 = \frac{1}{3}$.

Bestimmen Sie beide Irrtumswahrscheinlichkeiten.

8. In einer Schießbude sind durch ein Versehen zwei Gewehre vertauscht worden. Fest steht nur noch, daß eines davon eine Trefferwahrscheinlichkeit von 0,5, das andere eine von 0,8 hat. Zur Identifizierung der Gewehre geht der Schießbudenbesitzer folgendermaßen vor: Mit einem der beiden Gewehre gibt er 4 Schüsse ab. Falls mindestens 3 davon treffen, entscheidet er sich bei dem ausgewählten Gewehr für eine Trefferwahrscheinlichkeit von 0,8, sonst für 0,5.
a) Zeichnen Sie die Entscheidungsbereiche.
b) Formulieren Sie die möglichen Fehlentscheidungen.
c) Berechnen Sie die Irrtumswahrscheinlichkeiten.

9. In der vorhergehenden Aufgabe schießt der Schießbudenbesitzer 200mal. Bei mindestens 120 Treffern entscheidet er sich für $p = 0{,}8$, sonst für $p = 0{,}5$. Lösen Sie die Aufgabe näherungsweise mit Hilfe der Normalverteilung.

10. Der Hersteller eines Medikaments behauptet, die Heilungswahrscheinlichkeit durch dieses Medikament sei mindestens gleich 0,9. In einem Krankenhaus wurde das Medikament 400 Patienten verabreicht, 340 wurden geheilt. Kann mit einer Irrtumswahrscheinlichkeit $\alpha = 0{,}01$ die Behauptung des Herstellers widerlegt werden?

11. Der Lieferant einer großen Warensendung behauptet, die Ausschußquote in der Lieferung sei höchstens 5 %. Die Behauptung des Lieferanten sei die Nullhypothese H_0.
a) Wie lauten die Nullhypothese und die Alternative?
b) Zum Test werden der Liefermenge 40 Stück zufällig entnommen. Falls darunter mehr als zwei fehlerhafte Stücke sind, wird die Lieferung nicht angenommen. Bestimmen Sie die Gütefunktion und die von p abhängigen Irrtumswahrscheinlichkeiten. Geben Sie das Signifikanzniveau an.

12. Der Test der vorangehenden Aufgabe wird folgendermaßen durchgeführt:
Der Grundgesamtheit werden 500 Stück entnommen. Wie viele fehlerhafte Stükke müssen dabei mindestens gefunden werden, damit die Lieferung mit einer Irrtumswahrscheinlichkeit von höchstens 0,05 zu Unrecht nicht angenommen wird? Hinweis: Approximation durch die Normalverteilung.

13. Eine Urne enthält 10 Kugeln. Dabei sei nur bekannt, daß entweder 3 Kugeln weiß und 7 schwarz oder 7 weiß und 3 schwarz sind. Zum Test der Hypothese H_0 : "die Urne enthält 3 weiße Kugeln" gegen die Alternative H_1: "die Urne enthält 7 weiße Kugeln" wird folgendes Verfahren benutzt: Aus der Urne werden ohne Zurücklegen 3 Kugeln zufällig ausgewählt. Falls die Stichprobe höchstens eine weiße Kugel enthält, entscheidet man sich für H_0, sonst für H_1. Bestimmen Sie beide Irrtumswahrscheinlichkeiten.

L 18.2 Tests eines unbekannten Erwartungswertes

Getestet werden soll der unbekannte Erwartungswert $\mu = E(X)$ einer beliebigen Zufallsvariablen X. Wie bei der Bestimmung von Konfidenzintervallen muß unterschieden werden, ob die Varianz σ^2 der Zufallsvariablen X bekannt oder unbekannt ist. Als Testgröße benutzt man die Zufallsvariable $\overline{X}$, deren Realisierungen die Stichprobenmittelwerte $\overline{x}$ unabhängiger Zufallsstichproben sind. Bei kleinem Stichprobenumfang n benötigt man die Voraussetzung der Normalverteilung von X. Bei großen Stichprobenumfängen $n \geq 30$ ist die Zufallsvariable $\overline{X}$ nach dem zentralen Grenzwertsatz (s. Seite 164) in der Regel näherungsweise normalverteilt.

Test des Erwartungswertes bei Normalverteilungen mit bekannter Varianz

Beispiel 1: Die Zufallsvariable X beschreibe die Gewichte (in Gramm) der von einer Maschine abgefüllten Zuckerpakete. Diese Zufallsvariable sei näherungsweise normalverteilt. Der Erwartungswert μ hängt von der Maschineneinstellung ab, während die Standardabweichung $\sigma = 6{,}95$ eine von der Einstellung unabhängige bekannte Maschinengröße ist. Die Herstellungsfirma möchte testen, ob ihre Angabe "mittleres Gewicht mindestens 980 g" richtig ist. Diese Behauptung soll mit einem Verfahren abgeleitet werden, das auf Dauer mit einer Irrtumswahrscheinlichkeit von höchstens $\alpha = 0{,}01$ falsche Aussagen liefert.
Somit soll die Nullhypothese H_0: $\mu \leq 980$ gegen die Alternative H_1: $\mu > 980$ getestet werden. Zur Testdurchführung werden 900 Pakete zufällig ausgewählt und gewogen. Wie groß muß das mittlere Gewicht $\overline{x}$ mindestens sein, damit die Angabe mit einer Irrtumswahrscheinlichkeit von höchstens 0,01 richtig ist?
Zur Lösung dieses speziellen Problems benötigen wir die nachfolgenden Untersuchungen.

Allgemein sei X eine normalverteilte Zufallsvariable mit unbekanntem Erwartungswert μ. Die Varianz σ^2 sei jedoch bekannt. Dann ist in einer unabhängigen Zufallsstichprobe die Zufallsvariable des Stichprobenmittels

$$\overline{X} = \frac{1}{n}(X_1 + X_2 + \ldots + X_n) = \frac{1}{n}\sum_{i=1}^{n} X_i .$$

normalverteilt mit dem Erwartungswert μ und der Varianz $\frac{\sigma^2}{n}$. Als Testgröße benutzt man die standardnormalverteilte Standardisierung

$$\sqrt{n} \cdot \frac{\overline{X} - \mu}{\sigma}$$

mit den Realisierungen $z = \sqrt{n} \cdot \frac{\overline{x} - \mu}{\sigma}$.

Falls μ_0 der tatsächliche Erwartungswert ist, muß als Standardisierung

$$\sqrt{n} \cdot \frac{\overline{X} - \mu_0}{\sigma}$$

gewählt werden. Wegen des Gesetzes der großen Zahlen liegt das Stichprobenmittel $\overline{x}$ meistens in der Nähe des (unbekannten) Erwartungswertes μ.

Falls die Realisierung $\sqrt{n} \cdot \frac{\bar{x} - \mu_0}{\sigma}$ sehr groß ist, wird man sich für $\mu > \mu_0$ entscheiden. Unterschreitet diese Realisierung eine negative kritische Grenze, so wird $\mu < \mu_0$ als statistisch abgesichert ansehen. Die Nullhypothese H_0: $\mu = \mu_0$ wird man dann ablehnen, wenn der Betrag $\sqrt{n} \cdot \left| \frac{\bar{x} - \mu_0}{\sigma} \right|$ zu groß ist.

Die kritischen Ablehnungsgrenzen werden analog zu Abschnitt 18.1 bestimmt.

Test der Nullhypothese $H_0 : \mu \leq \mu_0$ gegen die Alternative H_1: $\mu > \mu_0$

Mit einer geeigneten Ablehnungsgrenze c trifft man die Testentscheidung:

$\sqrt{n} \cdot \frac{\bar{x} - \mu_0}{\sigma} > c$: die Nullhypothese H_0 wird abgelehnt, die Alternative H_1 wird dann angenommen;

$\sqrt{n} \cdot \frac{\bar{x} - \mu_0}{\sigma} \leq c$: die Nullhypothese H_0 wird nicht abgelehnt.

Die Nullhypothese wird also abgelehnt, falls $\bar{x} > \mu_0 + c \cdot \frac{\sigma}{\sqrt{n}}$ ist.

Falls μ_0 der tatsächliche Erwartungswert ist, wird H_0 zu Unrecht abgelehnt, wenn das Ereignis $\left(\sqrt{n} \cdot \frac{\bar{X} - \mu_0}{\sigma} > c \right)$ eintritt. Damit erhält man das Signifikanzniveau (maximale Irrtumswahrscheinlichkeit 1. Art)

$$\alpha = \alpha(\mu_0) = P\left(\sqrt{n} \cdot \frac{\bar{X} - \mu_0}{\sigma} > c\right)$$

$$= P(Z > c) = 1 - P(Z \leq c) = 1 - \Phi(c).$$

Allgemein kann das Signifikanzniveau α vorgegeben werden. Die kritische Grenze c erhält man dann aus

$\Phi(c) = 1 - \alpha$; c wird aus Tabelle 2 abgelesen.

Falls die Nullhypothese H_0 richtig ist, kann auch $\mu \leq \mu_0$ der tatsächliche Erwartungswert sein. Dann ist $\bar{X}$ normalverteilt mit dem Erwartungswert μ und der Varianz $\frac{\sigma^2}{n}$. Für $\mu \leq \mu_0$ erhält man dann die Irrtumswahrscheinlichkeit 1. Art

$$\alpha(\mu) = P(\bar{X} > \mu_0 + c \cdot \frac{\sigma}{\sqrt{n}}) = P(\bar{X} - \mu > \mu_0 - \mu + c \cdot \frac{\sigma}{\sqrt{n}})$$

$$= P\left(\sqrt{n} \cdot \frac{\bar{X} - \mu}{\sigma} > \sqrt{n} \cdot \frac{\mu_0 - \mu}{\sigma} + c\right)$$

$$= 1 - \Phi\left(\sqrt{n} \cdot \frac{\mu_0 - \mu}{\sigma} + c\right) = g(\mu), \quad \mu \leq \mu_0.$$

Die von $\mu > \mu_0$ abhängige Irrtumswahrscheinlichkeit 2. Art lautet

$$\beta(\mu) = P(\bar{X} \leq \mu_0 + c \cdot \frac{\sigma}{\sqrt{n}}) = \Phi\left(\sqrt{n} \cdot \frac{\mu_0 - \mu}{\sigma} + c\right) = 1 - g(\mu) .$$

Falls μ nur wenig größer als μ_0 ist, ist die Irrtumswahrscheinlichkeit 2. Art ungefähr $1 - \alpha$.

Beispiel 2: In Beispiel 1 erhält man aus $\Phi(c) = 1 - \alpha = 0{,}99$ den Wert $c = 2{,}326$.

Daraus folgt $\quad \bar{x} > 980 + 2{,}326 \cdot \frac{6{,}95}{\sqrt{900}} = 980{,}539.$

Falls das mittlere Gewicht $\bar{x}$ von 900 Paketen mindestens 980,539 g beträgt, kann die Behauptung $\mu > 980$ aufgestellt werden. Dabei ist die Irrtumswahrscheinlichkeit höchstens gleich 0,01.

1. Zum Test der Nullhypothese $H_0: \mu \leq 100$ gegen $H_1: \mu > 100$ erhielt man den Mittelwert von $\bar{x} = 97{,}6$. Welche statistische Aussage kann man ohne jegliche Rechnung machen?

Test der Nullhypothese $H_0: \mu \geq \mu_0$ gegen die Alternative $H_1: \mu < \mu_0$

Mit einer geeigneten Ablehnungsgrenze $-c$ trifft man die Testentscheidung:

$\sqrt{n} \cdot \frac{\bar{x} - \mu_0}{\sigma} < -c$: die Nullhypothese H_0 wird abgelehnt, die Alternative H_1 wird dann angenommen;

$\sqrt{n} \cdot \frac{\bar{x} - \mu_0}{\sigma} \geq -c$: die Nullhypothese H_0 wird nicht abgelehnt.

Die Nullhypothese wird also abgelehnt, falls $\bar{x} < \mu_0 - c \cdot \frac{\sigma}{\sqrt{n}}$ erfüllt ist.

Hier erhält man das Signifikanzniveau

$$\alpha = \alpha(\mu_0) = P\left(\sqrt{n} \cdot \frac{\bar{X} - \mu_0}{\sigma} < -c\right) = \Phi(-c) = 1 - \Phi(c)\,;\ \Phi(c) = 1 - \alpha.$$

Die allgemeine Irrtumswahrscheinlichkeit 1. Art lautet

$$\begin{aligned} \alpha(\mu) &= P(\bar{X} < \mu_0 - c \cdot \tfrac{\sigma}{\sqrt{n}}) = P(\bar{X} - \mu < \mu_0 - \mu - c \cdot \tfrac{\sigma}{\sqrt{n}}) \\ &= P\left(\sqrt{n} \cdot \frac{\bar{X} - \mu}{\sigma} < \sqrt{n} \cdot \frac{\mu_0 - \mu}{\sigma} - c\right) \\ &= \Phi\left(\sqrt{n} \cdot \frac{\mu_0 - \mu}{\sigma} - c\right) = g(\mu), \quad \mu \geq \mu_0. \end{aligned}$$

Die von $\mu < \mu_0$ abhängige Irrtumswahrscheinlichkeit 2. Art ist

$$\beta(\mu) = P(\bar{X} \geq \mu_0 - c \cdot \tfrac{\sigma}{\sqrt{n}}) = 1 - \Phi\left(\sqrt{n} \cdot \frac{\mu_0 - \mu}{\sigma} - c\right) = 1 - g(\mu).$$

Diese Irrtumswahrscheinlichkeit kann sehr groß, im ungünstigsten Fall sogar fast gleich $1 - \alpha(\mu_0)$ werden.

Beispiel 3: Es bestehe der begründete Verdacht, daß für den Erwartungswert μ der Zufallsvariablen X aus Beispiel 1 gilt $\mu < 980$. Zum Test der Nullhypothese $H_0: \mu \geq 980$ gegen die Alternative $H_1: \mu < 980$ wurden 100 Pakete gewogen. Das mittlere Gewicht (in Gramm) betrug 979,05. Kann mit der Irrtumswahrscheinlichkeit $\alpha = 0{,}05$ die Nullhypothese abgelehnt werden?
$\Phi(c) = 0{,}95$ ergibt $c = 1{,}645$. Die Testgröße lautet

$$\sqrt{n} \cdot \frac{\bar{x} - \mu_0}{\sigma} = 10 \cdot \frac{979{,}05 - 980}{6{,}95} = -1{,}36.$$

Da diese Testgröße nicht kleiner als $-1{,}645$ ist, kann die Nullhypothese mit $\alpha = 0{,}05$ nicht abgelehnt werden. Das Stichprobenergebnis steht nicht in signifikantem Widerspruch zur Nullhypothese. Es kann auf den Zufall zurückgeführt werden.

2. Wie groß muß der Stichprobenumfang n mindestens sein, damit man in Beispiel 3 mit einer Irrtumswahrscheinlichkeit $\alpha = 0{,}01$ die Nullhypothese ablehnen kann, falls der Mittelwert $\bar{x}$ kleiner als 979,5 ist?

Test der Nullhypothese $H_0: \mu = \mu_0$ gegen die Alternative $H_1: \mu \neq \mu_0$.

Hier benutzt man die Testentscheidung:

$\sqrt{n} \cdot \left|\frac{\bar{x} - \mu_0}{\sigma}\right| > d$: die Nullhypothese H_0 wird abgelehnt, die Alternative H_1 wird dann angenommen;

$\sqrt{n} \cdot \left|\frac{\bar{x} - \mu_0}{\sigma}\right| \leq d$: die Nullhypothese H_0 wird nicht abgelehnt.

Bei diesem zweiseitigen Test ist die Irrtumswahrscheinlichkeit 1. Art (Signifikanzniveau) eindeutig bestimmt durch

$$\alpha = 1 - P\left(-d \leq \sqrt{n} \cdot \frac{\bar{X} - \mu_0}{\sigma} \leq d\right) = 2 - 2\Phi(d).$$

Die kritische Grenze d wird berechnet aus

$$\Phi(d) = 1 - \frac{\alpha}{2} \text{ (Tabelle 2).}$$

3. Die Durchmesser (in mm) der von einer Maschine produzierten Autokolben seien ungefähr normalverteilt. Die Standardabweichung $\sigma = 0{,}15$ sei eine unveränderliche Maschinengröße, während der Erwartungswert μ von der Maschineneinstellung abhängt. Der Sollwert ist $\mu_0 = 60$. Zum Test, ob eine Neueinstellung erforderlich ist, wurden die Durchmesser von 200 zufällig ausgewählten Kolben gemessen mit dem Mittelwert $\bar{x} = 60{,}05$. Ist mit einer Irrtumswahrscheinlichkeit von $\alpha = 0{,}05$ eine Neueinstellung erforderlich?

Tests des Erwartungswertes bei Normalverteilungen mit unbekannter Varianz

Falls die Varianz nicht bekannt ist, wird sie geschätzt durch die Stichprobenvarianz s^2. Wie bei den Konfidenzintervallen dargestellt, ist dann die Testgröße nicht mehr standardnormalverteilt, sondern t-verteilt mit $n-1$ Freiheitsgraden. Damit können alle Formeln für die bekannte Varianz übernommen werden. Dabei muß nur die Standardabweichung σ ersetzt werden durch die Standardabweichung s einer Stichprobe vom Umfang n. Ferner müssen die entsprechenden Quantile aus der Tabelle der t-Verteilung mit $n-1$ Freiheitsgraden abgelesen werden.

Beispiel 4: In Aufgabe 3 sei die Varianz der normalverteilten Zufallsvariablen X nicht bekannt. Zum Test der Nullhypothese H_0: $\mu = 60$ gegen die Alternative H_1: $\mu \neq 60$ wird eine Stichprobe vom Umfang $n = 30$ benutzt mit dem Mittelwert $\bar{x} = 60{,}081$ und der Standardabweichung $s = 0{,}1957$. Der Test soll mit der Irrtumswahrscheinlichkeit $\alpha = 0{,}05$ durchgeführt werden. Da die Standardabweichung σ nicht bekannt ist, benutzt man die Testgröße

$$\sqrt{n} \cdot \left|\frac{\bar{x} - \mu_0}{s}\right| = \sqrt{30} \cdot \left|\frac{60{,}081 - 60}{0{,}1957}\right| = 2{,}267.$$

Die kritische Grenze d erhält man aus der Tabelle der t-Verteilung mit 29 Freiheitsgraden (Tabelle 3) aus $F(d) = 1 - \frac{\alpha}{2} = 0{,}975$ als $d = 2{,}04$. Da diese Grenze von der Testgröße überschritten wird, wird die Nullhypothese H_0 abgelehnt.

Zur Irrtumswahrscheinlichkeit $\alpha = 0{,}01$ erhält man aus $F(d) = 0{,}995$ den Wert $d = 2{,}76$. Mit der Irrtumswahrscheinlichkeit $\alpha = 0{,}01$ kann die Nullhypothese nicht abgelehnt werden.

Tests des Erwartungswertes bei beliebigen Verteilungen und großem Stichprobenumfang

Bei großem Stichprobenumfang (Faustregel: $n \geq 30$) ist nach dem zentralen Grenzwertsatz $\bar{X}$ ungefähr normalverteilt, auch wenn X nicht normalverteilt ist. Dann können die für Normalverteilungen angegebenen Formeln als Näherungslösungen übernommen werden, wobei die t-Verteilung für große Freiheitsgrade ungefähr mit der Standard-Normalverteilung übereinstimmt.

Beispiel 5: Ein Automobilkonzern behauptet, der mittlere Benzinverbrauch eines bestimmten Typs liege bei einer Geschwindigkeit von 100 km/h unter 8 Liter für 100 km. Bei 40 Testfahrten erhielt man einen Mittelwert von 7,63 Liter und eine Standardabweichung von 0,74 Liter.

Kann die Behauptung des Konzerns mit einer Irrtumswahrscheinlichkeit $\alpha = 0{,}01$ aufrechterhalten bleiben?

Da die Aussage $\mu < 8$ angestrebt wird, soll die Nullhypothese H_0: $\mu \geq 8$ gegen die Alternative H_1: $\mu < 8$ getestet werden. Wegen des zentralen Grenzwertsatzes benutzt man die Testgröße

$$\sqrt{n} \cdot \frac{\bar{x} - \mu_0}{s} = \sqrt{40} \cdot \frac{7{,}63 - 8}{0{,}74} = -3{,}16.$$

Die kritische Grenze erhält man mit Hilfe der t-Verteilung mit 39 Freiheitsgraden aus $F(c) = 0{,}99$ als $c = 2{,}43$. Wegen

$\sqrt{n} \cdot \frac{\bar{x} - \mu_0}{s} < -c$ wird die Nullhypothese abgelehnt, also die Aussage des Konzerns als richtig angesehen.

4. Die Zufallsvariable der Körpergröße von Mädchen eines bestimmten Jahrgangs sei etwa N(99; 5)-verteilt, die der gleichaltrigen Jungen etwa N(100; 5)-verteilt. Aus einer Meßreihe vom Umfang 400 sei nicht mehr feststellbar, ob Mädchen oder Jungen gemessen wurden.
a) Es wird folgender Test benutzt: Gilt für den Mittelwert $\bar{x} < 99{,}5$, so entscheidet man sich für $\mu = 99$, sonst für $\mu = 100$.
Berechnen Sie die Irrtumswahrscheinlichkeiten.
b) Wie groß muß der Stichprobenumfang n mindestens sein, damit bei der obigen Entscheidung beide Irrtumswahrscheinlichkeiten höchstens gleich 0,001 sind?

5. Die Gewichte (in Gramm) von Zuckerpaketen seien etwa normalverteilt. Der Hersteller behauptet, der Erwartungswert (mittleres Gewicht) sei größer als 1000. Zum Test dafür wählte er 200 Pakete zufällig aus und stellte die Gewichte fest. Die Stichprobe ergab den Mittelwert $\bar{x} = 1001{,}2$ und die Standardabweichung $s = 2{,}1$.
a) Stellen Sie die Nullhypothese und die Alternative auf.
b) Kann der Hersteller auf Grund dieses Ergebnisses seine Behauptung mit einer Irrtumswahrscheinlichkeit von $\alpha = 0{,}01$ aufrechterhalten?

6. Eine Maschine produziert Bolzen. Die Zufallsvariable X, welche die Länge in mm beschreibt, sei näherungsweise normalverteilt. Der Erwartungswert μ hänge von der Maschineneinstellung ab, während die Standardabweichung $\sigma = 0{,}45$ davon unabhängig ist. Der Erwartungswert soll gleich 100 sein. Zum Test mit $\alpha = 0{,}05$ werden 100 Bolzen zufällig ausgewählt. In welchem Bereich muß der Mittelwert liegen, damit eine Neueinstellung erforderlich ist?

7. In Aufgabe 6 sei die Standardabweichung nicht bekannt. Zum Test mit der Irrtumswahrscheinlichkeit $\alpha = 0{,}05$ wurden 35 Bolzen zufällig ausgewählt. Dabei erhielt man den Mittelwert $\bar{x} = 99{,}86$ und die Standardabweichung $s = 0{,}512$. Muß eine Neueinstellung vorgenommen werden?

8. In Beispiel 5 hat eine Verbraucherzentrale den Verdacht, daß die Angaben des Herstellers nicht richtig sind.
a) Welche Hypothese und Alternative sollte sie beim Test benutzen?
b) Zur Testdurchführung wurden 100 zufällig ausgewählte Pakete gewogen. Welche Bedingung müssen der Stichprobenmittelwert $\bar{x}$ und die Standardabweichung s erfüllen, damit der Hersteller mit einer Irrtumswahrscheinlichkeit von höchstens 0,05 einer falschen Angabe überführt ist?

L 18.3 Gleichzeitiges Testen der Wahrscheinlichkeiten einer vollständigen Ereignisdisjunktion (Chi-Quadrat-Test)

Ein Würfel heißt ideal, wenn alle 6 Augenzahlen die gleiche Wahrscheinlichkeit $\frac{1}{6}$ besitzen, falls also gilt

$$P(\{i\}) = \tfrac{1}{6} \qquad \text{für } i = 1, 2, \dots, 6\,.$$

Theoretisch könnte man zwar für jede einzelne Augenzahl die Hypothese $P(\{i\}) = \frac{1}{6}$ testen, was mit einem großen Aufwand verbunden wäre. Zusätzlich dazu kommt das Problem, daß dabei die Irrtumswahrscheinlichkeit nur für jeden einzelnen Test richtig ist. Auch wenn man für sämtliche 6 Tests die gleiche Irrtumswahrscheinlichkeit α wählt, so ist α nicht gleich der Irrtumswahrscheinlichkeit dafür, daß man zu Unrecht mindestens eine der Hypothesen ablehnt. Daher ist es naheliegend, nach einem Verfahren zu suchen, mit dem alle 6 Hypothesen gleichzeitig getestet werden können. Ein solcher Test wird nun allgemein beschrieben.

Ausgangspunkt ist eine vollständige Ereignisdisjunktion $A_1, A_2, \dots, A_r$ von r paarweise unvereinbaren Ereignissen, von denen bei jeder Versuchsdurchführung genau eines eintreten muß.
Mit vorgegebenen Zahlen $p_1, p_2, \dots, p_r$; $p_i > 0$ für $i = 1, 2, \dots, r$; $\sum\limits_{i=1}^{r} p_i = 1$, die aus Erfahrungswerten oder Vermutungen stammen, betrachten wir die

$$\text{Nullhypothese: } P(A_1) = p_1\,;\; P(A_2) = p_2\,;\; \dots\dots\,;\; P(A_r) = p_r\,.$$

Zur Testdurchführung ist es naheliegend, aus einer unabhängigen Versuchsdurchführung vom Umfang n die absoluten Häufigkeiten $h_i = h_n(A_i)$ der Ereignisse A_i zu benutzen. Da es sich um eine vollständige Ereignisdisjunktion handelt, gilt dabei

$$\sum_{i=1}^{r} h_i = n.$$

Die erwartete Häufigkeit des Ereignisses A_i ist $n \cdot p_i$, falls die Nullhypothese richtig ist. Es ist plausibel, die Nullhypothese abzulehnen, wenn einige der absoluten Häufigkeiten h_i von den erwarteten Häufigkeiten $n \cdot p_i$ stark abweichen. Zunächst wäre es naheliegend, zur Testdurchführung folgende Summe zu verwenden

$$\sum_{i=1}^{r} (h_i - n \cdot p_i)^2\,.$$

Weil man die Wahrscheinlichkeitsverteilung dieser Größe kaum berechnen kann, benutzt man als Testgröße den sogenannten **Chi-Quadrat-Wert**

$$\chi^2 = \sum_{i=1}^{r} \frac{(h_i - n \cdot p_i)^2}{n \cdot p_i} = \frac{1}{n}\left(\sum_{i=1}^{r} \frac{h_i^2}{p_i} \right) - n\,.$$

Falls diese Testgröße klein ist, liegen die beobachteten Häufigkeiten h_i in der Nähe der erwarteten Häufigkeiten $n \cdot p_i$. Dann steht das Stichprobenergebnis nicht in signifikantem Widerspruch zur Nullhypothese, sondern wird auf den Zufall zurückgeführt. Sie wird dann nicht abgelehnt. Bei einem großen Wert χ^2 dagegen wird die Nullhypothese abgelehnt.

Der aus einer Zufallsstichprobe berechnete Zahlenwert χ^2 ist Realisierung einer Zufallsvariablen. Falls die Hypothese richtig ist, hat diese Zufallsvariable näherungsweise eine bestimmte Verteilung, die man für jedes r berechnen kann. Diese Näherung ist bereits sehr gut, wenn für alle i gilt $n \cdot p_i \geq 5$. In Abhängigkeit von r können die Verteilungsfunktion und die Quantile (s. Tabelle 4) bestimmt werden. Es handelt sich um eine sogenannte **Chi-Quadrat-Verteilung mit r − 1 Freiheitsgraden**. In der nachfolgenden Abbildung sind verschiedene Dichten von Chi-Quadrat-Verteilungen skizziert.

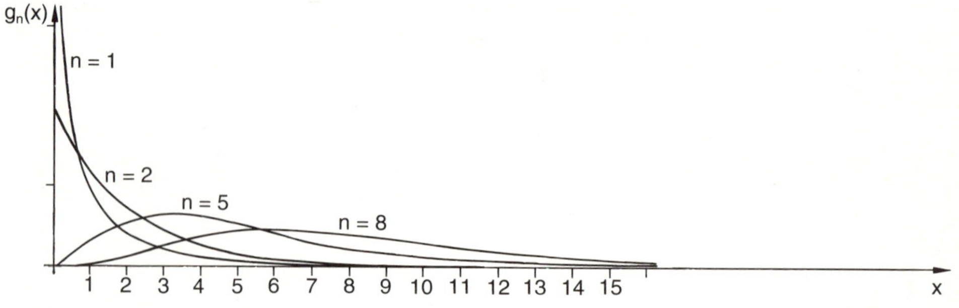

Testdurchführung:

1. Man gibt die Irrtumswahrscheinlichkeit α vor.
2. Aus der Tabelle 4 der Chi-Quadrat-Verteilung mit r − 1 Freiheitsgraden bestimmet man die kritische Grenze c aus

   $$F_{r-1}(c) = 1 - \alpha.$$

3. Man berechnet $\chi^2 = \sum_{i=1}^{r} \frac{(h_i - n \cdot p_i)^2}{n \cdot p_i} = \frac{1}{n}\left(\sum_{i=1}^{r} \frac{h_i^2}{p_i} \right) - n$.
4. Testentscheidung:

   $\chi^2 > c$: Ablehnung der Nullhypothese ;

   $\chi^2 \leq c$: Keine Ablehnung der Nullhypothese.

Bemerkung: Setzt man $A_1 = A$ und $A_2 = \bar{A}$ (Komplement von A), so erhält man mit $r = 2$ den gewöhnlichen Parametertest für eine einzelne Wahrscheinlichkeit $p = P(A)$ auf Seite 210.

Beispiel 1: Das zweite Mendelsche Gesetz sagt aus, daß unter bestimmten Voraussetzungen bei der Kreuzung zweier Pflanzen mit rosa Blütenfarben Pflanzen entstehen, deren Blütenfarben rot, rosa und weiß sind. Die Regel besagt dabei, daß für die Wahrscheinlichkeiten, mit denen eine Pflanze der Tochtergeneration das entsprechende Merkmal trägt, folgende Verhältnisgleichung gilt:

$$P(\text{rot}) : P(\text{rosa}) : P(\text{weiß}) = 1 : 2 : 1 .$$

Daraus folgt $P(\text{rosa}) = 2 \cdot P(\text{rot})$; $P(\text{weiß}) = P(\text{rot})$.

Da die Summe der Wahrscheinlichkeiten gleich Eins ist, ergibt sich hieraus die Hypothese von Mendel: $P(\text{rot}) = P(\text{weiß}) = \frac{1}{4}$; $P(\text{rosa}) = \frac{1}{2}$.

Um die Hypothese zu testen, wurden 400 Kreuzungsversuche vorgenommen mit dem Ergebnis: $h_{400}(\text{rot}) = 95$; $h_{400}(\text{weiß}) = 104$; $h_{400}(\text{rosa}) = 201$. Mit diesen Werten erhält man die Testgröße

$$\chi^2 = \frac{1}{400}(4 \cdot 95^2 + 4 \cdot 104^2 + 2 \cdot 201^2) - 400 = 0{,}415 .$$

Für $\alpha = 0{,}05$ erhalten wir aus Tabelle 4 als 0,95-Quantil mit 2 Freiheitsgraden $c = 5{,}99$. Wegen $\chi^2 < c$ kann die Mendelsche Hypothese nicht abgelehnt werden. Das festgestellte Ergebnis steht also nicht im Widerspruch zum Mendelschen Gesetz. $\alpha = 0{,}1$ ergibt das Quantil $c = 4{,}61$. Auch mit der Irrtumswahrscheinlichkeit von 0,1 ist keine Ablehnung möglich.

Aufgaben

1. Ein Würfel wurde 300mal geworfen, wobei sich folgende Werte ergaben.

Augenzahlen	1	2	3	4	5	6
Häufigkeiten	41	54	49	51	43	62

Testen Sie mit einer Irrtumswahrscheinlichkeit $\alpha = 0{,}05$ die Nullhypothese: alle 6 Augenzahlen sind gleich wahrscheinlich.

2. Bei einem Zufallsexperiment soll genau eines der drei möglichen paarweise unvereinbaren Ereignisse A, B und C eintreten. Zum Test der Nullhypothese

$$P(A) = \frac{1}{2} \cdot P(B) = \frac{1}{3} \cdot P(C)$$

wurde das Experiment 600mal durchgeführt, wobei sich folgende Häufigkeiten ergaben: $h_{600}(A) = 85$; $h_{600}(B) = 185$; $h_{600}(C) = 330$. Kann die Nullhypothese mit einer Irrtumswahrscheinlichkeit von $\alpha = 0{,}05$ abgelehnt werden?

3. Ein Schüler sollte als Hausaufgabe 50mal aus den Ziffern 0, 1, 2, ... , 9 eine zufällig auswählen. Dabei brachte er das folgende Ergebnis mit in die Schule.

Ziffer	0	1	2	3	4	5	6	7	8	9
Häufigkeit	0	2	6	8	6	7	5	10	3	3

Die Lehrerin hat den Verdacht, daß der Schüler das Zufallsexperiment gar nicht durchgeführt, sondern die Tabelle willkürlich angefertigt hat. Läßt sich dieser Verdacht mit einer Irrtumswahrscheinlichkeit a) $\alpha = 0{,}05$, b) $\alpha = 0{,}1$ bestätigen?

4. Zum Test, ob ein Würfel unverfälscht ist, wurde er 120 mal geworfen. Dabei erhielt man als Summe der Quadrate der Häufigkeiten für die einzelnen Augenzahlen 2 658. Kann man die Nullhypothese der Unverfälschtheit des Würfels mit der Irrtumswahrscheinlichkeit a) $\alpha = 0{,}05$, b) $\alpha = 0{,}01$ ablehnen?

5. Es sei p die Wahrscheinlichkeit dafür, daß ein direkt der Produktion entnommenes Werkstück fehlerhaft ist. Insgesamt werden 100 Stücke zufällig ausgewählt, darunter k fehlerhafte. In welchem Bereich muß k liegen, so daß mit einer Irrtumswahrscheinlichkeit von $\alpha = 0{,}05$ die Nullhypothese: $p = 0{,}1$ abgelehnt werden kann? Hinweis: Benutzen Sie den Chi-Quadrat-Test mit $r = 2$.

L 18.4 Test auf Unabhängigkeit zweier Ereignisse (Vierfeldertafel)

Beispiel 1: A sei das Ereignis "Eine zufällig ausgewählte Person besitzt einen Fernsehapparat" und B "Eine zufällig ausgewählte Person ist Mitglied einer Buchgemeinschaft". Zum Test auf Unabhängigkeit der beiden Ereignisse wurden 74 zufällig ausgewählte Personen befragt. Von diesen Personen haben 37 ein Fernsehgerät, 43 sind in einer Buchgemeinschaft, und 13 Personen besitzen keinen Fernseher und sind außerdem in keiner Buchgemeinschaft. Zur Untersuchung, ob die beiden Ereignisse A und B unabhängig sind, wurde das entsprechende Zufallsexperiment 74mal durchgeführt. Die absoluten Häufigkeiten für die Ereignisse sind in der nachfolgenden Vierfeldertafel zusammengestellt:

	B	$\bar{B}$	Zeilensummen
A	19	18	37
$\bar{A}$	24	13	37
Spaltensummen	43	31	74 = n

Nach der Angabe einer geeigneten Testgröße kommen wir auf dieses Beispiel zurück.

Allgemein soll für zwei beliebige Ereignisse A und B die

Nullhypothese : A und B sind unabhängig

getestet werden.

Dazu werden in einer unabhängigen Versuchsserie vom Umfang n die absoluten Häufigkeiten

$$h_{11} = h_n(A \cap B)\ ;\ h_{12} = h_n(A \cap \bar{B})\ ;\ h_{21} = h_n(\bar{A} \cap B)\ ;\ h_{22} = h_n(\bar{A} \cap \bar{B})$$

in einer sogenannten **Vierfeldertafel** zusammengestellt. In der letzten Spalte werden die Zeilensummen, in der letzten Zeile die Spaltensummen gebildet. Die Summe aller 4 Häufigkeiten ist gleich n.

	B	$\bar{B}$	Zeilensummen
A	$h_{11} = h_n(A \cap B)$	$h_{12} = h_n(A \cap \bar{B})$	$h_{11} + h_{12} = h_n(A)$
$\bar{A}$	$h_{21} = h_n(\bar{A} \cap B)$	$h_{22} = h_n(\bar{A} \cap \bar{B})$	$h_{21} + h_{22} = h_n(\bar{A})$
Spaltensummen	$h_{11} + h_{21} = h_n(B)$	$h_{12} + h_{22} = h_n(\bar{B})$	n

Aus der Vierfeldertafel wird die Testgröße

$$\chi^2 = \frac{n \cdot (h_{11} \cdot h_{22} - h_{12} \cdot h_{21})^2}{h_n(A) \cdot h_n(\bar{A}) \cdot h_n(B) \cdot h_n(\bar{B})}$$

berechnet. Sie ist Realisierung einer Zufallsvariablen, welche näherungsweise Chi-Quadrat-verteilt ist mit einem Freiheitsgrad, falls A und B unabhängig sind. Als Bedingung für eine gute Näherung gilt die Faustregel: $n > 20$ sowie $h_{ij} > 3$ für alle Häufigkeiten.

Testdurchführung:

1. Man wählt die Irrtumswahrscheinlichkeit α, z. B. $\alpha = 0{,}05$.
2. Aus der Tabelle 4 der Chi-Quadrat-Verteilung mit einem Freiheitsgrad bestimmt man die kritische Grenze c mit

   $$F_1(c) = 1 - \alpha.$$

3. Man berechnet $\chi^2 = \dfrac{n \cdot (h_{11} \cdot h_{22} - h_{12} \cdot h_{21})^2}{h_n(A) \cdot h_n(\bar{A}) \cdot h_n(B) \cdot h_n(\bar{B})}$.
4. Testentscheidung:

   $\chi^2 > c$: Ablehnung der Nullhypothese der Unabhängigkeit von A und B;

   $\chi^2 \leq c$: Keine Ablehnung der Nullhypothese .

Beispiel 2: Für Beispiel 1 lautet die Testgröße

$$\chi^2 = \frac{74 \cdot (19 \cdot 13 - 24 \cdot 18)^2}{37 \cdot 37 \cdot 43 \cdot 31} \approx 1{,}39.$$

Für $\alpha = 0{,}05$ erhält man aus der Chi-Quadrat-Verteilung mit einem Freiheitsgrad (Tabelle 4) die kritische Grenze $c = 3{,}84$. Wegen $\chi^2 < c$ kann die Nullhypothese der Unabhängigkeit der beiden Ereignisse A und B nicht abgelehnt werden.

1. Bei der Befragung von Personen, ob sie trinken bzw. rauchen, erhielt man folgende Häufigkeiten. Testen Sie mit $\alpha = 0{,}01$, ob die beiden Merkmale "Rauchen" und "Trinken" unabhängig sind.

	Raucher	Nichtraucher
Trinker	120	70
Nichttrinker	48	62

2. Prüfen Sie mit Hilfe der nachfolgenden Stichprobe mit $\alpha = 0{,}01$ die beiden Merkmale "geimpft werden" und "erkranken" auf Unabhängigkeit.

	erkrankt	nicht erkrankt
geimpft	30	160
nicht geimpft	48	112

Mathematische Formeln

Absolute Häufigkeit: $h_n(A)$; **relative Häufigkeit:** $r_n(A)$

Mittelwert einer Stichprobe : $\bar{x} = \frac{1}{n}\sum_{i=1}^{n} x_i = \frac{1}{n}\sum_{j=1}^{m} h_j \cdot x_j^*$ mit $n = \sum_{j=1}^{m} h_j$

Eigenschaft: $\overline{a \cdot x + b} = a \cdot \bar{x} + b$; $a, b \in \mathbb{R}$.

Median einer geordneten Stichprobe
$x_{(1)} \leq x_{(2)} \leq \dots \leq x_{(n)}$

$$\tilde{x} = \begin{cases} x_{\left(\frac{n+1}{2}\right)}, & \text{falls n ungerade} \\ \frac{1}{2} \cdot \left(x_{\left(\frac{n}{2}\right)} + x_{\left(\frac{n+1}{2}\right)} \right), & \text{falls n gerade.} \end{cases}$$

Varianz einer Stichprobe : $s_x^2 = \frac{1}{n-1}\sum_{i=1}^{n}(x_i - \bar{x})^2 = \frac{1}{n-1}\left(\sum_{i=1}^{n} x_i^2 - n \cdot \bar{x}^2\right)$

Eigenschaft: $s_{a \cdot x + b}^2 = a^2 \cdot s_x^2$; $a, b \in \mathbb{R}$.

Laplace-Wahrscheinlichkeit

L1 : Ω enthält nur endlich viele Elemente.
L2 : Alle Elementarereignisse sind gleichwahrscheinlich.

$$P(A) = \frac{|A|}{|\Omega|} = \frac{\text{Anzahl der Elemente in A}}{\text{Anzahl der Elemente in } \Omega}.$$

Axiome von Kolmogorow

(K1) $0 \leq P(A) \leq 1$; (K2) $P(\Omega) = 1$; (K3) $P(A \cup B) = P(A) + P(B)$ für $A \cap B = \emptyset$.

Urnenmodelle

N: Gesamtanzahl der Kugeln; M: Anzahl der roten Kugeln;
n: Anzahl der gezogenen Kugeln;
A_k: Unter den n gezogenen Kugeln befinden sich genau k rote Kugeln.

Modell I (Ziehen ohne Zurücklegen):

$$P(A_k) = \frac{\binom{M}{k} \cdot \binom{N-M}{n-k}}{\binom{N}{n}}, \; k = 0, 1, \dots, M \;\; ; n \leq N .$$

Modell II (Ziehen ohne Zurücklegen):

$$P(A_k) = \binom{n}{k} \cdot \left(\frac{M}{N}\right)^k \cdot \left(1 - \frac{M}{N}\right)^{n-k}, \; k = 0, 1, \dots, n.$$

Bedingte Wahrscheinlichkeit: $P(A \mid B) = \frac{P(A \cap B)}{P(B)}$ für $P(B) > 0$.

Multiplikationssatz: $P(A \cap B) = P(A \mid B) \cdot P(B)$.

Unabhängige Ereignisse: A und B sind unabhängig, falls $P(A \cap B) = P(A) \cdot P(B)$.

Vollständige Ereignisdisjunktion: $\Omega = A_1 \cup A_2 \cup \ldots \cup A_n$ mit $A_i \cap A_k$ für $i \neq k$.

Satz von der vollständigen Ereignisdisjunktion:

$$P(B) = \sum_{i=1}^{n} P(B \mid A_i) \cdot P(A_i) \quad \text{mit } P(A_i) > 0 \quad \text{für } i = 1, 2, \ldots, n.$$

Bayessche Formel: $P(A_k \mid B) = \dfrac{P(B \mid A_k) \cdot P(A_k)}{P(B)} = \dfrac{P(B \mid A_k) \cdot P(A_k)}{\sum_{i=1}^{n} P(B \mid A_i) \cdot P(A_i)}$.

Diskrete Zufallsvariable:

Verteilung: $\{(x_i, p_i = P(X = x_i)) \mid i = 1, 2, \ldots\}$.

Erwartungswert:

bei endlicher Wertemenge: $E(X) = \mu = \sum_{i=1}^{n} x_i \cdot p_i$;

bei unendlicher Wertemenge: $E(X) = \mu = \sum_{i=1}^{\infty} x_i \cdot p_i$, falls $\sum_{i=1}^{\infty} |x_i| \cdot p_i < \infty$.

Eigenschaften: $E(a \cdot X + b) = a \cdot E(X) + b$; $a, b \in \mathbb{R}$;

$$E(a_1 X_1 + a_2 X_2 + \ldots + a_n X_n) = a_1 E(X_1) + a_2 E(X_2) + \ldots + a_n E(X_n)$$

für $a_1, a_2, \ldots, a_n \in \mathbb{R}$.

$E(X \cdot Y) = E(X) \cdot E(Y)$, falls X, Y unabhängig.

Varianz: $\operatorname{Var}(X) = E([X - \mu]^2) = \sum_i (x_i - \mu)^2 \cdot p_i = \sum_i x_i^2 \cdot p_i - [E(X)]^2$.

Eigenschaften: $\operatorname{Var}(a \cdot X + b) = a^2 \cdot \operatorname{Var}(X)$, $a, b \in \mathbb{R}$.

$\operatorname{Var}(X + Y) = \operatorname{Var}(X) + \operatorname{Var}(Y)$ für unabhängige X, Y.

Standardabweichung (Streuung): $\sigma = \sqrt{\operatorname{Var}(X)}$.

Binomialverteilung: $\{(k, p_k) \mid k = 1, 2, \ldots, n\}$ mit $p_k = \binom{n}{k} \cdot p^k \cdot (1-p)^{n-k}$;

$E(X) = n \cdot p$; $\operatorname{Var}(X) = n \cdot p \cdot (1-p)$.

Poissonverteilung: $\left\{ \left(k, p_k = \frac{\lambda^k}{k!} \cdot e^{-\lambda} \right) \mid k = 0, 1, 2, \ldots, \lambda > 0 \right\}$.

$E(X) = \operatorname{Var}(X) = \lambda$.

Geometrische Verteilung: $\{(k, p_k = p \cdot (1-p)^{k-1}) \mid k = 1, 2, \ldots\}$;

$E(X) = \frac{1}{p}$; $\operatorname{Var}(X) = \frac{1-p}{p^2}$.

Normalverteilung

N(0; 1)-Verteilung: Dichte $\varphi(z) = \frac{1}{\sqrt{2\pi}} e^{-\frac{z^2}{2}}$; $E(Z) = 0$; $\operatorname{Var}(Z) = 1$;

N(μ; σ)-Verteilung: Dichte $f(x) = \frac{1}{\sqrt{2\pi\sigma^2}} e^{-\frac{(x-\mu)^2}{2\sigma^2}}$; $E(X) = \mu$; $\operatorname{Var}(X) = \sigma^2$.

Tabelle 1: Verteilungsfunktion $\Phi(z)$ der Standardnormalverteilung

z	0,00	0,01	0,02	0,03	0,04	0,05	0,06	0,07	0,08	0,09
0,0	0,5000	0,5040	0,5080	0,5120	0,5160	0,5199	0,5239	0,5279	0,5319	0,5359
0,1	0,5398	0,5438	0,5478	0,5517	0,5557	0,5596	0,5636	0,5675	0,5714	0,5753
0,2	0,5793	0,5832	0,5871	0,5910	0,5948	0,5987	0,6026	0,6064	0,6103	0,6141
0,3	0,6179	0,6217	0,6255	0,6293	0,6331	0,6368	0,6406	0,6443	0,6480	0,6517
0,4	0,6554	0,6591	0,6628	0,6664	0,6700	0,6736	0,6772	0,6808	0,6844	0,6879
0,5	0,6915	0,6950	0,6985	0,7019	0,7054	0,7088	0,7123	0,7157	0,7190	0,7224
0,6	0,7257	0,7291	0,7324	0,7357	0,7389	0,7422	0,7454	0,7486	0,7517	0,7549
0,7	0,7580	0,7611	0,7642	0,7673	0,7704	0,7734	0,7764	0,7794	0,7823	0,7852
0,8	0,7881	0,7910	0,7939	0,7967	0,7995	0,8023	0,8051	0,8078	0,8106	0,8133
0,9	0,8159	0,8186	0,8212	0,8238	0,8264	0,8289	0,8315	0,8340	0,8365	0,8389
1,0	0,8413	0,8438	0,8461	0,8485	0,8508	0,8531	0,8554	0,8577	0,8599	0,8621
1,1	0,8643	0,8665	0,8686	0,8708	0,8729	0,8749	0,8770	0,8790	0,8810	0,8830
1,2	0,8849	0,8869	0,8888	0,8907	0,8925	0,8944	0,8962	0,8980	0,8997	0,9015
1,3	0,9032	0,9049	0,9066	0,9082	0,9099	0,9115	0,9131	0,9147	0,9162	0,0177
1,4	0,9192	0,9207	0,9222	0,9236	0,9251	0,9265	0,9279	0,9292	0,9306	0,9319
1,5	0,9332	0,9345	0,9357	0,9370	0,9382	0,9394	0,9406	0,9418	0,9429	0,9441
1,6	0,9452	0,9463	0,9474	0,9484	0,9495	0,9505	0,9515	0,9525	0,9535	0,9545
1,7	0,9554	0,9564	0,9573	0,9582	0,9591	0,9599	0,9608	0,9616	0,9625	0,9633
1,8	0,9641	0,9649	0,9656	0,9664	0,9671	0,9678	0,9686	0,9693	0,9699	0,9706
1,9	0,9713	0,9719	0,9726	0,9732	0,9738	0,9744	0,9750	0,9756	0,9761	0,9767
2,0	0,9772	0,9778	0,9783	0,9788	0,9793	0,9798	0,9803	0,9808	0,9812	0,9817
2,1	0,9821	0,9826	0,9830	0,9834	0,9838	0,9842	0,9846	0,9850	0,9854	0,9857
2,2	0,9861	0,9864	0,9868	0,9871	0,9875	0,9878	0,9881	0,9884	0,9887	0,9890
2,3	0,9893	0,9896	0,9898	0,9901	0,9904	0,9906	0,9909	0,9911	0,9913	0,9916
2,4	0,9918	0,9920	0,9922	0,9925	0,9927	0,9929	0,9931	0,9932	0,9934	0,9936
2,5	0,9938	0,9940	0,9941	0,9943	0,9945	0,9946	0,9948	0,9949	0,9951	0,9952
2,6	0,9953	0,9955	0,9956	0,9957	0,9959	0,9960	0,9961	0,9962	0,9963	0,9964
2,7	0,9965	0,9966	0,9967	0,9968	0,9969	0,9970	0,9971	0,9972	0,9973	0,9974
2,8	0,9974	0,9975	0,9976	0,9977	0,9977	0,9978	0,9979	0,9979	0,9980	0,9981
2,9	0,9981	0,9982	0,9982	0,9983	0,9984	0,9984	0,9985	0,9985	0,9986	0,9986
3,0	0,9987	0,9987	0,9987	0,9988	0,9988	0,9989	0,9989	0,9989	0,9990	0,9990
3,1	0,9990	0,9991	0,9991	0,9991	0,9992	0,9992	0,9992	0,9992	0,9993	0,9993
3,2	0,9993	0,9993	0,9994	0,9994	0,9994	0,9994	0,9994	0,9995	0,9995	0,9995
3,3	0,9995	0,9995	0,9995	0,9996	0,9996	0,9996	0,9996	0,9996	0,9996	0,9997
3,4	0,9997	0,9997	0,9997	0,9997	0,9997	0,9997	0,9997	0,9997	0,9997	0,9998
3,5	0,9998	0,9998	0,9998	0,9998	0,9998	0,9998	0,9998	0,9998	0,9998	0,9998
3,6	0,9998	0,9998	0,9999	0,9999	0,9999	0,9999	0,9999	0,9999	0,9999	0,9999
3,7	0,9999	0,9999	0,9999	0,9999	0,9999	0,9999	0,9999	0,9999	0,9999	0,9999
3,8	0,9999	0,9999	0,9999	0,9999	0,9999	0,9999	0,9999	0,9999	0,9999	0,9999
3,9	1,0000	1,0000	1,0000	1,0000	1,0000	1,0000	1,0000	1,0000	1,0000	1,0000

Tabelle 2: Quantile der Standardnormalverteilung

Tabelliert sind die Quantile z mit der Verteilungsfunktion $\Phi(z)$.

Für negative Werte gilt $\Phi(-z) = 1 - \Phi(z)$.

Φ(z)	z	Φ(z)	z	Φ(z)	z	Φ(z)	z
0,50	0,00000	0,75	0,67449	**0,950**	**1,64485**	0,9975	2,80703
0,51	0,02507	0,76	0,70630	0,955	1,69540	0,9976	2,82016
0,52	0,05015	0,77	0,73885	0,960	1,75069	0,9977	2,83379
0,53	0,07527	0,78	0,77219	0,965	1,81191	0,9978	2,84796
0,54	0,10043	0,79	0,80642	0,970	1,88079	0,9979	2,86274
0,55	0,12566	0,80	0,84162	**0,975**	**1,95996**	0,9980	2,87816
0,56	0,15097	0,81	0,87790	0,980	2,05375	0,9981	2,89430
0,57	0,17637	0,82	0,91537	0,985	2,17009	0,9982	2,91124
0,58	0,20189	0,83	0,95416			0,9983	2,92905
0,59	0,22754	0,84	0,99446			0,9984	2,94784
0,60	0,25335	0,85	1,03643	**0,9900**	**2,32635**	0,9985	2,96774
0,61	0,27932	0,85	1,08032	0,9905	2,34553	0,9986	2,98888
0,62	0,30548	0,87	1,12639	0,9910	2,36562	0,9987	3,01145
0,63	0,33185	0,88	1,17499	0,9915	2,38671	0,9988	3,03567
0,64	0,35846	0,89	1,22653	0,9920	2,40891	0,9989	3,06181
0,65	0,38532	**0,900**	**1,28155**	0,9925	2,43238	**0,9990**	**3,09023**
0,66	0,41246	0,905	1,31058	0,9930	2,45726	0,9991	3,12139
0,67	0,43991	0,910	1,34076	0,9935	2,48377	0,9992	3,15591
0,68	0,46770	0,915	1,37220	0,9940	2,51214	0,9993	3,19465
0,69	0,49585	0,920	1,40507	0,9945	2,54270	0,9994	3,23888
0,70	0,52440	0,925	1,43953	**0,9950**	**2,57583**	0,9995	3,29053
0,71	0,55338	0,930	1,47579	0,9955	2,61205	0,9996	3,35279
0,72	0,58284	0,935	1,51410	0,9960	2,65207	0,9997	3,43161
0,73	0,61281	0,940	1,55477	0,9965	2,69684	0,9998	3,54008
0,74	0,64335	0,945	1,59819	0,9970	2,74778	**0,9999**	**3,71902**
						0,99999	**4,26489**
						0,999999	**4,75342**

Tabelle 3: Quantile der t-Verteilung mit n Freiheitsgraden

Tabelliert sind die Werte t mit dem Funktionswert F(t).
Für negative Werte gilt $F(-t) = 1 - F(t)$.

n \ F(t)	0,900	0,950	0,975	0,990	0,995	0,999	n
1	3,078	6,314	12,706	31,821	63,657	318,309	1
2	1,886	2,920	4,303	6,965	9,925	22,327	2
3	1,638	2,353	3,182	4,541	5,841	10,214	3
4	1,533	2,132	2,776	3,747	4,604	7,173	4
5	1,476	2,015	2,571	3,365	4,032	5,893	5
6	1,440	1,943	2,447	3,143	3,707	5,208	6
7	1,415	1,895	2,365	2,998	3,499	4,785	7
8	1,397	1,860	2,306	2,896	3,355	4,501	8
9	1,383	1,833	2,262	2,821	3,250	4,297	9
10	1,372	1,812	2,228	2,764	3,169	4,144	10
11	1,363	1,796	2,201	2,718	3,106	4,025	11
12	1,356	1,782	2,179	2,681	3,055	3,930	12
13	1,350	1,771	2,160	2,650	3,012	3,852	13
14	1,345	1,761	2,145	2,624	2,977	3,787	14
15	1,341	1,753	2,131	2,602	2,947	3,733	15
16	1,337	1,746	2,120	2,583	2,921	3,686	16
17	1,333	1,740	2,110	2,567	2,898	3,646	17
18	1,330	1,734	2,101	2,552	2,878	3,610	18
19	1,328	1,729	2,093	2,539	2,861	3,579	19
20	1,325	1,725	2,086	2,528	2,845	3,552	20
21	1,323	1,721	2,080	2,518	2,831	3,527	21
22	1,321	1,717	2,074	2,508	2,819	3,505	22
23	1,319	1,714	2,069	2,500	2,807	3,485	23
24	1,318	1,711	2,064	2,492	2,797	3,467	24
25	1,316	1,708	2,060	2,485	2,787	3,450	25
26	1,315	1,706	2,056	2,479	2,779	3,435	26
27	1,314	1,703	2,052	2,473	2,771	3,421	27
28	1,313	1,701	2,048	2,467	2,763	3,408	28
29	1,311	1,699	2,045	2,462	2,756	3,396	29
30	1,310	1,697	2,042	2,457	2,750	3,385	30
31	1,309	1,696	2,040	2,453	2,744	3,375	31
32	1,309	1,694	2,037	2,449	2,738	3,365	32
33	1,308	1,692	2,035	2,445	2,733	3,356	33
34	1,307	1,691	2,032	2,441	2,728	3,348	34
35	1,306	1,690	2,030	2,438	2,724	3,340	35
36	1,306	1,688	2,028	2,434	2,719	3,333	36
37	1,305	1,687	2,026	2,431	2,715	3,326	37
38	1,304	1,686	2,024	2,429	2,712	3,319	38
39	1,304	1,685	2,023	2,426	2,708	3,313	39

Fortsetzung Seite 229

Tab. 3 (Fortsetzung):

F(t) / n	0,900	0,950	0,975	0,990	0,995	0,999	n
40	1,303	1,684	2,021	2,423	2,704	3,307	40
41	1,303	1,683	2,020	2,421	2,701	3,301	41
42	1,302	1,682	2,018	2,418	2,698	3,296	42
43	1,302	1,681	2,017	2,416	2,695	3,291	43
44	1,301	1,680	2,015	2,414	2,692	3,286	44
45	1,301	1,679	2,014	2,412	2,690	3,281	45
46	1,300	1,679	2,013	2,410	2,687	3,277	46
47	1,300	1,678	2,012	2,408	2,685	3,273	47
48	1,299	1,677	2,011	2,407	2,682	3,269	48
49	1,299	1,677	2,010	2,405	2,680	3,265	49
50	1,299	1,676	2,009	2,403	2,678	3,261	50
60	1,296	1,671	2,000	2,390	2,660	3,232	60
70	1,294	1,667	1,994	2,381	2,648	3,211	70
80	1,292	1,644	1,990	2,374	2,639	3,195	80
90	1,291	1,662	1,987	2,369	2,632	3,182	90
100	1,290	1,660	1,984	2,364	2,626	3,174	100
150	1,287	1,655	1,976	2,352	2,609	3,146	150
200	1,286	1,653	1,972	2,345	2,601	3,131	200
300	1,284	1,650	1,968	2,339	2,593	3,118	300
400	1,284	1,649	1,966	2,336	2,589	3,111	400
500	1,283	1,648	1,965	2,334	2,586	3,107	500
600	1,283	1,647	1,964	2,333	2,584	3,104	600
800	1,283	1,647	1,963	2,331	2,582	3,101	800
1000	1,282	1,646	1,962	2,330	2,581	3,098	1000
∞	1,282	1,646	1,960	2,326	2,576	3,090	∞

Tab. 4: Quantile der Chi-Quadrat-Verteilung (n Freiheitsgrade)

Tabelliert sind die Stellen χ^2 mit dem Funktionswert $F(\chi^2)$

$F(\chi^2)$ / n	0,750	0,900	0,950	0,975	0,990	0,995	0,999
1	1,323	2,706	3,841	5,024	6,635	7,879	10,828
2	2,773	4,605	5,991	7,378	9,210	10,597	13,816
3	4,108	6,251	7,815	9,348	11,345	12,838	16,266
4	5,385	7,779	9,488	11,143	12,277	14,860	18,467
5	6,626	9,236	11,070	12,833	15,086	16,750	20,515
6	7,841	10,645	12,592	14,449	16,812	18,548	22,458
7	9,037	12,017	14,067	16,013	18,475	20,278	24,322
8	10,219	13,362	15,507	17,535	20,090	21,955	26,124
9	11,389	14,684	16,919	19,023	21,666	23,589	27,877
10	12,549	15,987	18,307	20,483	23,209	25,188	29,588
11	13,701	17,275	19,675	21,920	24,725	26,757	31,264
12	14,845	18,549	21,026	23,337	26,217	28,300	32,909
13	15,984	19,812	22,362	24,736	27,688	29,819	34,528
14	17,117	21,064	23,685	26,119	19,141	31,319	36,123
15	18,245	22,307	24,996	27,488	30,578	32,801	37,697
16	19,369	23,542	26,296	28,845	32,000	34,267	39,252
17	20,489	24,769	27,587	30,191	33,409	35,719	40,790
18	21,605	25,989	28,869	31,526	34,805	37,156	42,312
19	22,718	27,204	30,144	32,852	36,191	38,582	43,820
20	23,828	28,412	31,410	34,170	37,566	39,997	45,315
21	24,935	29,615	32,671	35,479	38,932	41,401	46,797
22	26,039	30,813	33,924	36,781	40,289	42,796	48,268
23	27,141	32,007	35,172	38,076	41,638	44,181	49,728
24	28,241	33,196	36,415	39,364	42,980	45,559	51,179
25	29,339	34,382	37,652	40,646	44,314	46,928	52,620
26	30,435	35,563	38,885	41,923	45,642	48,290	54,052
27	31,528	36,741	40,113	43,195	46,963	49,645	55,476
28	32,620	37,916	41,337	44,461	48,278	50,993	56,892
29	33,711	39,087	42,557	45,722	49,588	52,336	58,301
30	34,800	40,256	42,773	46,979	50,892	53,672	59,703
31	35,887	41,422	44,985	48,232	52,191	55,003	61,098
32	36,973	42,585	46,194	49,480	53,486	56,328	62,487
33	38,058	43,745	47,400	50,725	54,776	57,648	63,870
34	39,141	44,903	48,602	51,966	56,061	58,964	65,247
35	40,223	46,059	49,802	53,203	57,342	60,275	66,619
36	41,304	47,212	50,998	54,437	58,619	61,581	67,985
37	42,383	48,363	52,192	55,668	59,893	62,883	69,346
38	43,462	49,513	53,384	56,896	61,162	64,181	70,703
39	44,539	50,660	54,572	58,120	62,428	65,476	72,055

Fortsetzung auf Seite 231

Tab. 4 (Fortsetzung):

$F(\chi^2)$ n	0,750	0,900	0,950	0,975	0,990	0,995	0,999
40	45,616	51,805	55,758	59,342	63,691	66,766	73,402
41	46,692	52,949	56,942	60,561	64,950	68,053	74,745
42	47,766	54,090	58,124	61,777	66,206	69,336	76,084
43	48,840	55,230	59,304	62,990	67,459	70,616	77,419
44	49,913	56,369	60,481	64,201	68,710	71,893	78,750
45	50,985	57,505	61,656	65,410	69,957	73,166	80,077
46	52,056	58,641	62,830	66,617	71,201	74,437	81,400
47	53,127	59,744	64,001	67,821	72,443	75,704	82,720
48	54,196	60,907	65,171	69,023	73,683	76,969	84,037
49	55,265	62,038	66,339	70,222	74,919	78,231	85,351
50	56,334	63,167	67,505	71,420	76,154	79,490	86,661
60	66,981	74,397	79,082	83,298	88,379	91,952	99,607
70	77,577	85,527	90,531	95,023	100,425	104,215	112,317
80	88,130	96,578	101,879	106,629	112,329	116,321	124,839
90	98,650	107,565	113,145	118,136	124,116	128,299	137,208
100	109,141	118,498	124,342	129,561	135,807	140,169	149,449

Register